中国高等职业技术教育研究会推荐
高职高专系列规划教材

数字通信系统

（第 二 版）

强世锦　编著

西安电子科技大学出版社

内 容 简 介

本书介绍了现代通信的基础理论及相关技术。全书共分 8 章，主要内容包括基础预备知识、模拟信源数字化与时分复用、数字信号的基带传输、数字调制传输、同步与数字复接（涉及 PDH 及 SDH 系列）、纠错编码及配套的实验指导。参考学时为 80 学时。

本书在内容选择方面注重体现职业教育的特色；在论述上强调物理概念，注意实用性与后续课程的衔接，力求系统地阐述现代通信系统的基本原理和新技术，即以数字通信为核心，突出系统的基本分析方法、工作原理和信号流程图，以使读者建立数字通信的整体概念；提供配套的实验内容以增强实践操作和感性认识，通过验证性实验内容巩固基本概念的掌握和加深理解。除第 8 章外，每章后均附有小结及习题与思考题。附录包含各章部分习题的答案和通信原理自考模拟试卷及答案。

本书可作为高职高专院校通信、电子、信息工程类专业教材，也可供应用型本科院校及函授、成人自考等相关专业选用，还可供相关工程技术人员培训、自学时参考。

图书在版编目（CIP）数据

数字通信系统/强世锦编著. —2 版. —西安：西安电子科技大学出版社，2018.1
ISBN 978 - 7 - 5606 - 4575 - 9

Ⅰ. ① 数…　Ⅱ. ① 强…　Ⅲ. ① 数字通信系统—高等职业教育—教材　Ⅳ. ① TN914.3

中国版本图书馆 CIP 数据核字（2017）第 214341 号

策　　划　云立实
责任编辑　王　静
出版发行　西安电子科技大学出版社（西安市太白南路 2 号）
电　　话　(029)88242885　88201467　　　邮编　710071
网　　址　www. xduph. com　　　　　　　电子邮箱　xdupfxb001@163.com
经　　销　新华书店
印刷单位　陕西利达印务有限责任公司
版　　次　2018 年 1 月第 2 版　2018 年 1 月第 4 次印刷
开　　本　787 毫米×1092 毫米　1/16　印张 18
字　　数　426 千字
印　　数　18 001～21 000 册
定　　价　33.00 元

ISBN 978 - 7 - 5606 - 4575 - 9/TN

XDUP　4867002 - 4

* * * 如有印装问题可调换 * * *

本社图书封面为激光防伪覆膜，谨防盗版。

前　言

　　"数字通信系统"对于通信和信息工程专业而言，是一门很重要的专业基础课程，是后续专业课程的基石。

　　上版教材问世以来，受到了诸多院校师生和广大读者的好评，获得了首届中国电子类教材三等奖，且被作为北京2006—2014年自考地铁通信系统(专科)考试指定教材。经过对上版教材的13年教学使用，编者又积累了一些在教学中收到较好效果的教学体验，同时也积累了一些新的认识，并且发现了上版教材中存在的一些不足之处，所以进行了本次修订。修订后的教材更加通俗易懂，内容更为全面丰富，体系更加完备，便于教学与自学。

　　本次修订，编者是本着保留完善的、修改不合适的、补充和完善不足的等原则来进行的。全书仍设计为8章内容，除了第8章全新变更为8个配套实验项目外，其他章仍然沿用第一版的标题和框架，但是具体内容都做了精细化的修剪和完善。由衷地希望修订版能获得更多读者和同行的认可。

　　本次修订过程中，中国民用航空飞行学院谢家雨老师和荣健、赵明忠老师参与了部分章节的图文处理工作，烽火科技集团有限公司武汉邮电科学院徐杰副院长对本次修订提出了宝贵的意见，并审阅了全书内容，在此表示衷心的感谢。

　　本书的修订得到了作者所在单位的全力支持，西安电子科技大学出版社也给予了热情帮助和强有力的支持，尤其是云立实编辑的体谅和包容，使得本次修订历时近3年之久终于完稿。

　　由于编者水平有限，书中不足之处仍在所难免，恳请广大读者批评指正。

编　者

2017 年 6 月

目　　录

第1章 绪 论

☞ **本章提要**

- 通信系统的组成及分类
- 数字通信系统的主要特点和主要技术
- 数字通信系统的主要性能指标

1.1 通信技术的发展与信息社会

在人类社会实践的历史长河中，人与人之间进行思想、情感的交流离不开信息的传递。古代的烽火台、驿站，现代的电报、电话、传真、电子邮箱、广播、电视、网络等都是传递信息的手段和方式。自然界中，人们听到的声音、观察到的现象，可用语言、文字、数据、图像等信息来表达、存储或传递。随着人类社会生产力的发展、科学技术的进步、全球经济一体化，信息被认为是人类社会重要的资源之一，在政治、军事、生产乃至人们的日常生活中起着十分重要的作用。谁掌握了信息，谁就拥有了未来，信息是决策的基础。

近代社会，人们常将信息的传递和交换称为通信，即异地间人与人、人与机器、机器与机器进行的信息的传递和交换。语言、文字、图像等信息不能直接在通信系统中传递，需要在发送端将它们转换成电（光）信号（即信源），电信号经通信系统传送至接收端，接收端将电信号还原成语言、文字、图像等信息。

通信中信息的传递是通过信号来进行的，如电压、电流信号等，信号是信息的承载者。在各种各样的通信方式中，利用"电信号"来承载信息的通信方式称为电通信，这种通信具有迅速、准确、可靠等特点，而且几乎不受时间、空间、地点、距离的限制，因而得到了飞速发展和广泛应用。如今，在自然科学中，"通信"与"电通信"几乎是同义词。本书中的通信均指电通信。

在日常生活中，信息（information）往往以消息（message）的形式表现，如从远古的消息树、烽火台和驿马传令到现代的文字、语言、书信、数据、图像等，都可看成是"消息"的集合。传递消息的目的就在于接收一方获取原来不知道的内容或信息。消息是具体的，但它不是信息本身。消息携带着信息，消息是信息的表达者。对于某一个消息，不同的接收者所获取的信息量是不同的。例如，某一条新闻说，今天北京地区下了大雪，北京人从中没有获得任何信息，因为他们已经知道；对于其他地区的人，却获得了一定的信息。再如天气预报报告某地区降水概率为 10%，人们普遍认为当天不会下雨，结果人们从当天下雨了的消息中获得的信息量的大小是与消息的接收者所处的状态有关的。在日常生活中，"信息"这个用语缺乏确切的概念，而且有很强的主观性。科学上所说的信息正是从这个原始的、含糊不清的概念中概括、提炼得到的，它有严格、确切的含义，香农在 1948 年发表的信息理论中给出了定量描述，详细内容见本书第 2 章。

信息常以某种消息的方式依附于物质载体，来实现存储、交换、处理、变换和传输。人们要让信息在时域和空域上转移和转换，从此方传送到彼方，从前一时推移到后一时，从一种形式转移到另一形式，就需要有装载信息的媒体。所谓媒体，就是一种传送信息的手段，或装载信息的物质，如语音、磁盘、磁带、声波、电波等都可作为信息的媒体。通信技术的发展历史就是人们长期寻求如何利用各种媒体迅速而准确地传递更多的信息到更远处的历史。通信技术伴随着人类经济和文化的发展不断进步，尤其在近代社会，其发展速度一日千里。

简而言之，通信就是克服距离上的障碍，迅速而准确地交换和传递信息。

通信技术发展中，"距离和容量"的提升和倍增，构成通信发展史各个阶段的里程碑。

消息、信息和信号三者之间的区别和关系：

消息：如文字、语言、书信、符号、数据、图像等客体均可称为"消息"。

信息：接收者从得到的消息客体中所获得的新知识；而信息的多少与消息客体事件发生概率成反比，从而定义信息量的大小。

信号：将消息的变化特征转化成对应变化的物理量，如随时间变化的电压、电流和功率等。

消息是信息的表达者，即消息携带着信息。信号是消息变化以电或光的形式表现，所以可以说，对信号的分析和传递就是对信息的分析和传递。

随着计算机技术和计算机网络技术的飞速发展，计算机网络通信也进入了人们的生活。通过因特网（Internet），人们足不出户就可看报纸、听新闻、查资料、逛商店、玩游戏、上课、看病、下棋、购物、发电子邮件。网络通信丰富多彩的功能极大地拓宽了通信技术的应用领域，使通信渗入到人们物质与精神生活的各个角落，成为人们日常生活中不可缺少的组成部分，有关通信方面的知识与技术也就成为当代人应该了解和掌握的热门知识之一。我们在这里所讨论的通信不是广义上的通信，而是特指利用各种电信号（或光信号）作为通信信号的电通信（或光通信）。作为一门科学、一种技术，现代通信所研究的主要问题概括地说就是如何把信息大量地、快速地、准确地、广泛地、方便地、经济地、安全地从信源通过传输介质传送到信宿。本书主要介绍支撑各种数字通信技术的通信基本概念和必备的数学基础知识。

1.2 通信系统的组成和分类

1.2.1 通信系统的组成

传递或交换信息所需的一切技术设备的总和称为通信系统。通信系统的一般模型如图 1.1 所示。

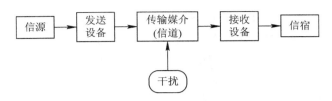

图 1.1　通信系统的一般模型

1. 信源和信宿

信源是发出信息的源，信宿是传输信息的归宿点。

信源可以是离散的数字信源，也可以是连续的(或离散的)模拟信源。模拟信源(如电话机、电视摄像机)输出连续幅度的模拟信号；离散数字信源(如电传机、计算机)输出离散的数字信号。数字信号与模拟信号的区别是幅度取值上是否离散，两者在一定条件下可以互相转换。

2. 发送设备

发送设备的基本功能是使信源与传输媒介匹配起来，即将信源产生的消息信号变换为便于传送的信号形式送往传输媒介。变换方式是多种多样的，在需要频谱搬移的场合，调制是最常见的。发送设备还包括为达到某些特殊要求而进行的各种处理，如多路复用、保密处理、纠错编码等。

3. 信道

信道是指传输信号的通道。从发送设备到接收设备之间信号传递所经过的媒介，可以是无线的，也可以是有线的，有线和无线均有多种传输媒介。信道既给信号以通路，也会对信号产生各种干扰和引入噪声。传输媒介的固有特性和干扰直接关系到通信的质量。

4. 接收设备

接收设备的基本功能是完成发送设备的反变换，即解调、解密、译码等。它的任务是从带有干扰的信号中正确恢复出原始消息，对于多路复用信号，还包括解除多路复用，实现正确分路。

以上所述是单向的通信系统。在多数场合下，信源兼为信宿，通信的双方需要随时交流信息，因而要求双向通信，电话就是一个最好的例子。双向通信的通信双方都要有发送设备和接收设备，如果两个方向用各自的传输媒介，则双方可独立进行信息发送和接收，若共用传输媒介，则采用频率或时间分割的办法来共享。

此外，通信系统除了要完成信息传递之外，还必须进行信息的交换。传输系统和交换系统共同组成一个完整的通信系统，乃至通信网络。

1.2.2　通信系统的分类

1. 按通信的业务和用途分类

根据通信的业务和用途的不同，有常规通信、控制通信等之分。常规通信又分为话务通信和非话务通信。话务通信业务主要是电话信息服务业务、语音信箱业务和电话智能网业务。非话务通信主要是分组数据业务、计算机通信、数据库检索、电子数据交换、传真存储转发、可视图文及会议电视、图像通信等。由于电话通信最为发达，其他通信常常借助于公共的电话通信系统。未来的综合业务数字通信网中，各种用途的消息都能在统一的通信网中传输、交换和处理。控制通信则包括遥测、遥控、遥信和遥调通信等，如雷达数据通信和遥测、遥控指令通信等。根据不同通信业务，通信系统可以分为多种类型：

（1）单媒体通信系统，如电话、传真等。

（2）多媒体通信系统，如电视、可视电话、会议电话、远程教学等。

（3）实时通信系统，如电话、电视等。

（4）非实时通信系统，如电报、传真、数据通信等。

（5）单向通信系统，如广播、电视等。

（6）交互系统，如电话、点播电视（VOD）等。

（7）窄带系统，如电话、电报、低速数据通信等。

（8）宽带通信系统，如点播电视、会议电话、远程教学、远程医疗、高速数据通信等。

2. 按调制方式分类

根据是否采用调制，可将通信系统分为基带传输和调制传输。

基带传输是将未经调制的信号直接传送，如音频市内电话、数字信号基带传输等。调制传输是对各种信号变换后传输的总称。

调制的目的有以下几个方面：

（1）便于信息的传输。调制过程可将信号频谱搬移到任何需要的频谱范围，便于与信号传输特性匹配。如无线传输时必须将信号载入高频才能使其易于以电磁波的形式在自由空间辐射出去。又如在数字电话中将连续信号变换为脉冲编码调制信号，以便在数字系统中传输。

（2）改变信号占据的带宽。调制后的信号频谱通常被搬移到某个载频附近的频带内，其有效带宽相对于载频而言是一个窄带信号，在此频带内引入的噪声就减小了，从而提高了通信系统的抗干扰性。

（3）改善系统性能。由信息论的观点可以证明，可以用增加带宽的方式来换取信噪比的提高，从而提高通信系统的可靠性。各种调制方式有不同的带宽。表 1.1 给出了常用调制方式及其用途。

3. 按传送信号的特征分类

按照信道中所传输的是模拟信号还是数字信号，通信系统可分成模拟通信系统和数字通信系统。

4. 按信号的复用方式分类

传送多路信号有 3 种复用方式，即频分复用、时分复用、码分复用。频分复用是用频谱搬移的方法使不同信号占据不同的频谱范围；时分复用是用脉冲调制的方法使不同信号占据不同的时间区间；码分复用是用正交的脉冲序列携带不同信号。传统的模拟通信系统都采用频分复用。随着数字通信的发展，时分复用的应用越来越广泛，码分复用主要用于空间通信的扩频通信系统中。

5. 按传输媒介分类

通信系统分为有线（包括光纤）和无线两大类。表 1.2 中列出了常用的传输媒介及其主要用途。

表 1.1　常用调制方式及其用途

调 制 方 式			用 　 途
连续波调制	线性调制	常规双边带调幅(AM)	广播
		抑制载波双边带调幅(DSB)	立体声广播
		单边带调幅(SSB)	载波通信、无线电台、数据传输
		残留边带调幅(VSB)	电视广播、数据传输、传真
	非线性调制	频率调制(FM)	微波中继、卫星通信、广播
		相位调制(PM)	中间调制方式
	数字调制	幅度键控(ASK)	数据传输
		频率键控(FSK)	数据传输
		相位键控(PSK、DPSK、QPSK 等)	数据传输、数字微波、空间通信
		其他高效数字调制(QAM、MSK 等)	数字微波、空间通信
脉冲调制	脉冲模拟调制	脉幅调制(PAM)	中间调制方式、遥测
		脉宽调制(PDM、PWM)	中间调制方式
		脉位调制(PPM)	遥测、光纤通信
	脉冲数字调制	脉码调制(PCM)	市话、卫星、空间通信
		增量调制(DM、CVSD 等)	军用、民用电话
		差分脉幅调制(DPCM)	电视电话、图像编码
		其他语音编码方式(ADPCM、APC、LPC 等)	中、低速数字电话

表 1.2　常用的传输媒介及其主要用途

频率范围	波长	符号	传输媒介	用 　 途
3 Hz~30 kHz	$10^8 \sim 10^4$ m	甚低频(VLF)	有线线对、长波无线电	音频、电话、数据终端、长距离导航、时标
30~300 kHz	$10^4 \sim 10^3$ m	低频(LF)	有线线对、长波无线电	导航、信标、电力线通信
300 kHz~3 MHz	$10^3 \sim 10^2$ m	中频(MF)	同轴电缆、中波无线电	调幅广播、移动陆地通信、业余无线电
3~30 MHz	$10^2 \sim 10$ m	高频(HF)	同轴电缆、短波无线电	移动无线电话、短波广播、定点军用通信、业余无线电
30~300 MHz	10~1 m	甚高频(VHF)	同轴电缆、米波无线电	电视、调频广播、空中管制、车辆通信、导航
300 MHz~3 GHz	100~10 cm	特高频(UHF)	波导、分米波无线电	电视、空间遥测、雷达导航、点对点通信、移动通信
3~30 GHz	10~1 cm	超高频(SHF)	波导、厘米波无线电	微波接力、卫星和空间通信、雷达
30~300 GHz	10~1 mm	极高频(EHF)	波导、毫米波无线电	雷达、微波接力、射电天文学
$10^5 \sim 10^7$ GHz	$3\times10^{-4} \sim 3\times10^{-6}$ cm	紫外、可见光、红外	光纤、激光空间传播	光通信

1.2.3　数字通信系统及主要技术

数字通信系统就是利用数字信号来传递信息的通信系统。图1.2给出了数字通信系统原理结构模型。数字通信系统涉及的技术问题很多，包括信源编码、保密编码、信道编码、数字调制、信道、数字复接及多址、数字信息交换和同步等。

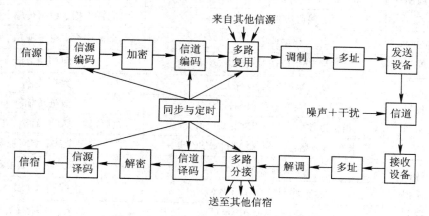

图 1.2　数字通信系统原理结构模型

1.　信源编码与译码

模拟信号数字化是数字通信技术的基础。将声音或图像信号变换为数字信号，并在数字通信系统中传输，要经过如下过程：首先对声音或图像信号进行时间上的离散化处理，这就是取样；然后将样值信号的幅度进行离散化处理，这就是量化。量化的目的是便于编码。其中除采用最基本的模拟/数字变换脉冲编码调制（PCM）外，为了提高数字编码信号的有效性，还需要尽量减少原信息的冗余度，进行压缩信号频带的编码，称之为信源编码。信源译码是信源编码的逆过程。由此可见，信源编码有两大主要任务：第一是将信源的模拟信号转变成数字信号，即通常所说的模/数变换；第二是设法降低数字信号的数码率，即通常所说的数据压缩。编码比特数在通信中直接影响传输所占的带宽，而传输所占的带宽又直接反映了通信的经济性，因此，信源编码技术在很大程度上是围绕压缩编码及提高通信的有效性等问题而发展的。

2.　加密与解密

为了保证数字信号与所传信息的安全性，一般应采取加密措施。数字信号比模拟信号易于加密，且效果更好。这是数字通信突出的优点之一。在要求保密通信的系统中，可在信源与信道编码之间加入加密器，同时在接收端加入解密器。加密器可以产生密码，人为地将输入明文数字序列扰乱。这种编码可以采用周期非常长的伪随机序列，甚至采用完全无规律的噪声码，这种处理过程称为加密。在接收端对接收到的数字序列进行解密，恢复明文。

3.　信道编码与译码

数字信号在信道中传输时，由于噪声、衰落以及人为干扰等，将产生差错。信道编码的目的就是提高通信的抗干扰能力，尽可能进行控制差错，实现可靠通信。信道编码的一类基本方法是波形编码，或称为信号设计，即把原来的波形变换成新的较好的波形，以改善其检测性能。编码过程主要是使被编码信号具有更好的距离特性（即信号之间的差别性更大），这类编码有双极性波形、正交波形、多元波形、双正交波形等。另一类基本方法可获得与波形编码相似的差错概率，但所需要带宽较大，为了尽量把差错纠正过来，根据信道特性，对传输的原始信息按一定编码规则进行编码，达到对数字信息的保护作用，提高数字通信的可靠性。在接收端按一定的规则进行译码，看其编码规则是否遭到破坏，在解码过程中发现错误或纠正错误，这种技术称为差错控制编码技术。目前应用较广泛的编码方法可分线性分组码和卷积码，可用反馈移位寄存器来实现，易于检错和纠错。线性分组码中著名的有汉明码、格雷码、BCH 码等。卷积码的主要特点是有记忆特性，所编成的码不仅是当前输入的信息码的函数，而且与以前输入的信息码有关。著名卷积码的译码算法有序列译码、维特比（Viterbi）最大似然译码。

4. 调制与解调

调制器的任务是把各种数字信息脉冲转换成适于信道传输的调制信号波形。这些波形要根据信道特点来选择。解调器的任务是将收到的信号转换成原始数字信号脉冲。数字调制技术可分为幅度键控（ASK）、频移键控（FSK）、相移键控（PSK）、连续相位调制（CPM）以及它们的各种组合。对于这些调制信号，在接收端可以进行相干解调或非相干解调，前者需要知道载波的相位才能检测，后者则不需要。对于高斯噪声下信号的检测，一般采用相关器接收机或抽样匹配滤波器。各种不同的调制方式具有不同的检测性能，其指标为比特差错概率 P_b，它是比特能量与噪声功率谱密度之比（E_b/N_0）的函数。

调制与编码过去一直是被分开研究的，前者实际上相当于波形编码。人们在分别优化的基础上，将二者统一考虑，互相匹配，以达到组合优化，研究出网格状编码调制技术（trellis coded modulation），即在不增加带宽的条件下，通过增加符号集的冗余度，增加信号之间的最小距离差别。应用 Trellis 编码和正交幅度调制技术（QAM），人们研制出各种性能优秀的智能调制解调器（MODEM）产品。

若信号传输距离不太远且通信容量不太大，一般可采用电话电缆直接进行基带数字信号传输，就不需要调制和解调。由于除明线或电缆可以直接用于传输数字基带信号外，其他媒介都工作在较高的频段上，因此将数字基带信号不经过调制而直接送到信道传输的方式称为数字基带传输，将数字基带信号经过调制后送到信道传输的方式称为数字频带调制传输。

若数字信号不经过频带调制而用于基带传输，需要进行码型变换和波形滤波。对于噪声干扰下基带信号的传输，在接收端可用最大似然接收机、匹配滤波器或相关检测。如果传输通带不能满足理想传输的要求，会出现信号波形底部展宽的流散变形，产生码间串扰。数字通信经常研究的问题之一即如何消除码间串扰。一般可采用脉冲整形以减少所需带宽，也可采用横向滤波器或各种自适应均衡技术。

5. 多路与多址

在一个多用户系统中，为了充分利用通信资源和增加数据通信量，可以采用多路技术，满足多用户要求固定分配或慢变化地分享通信资源；还可采用多址技术，以满足远程或动态变化地共享通信资源。基本的方法有频分、时分、码分、空分和极化波分，其共同点在于各用户信号间互不干扰，在接收端易于区分，利用了信号间互不重叠及在频域、时域和空域中的正交性或准正交性等特征。其中频分复用（FDM）、频分多址（FDMA）、时分复用（TDM）和时分多址（TDMA）是经典的多路与多址技术，码分则是利用了在时域、频域及二者组合编码的准正交性，空分复用和极化波分复用是指在不同空域中频率的重用和同一空域中不同极化波的重用。在实际系统中采用的多为这些多路和多址技术的组合，如TDM/TDMA、FDM/FDMA等。随着卫星通信网、信包无线通信网和计算机局域网的应用和发展，出现了多种随机存取多址技术、多址技术及相应的算法和协议，它们适用于突发信息传输系统，其性能主要表现在系统传输的吞吐量和时延上，目前用于不同通信方式和网络的多址技术的研究是十分重要的研究领域，总的设计原则是获得最佳的通信资源共享方案。

6. 信道与噪声

信道指的是以传输媒质为基础的信号通路，它是传输信号的物理基础。不同的信道具有不同的特性。信道特性对整个系统及系统各部分的设计具有决定性的影响。因此设计的第一步就是要选择合适的信道并详细了解其特性。通常，数字信号可以在数字信道传输，也可以经过调制变成频带信号通过模拟信道传输，但从通信质量和经济性来考虑，数字信号传输还是采用数字信道为好。信道既给传输数字信号以通路，又给传输的数字信号以限制和影响。由于实际因素的影响，信号提供的频带总是有限的，信道特性也是不完善的，因此当数字信号通过信道时其功率因损耗而下降，还会受到信道噪声的损害。信道中的噪声分为两种：一种是高斯噪声（也称正态噪声），另一种是脉冲噪声（也称突发噪声）。数字通信系统设计的主要目标，一方面是设法消除或补偿信道引起的信号失真，另一方面是尽可能抑制和减小噪声的不良影响。

7. 同步与数字复接

同步问题是数字通信技术的核心问题之一，包括（比特）同步、帧同步、载波同步、网同步等。可以说，没有同步就没有数字通信。实现接收端对发送端的同步一般可采用锁相环法。在时分多路复用系统中，网同步不仅要解决由中心站决定全网定时问题，同时由于各分站的位置和距离不同，还需要确定各分站至中心站及分站之间收、发信号的同步。

在数字通信系统中，为了使终端设备标准化和系列化，同时适应不同传输媒介和不同业务容量的要求，通常将各种等级的终端设备组合配置，把若干个低速数码流按一定格式合并为高速码流。数字复接就是依据时分复用原理完成数码流合并的技术，包括数字复接和分接两部分功能。

1.2.4　数字通信的主要特点

从内因来看，数字通信相对于模拟通信具有如下优点。

（1）抗干扰能力强，无噪声积累，通信质量较高。数字信号是取有限个离散幅度值的信号，在信道中传输时，在间隔适当的距离采用中继再生的办法消除噪声积累以还原信号，使得传输质量几乎与传输距离和网络布局无关，在多跨距线路中多段连接，信号的再生和处理也不会降低通信质量。模拟信号在传输过程中的噪声则不易消除，噪声是积累的。此外，数字信号传输中的差错可以通过差错控制编码来控制，从而进一步改善传输质量，提高通信的可靠性。

（2）便于加密处理。为了保证数字信号与所传信息的安全性，一般应采取加密措施。数字信号比模拟信号易于加密，且效果也好，这是数字通信突出的优点之一。模拟加密技术由于多方面的条件限制很难做到高强度保密，数字信号的加密算法允许设计复杂一些，保密强度受通信环境制约小，易于实现高保密强度。

（3）便于直接与计算机接口相连形成智能网。用现代计算机技术对数字信息进行处理，使得复杂的技术问题能以极低的代价来实现，形成智能网。由于它采用开放式结构和标准接口，增加或改变业务时，只需在计算机和数据库中修改相关参数即可。

（4）高度的灵活性和通用性。采用数字传输方式，可以采用先进的程控数字交换设备实现交换与综合，便于构成综合数字网（IDN）和综合业务数字网（ISDN）。由于数字传输线路对各种信息都具有很好的透明性，使得数字通信系统灵活通用。所谓传输的透明性，是指在规定业务范围内的信息都可以在网内传输，对用户不加任何限制，即它可以传输图像、传真和电话等数字化的模拟信号，也可传输数字、符号、文字等离散的数字信号。由于可将各种信息都以数字脉冲的形式来处理，容易实现设备共享，在单一通信网上提供多种服务项目，根据某种规定，使设备容易识别和处理所有的信号和信息，而且可在时间轴上实现时分复用，在某个瞬间处理特定信息，以提供多种服务项目。

（5）设备便于集成化、微型化。由于数字通信设备中大部分电路是数字的，可用大规模集成电路实现，使得功耗较低，设备容易微型化。

但是，数字通信的许多优点都是用比模拟通信占据更宽的系统频带为代价而换取的。以电话为例，一路模拟电话通常只占据 4 kHz 带宽，但一路同样语音质量的数字电话可能要占据 20～60 kHz 的带宽，因此数字通信的频带利用率不高，在系统频带紧张的场合，这一缺点尤为突出。数字通信的另一个缺点是对同步要求高，系统设备比较复杂。随着社会生产力的发展，信息越来越宝贵，保密性要求越来越高，实际中宁可牺牲系统频带而采用保密性能高的数字通信。至于系统频带富裕的情况，如毫米波通信、光通信等，数字通信几乎成了唯一的选择。

从外因看，推动数字通信日臻完善主要有下列因素：

（1）信息化社会对数字通信技术的需求越来越迫切，许多领域采用来自计算机数据库远程终端的信息，特别是随着多媒体通信技术的发展，各种形式的数据传输需求不断增长，对传输的准确性要求不断提高。

（2）一系列先进的通信系统发展迅速，尽管各系统（如卫星通信系统）在极高的数据传输速率条件下可完成全球通信，但由于极高的发射费用和由此引起的对功率和频带的限制，要求寻找有效利用信道资源的技术，如语音插控、按需分配、时分复用等，数字通信可以更好地满足要求。

（3）要建立同时为不同速率和不同要求的用户提供服务的通信网，由于理论的原因，最好采用有效的数据压缩方法和多通路信道。

（4）随着微电子技术的进步，超大规模集成电路、高速数字信号处理器、小型和微型计算机的迅速发展，扩大了数字通信的理论效益，使复杂的技术问题能以极低的代价来解决。数字通信设备便于生产和固化，从技术上带动了数字通信的高速发展。

由于数字通信的一系列优点，短波通信、微波通信以及移动通信、卫星通信、光纤通信等都实现了全面数字化。随着微电子技术和计算机技术的迅速发展和广泛应用，数字通信将会更为全方位地取代模拟通信。

1.3 数字通信系统的主要性能指标

数字通信系统的主要性能指标是指传输的有效性和可靠性。有效性是指在给定的信道内能传输的信息内容的多少，可靠性是指接收信息的准确程度。这两者互相矛盾而又互相联系，通常是可以互换的。

1.3.1 有效性指标

传输的有效性可用传输速率和频带利用率来衡量。

1. 传输速率

(1) 码元传输速率(R_B)，简称传码率，又叫符号速率。它表示单位时间（每秒）内传输的码元（符号）个数。其单位为波特（Baud），简称波特率，常用符号"B"表示。码元传输速率仅仅表征单位时间内传输的码元数目，而没有限定码是何种进制的码元，即码元可以是多进制的，也可以是二进制的。在多进制码元传输时，每个码元叫作 1 波特，在二进制传输时，由于一个二进制码元叫作 1 比特，所以二进制传输时的传输速率单位写成比特/秒(b/s)。

码元传输速率又叫调制速率。它表示信号调制过程中，1 秒钟内调制信号波（即码元）的变换次数。如果一个单位调制信号波的时间长度为 T_B 秒，那么调制速率为

$$R_B = \frac{1}{T_B} \tag{1.1}$$

例如，对于二进制调制波，一个"1"或"0"符号的持续时间为 $T_B = 833 \times 10^{-6}$ s，则调制速率为

$$R_B = \frac{1}{T_B} = \frac{1}{833 \times 10^{-6}} \approx 1200 \text{ B}$$

(2) 信息传输速率(R_b)，简称传信率，又称信息速率。它表示单位时间（每秒）内传送数据信息的比特数，单位为比特/秒(b/s)。

在信息论中已定义，信源发出信息量的度量单位是"比特"。对于一个二进制码元，即一个"0"或"1"在等概率（即 $P = \frac{1}{2}$）发送条件下，输出 1 比特信息，所以信息速率的单位是 b/s。

对于二进制传输，其传输速率和信息速率是一致的，可记为

$$R_B = R_b = n_0 \tag{1.2}$$

n_0 是每秒传输的二进制码元数。

对于 N 进制传输，R_B 和信息速率可以通过公式(1.3)来换算，这时必须将 N 进制码元折合为相应的二进制码元。表 1.3 所示为四进制和二进制码元的对应关系。

$$R_b = R_B \log_2 N \tag{1.3}$$

其中，N 为符号的进制数（如 $N=2$，为二进制；$N=4$，为四进制），R_b 为信息传输速率，R_B 为符号传输速率。

表 1.3　四进制与二进制码元的对应关系

四进制码元	二进制码元
0（对应电平值为－3）	0　0
1（对应电平值为－1）	0　1
2（对应电平值为1）	1　1
3（对应电平值为3）	1　0

如果符号速率为 600 B，二进制的信息传输速率为 600 b/s，四进制的信息传输速率为 1200 b/s，八进制的信息传输速率为 1800 b/s。

通信中需要传输的数据信号的速率有高有低，范围很宽，低的每秒几比特，高的可达每秒几百兆比特。从通信的有效性而言，传输速率的高低直接与通信容量大小有关。信道所允许传输的最大信息速率称为信道容量。传输速率高时要求大容量信道，低传输速率下可以是小容量信道。从另一方面讲，传输速率的高低将直接涉及对传输信道频带宽度的要求。高传输速率要求的信道传输频带宽，低传输速率要求的信道带宽较窄。

2. 频带利用率

在比较不同通信系统的效率时，单看传输速率是不够的，还应看在此传输速率下占用的频带宽度。通信系统占用的频带越宽，传输信息的能力越大。所以，真正衡量数字通信系统传输效率（有效性）的指标应当是单位频带内的传输速率，即

$$\eta = \frac{符号传输速率}{频带宽度} \tag{1.4}$$

二进制传输可表示为

$$\eta = \frac{信息速率}{频带宽度} \tag{1.5}$$

式（1.4）中 η 的单位为 B/Hz，式（1.5）中 η 的单位为 b/s·Hz。

1.3.2　可靠性指标

衡量数字通信系统可靠性的主要指标是误码率，即在传输过程中发生错误的码元个数与总码元个数之比，用 P_e 表示：

$$P_e = \lim_{N \to \infty} \frac{误码的个数\ n}{传输的总码数\ N} \tag{1.6}$$

这个指标是多次统计结果的平均量，因此是指某一段时间内的平均误码率。对于同一条通信线路，由于测量的时间长短不同，误码率也不一样。在测量时间相同的条件下，时间分布不同，如上午、下午或晚上，结果也不相同。所以通信设备的性能应以较长时间的平均误码率来评价。

误码率的大小由传输通路的系统特性和信道质量决定，如果系统特性和信道都是高质量的，则误码率较低。数据业务网的误码性能指标：按秒计算的误码率大于 10^{-3} 所占时间比例少于 0.2%；按分计算的误码率大于 10^{-6} 所占时间比例少于 10%，按秒计算的误码率所占时间比例少于 8%（即无误码时间比例为 92%）。

显然，提高信道信噪比(信号功率/噪声功率)可使误码率减小。另外，缩短中继段距离可提高信噪比，从而使误码率减小。

除了上述三种指标外，评价数字通信系统的性能还有可靠度、适应性、使用维护性、经济性、标准性及通信建立时间等指标。

小　结

本章主要介绍数字通信的基本知识，以期对数字通信系统建立一个总体概念，主要内容有通信系统的组成和分类；数字通信的主要技术问题及其特点；消息、信号、信息的概念；数字通信系统的主要性能指标。

从数字通信系统模型可以看出，数字通信涉及的技术问题很多，包括信源编、译码，加密与解密，信道编、译码，数字调制与解调，信道与噪声，同步与数字复接，复用与多址通信问题等。

按传输信号的形式不同，通信系统有模拟通信和数字通信系统，两者从总体组成上讲基本相同，只是在具体结构上有区别。无论是模拟通信还是数字通信，评价和衡量系统性能优劣的主要指标是通信的有效性和可靠性。其中信息速率(比特率)、传输数码率、频带利用率等是描述数字通信系统有效性的重要指标，误码率是描述数字通信系统可靠性的重要指标。有效性和可靠性是矛盾的两方面，但有着内在的联系，其中一方面的改善将以牺牲另一方面的利益为代价。

习题与思考题

1.1　模拟信号与数字信号之间的区别是什么？

1.2　试画出语音信号、数字数据信号的基带传输和频带调制传输的系统方框图。

1.3　试简述数字通信的优点，并说明为什么具有这些优点。

1.4　在数字通信系统中，可靠性和有效性指的是什么？各有哪些重要的指标？

1.5　设在 125 μs 内传输 256 个二进制码元，计算信息传输速率；若该信码在 2 s 内有 3 个码元发生误码，其误码率是多少？

1.6　某一数字信号的符号传输速率为 1200 B/s，试问它采用四进制或二进制传输时，其信息传输速率各为多少？

1.7　假设频带带宽为 1024 kHz 的信道的传输速率为 2048 kb/s，试问其传输效率为多少？

1.8　已知某十六进制数字信号的传输速率为 2400 b/s，试问它的传码率为多少波特？若将它转换为四进制数字信号，这时的传码率为多少波特？若转换成二进制数字信号，结果又如何(设转换时系统的传输速率保持不变)？

第 2 章 预 备 知 识

☞ **本章提要**

- 傅里叶级数与傅里叶变换
- 冲激信号及其响应
- 概率密度函数与分布函数
- 随机信号的数字特征
- 消息、信号、信息及其度量

2.1 信号处理和分析的基础知识

宇宙中的一切事物都处在不停的运动中，物质的一切运动或状态的变化，广义地说都是一种信号(signal)，即信号是物质运动的表现形式，是消息的表现形式，是包含信息的物理量，它可以是声音、振动或者是温度和光的强度等。因此，"信号"是通信最基础的知识，信号承载了人们所要传递的信息，可谓"无信号，不系统"。如果都没有信号要传递，那么现代的各种通信系统也就失去了它的意义。那么什么是信号？什么是系统？很简单，通信系统承载的信息流就是信号。

通常，传递消息的信号形式都是随时间变化的，如温度信号、压力信号、光信号、电信号等，它们反映了事物在不同时刻的变化状态。由于电信号处理起来比较方便，所以工程中常把非电信号转化为电信号进行传输，简称为信号。

由于在传送信号的过程中经常会出现一些困扰，如：传送声音或图像信号时，由于杂音较大不能很好地收听声音，传真的图像不清晰等。为了使信号变得更清楚，要尽量抑制多余的噪声，对信号作相应的处理，提取所需要的信号。

实际信号往往包含多种成分。就概念来看，可以用理解污水处理概念去理解信号处理的概念，即从包含多种成分的对象中把需要保留的成分和不需要保留的成分分离出来，从这一点上来看，信号处理和污水处理就处理过程而言都是一样的。预先知道作为对象的信号具有什么样的性质，或者包含什么样的成分，将它们提取出来进行处理，这通常就是信号处理的最终目标。但是，当不很了解对象的性质时，首先必须很好地研究信号具有的特性，以及对象的物理性质和信号的对应关系。这就是信号的分析，换句话说，必须对信号的来源进行分析。通过分析信号和了解、发现对象的特征，才能有效地实现通信信息的传递，这对信号处理和分析研究非常重要。

2.1.1 信号的种类

1. 随机信号

图 2.1 给出了各种信号的波形，它们所表示的是完全不同的物理量。既有如图 2.1(a)～(c)那样以时间为变量的信号，也有如图 2.1(d)所示以物体表面的某一方向的位置为变量的信号。而且，即使都是时间函数的信号，其纵轴的刻度也都是完全不同的。也就是说，信号的自变量也可以是任意的，如时间、位置。传统上，信号与系统学科所涉及的信号都是随时间变化的物理量，此时的信号波形称为时域波形（waveform）。目前，信号与系统学科涉及的信号很多都不是随时间变化的，但我们仍习惯地称之为时域波形。

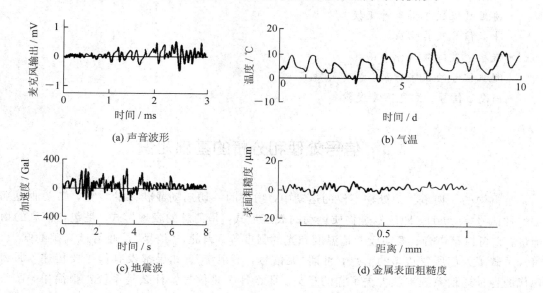

图 2.1　各种各样的信号

前面给出的信号都是仅有时间或者位置之类一个变量的信号，但也有具有两个以上变量的信号，其代表是图像信号。如电视画面，在画面上取正交的两个坐标轴 x-y 构成的平面坐标系，若将点 (x, y) 的画面的辉度（亮度）用 $g(x, y)$ 表示，它仍可以看做一种信号。将有一个变量的信号称为一维信号，显然如图像信号那样具有两个变量的信号就称为二维信号。

然而，上述的信号都是知道了某一时刻（地点）的测定值，却不能确定其后的信号变化趋势。例如气温信号，即使知道了今天中午的气温，虽然也能够在某种程度上预测明天中午的气温，但却不能确切地知道具体的温度。这样的信号称为随机信号（random signal）。相反，也有任何时刻（地点）的数值能够被其前某一时刻（地点）的数值所确定的信号。比如音叉的声音，不论如何地摇动，总能发出准确的单一频率的声波。由于此波可以由三角函数表示，当观测点确定后，其声波的强度可以准确地表示为时间的函数。这样的信号称为确知信号（deterministic signal）。

2. 各种确知信号

确知信号之中最具代表性的是正弦波。随时间 t 变化的正弦波 $f(t)$ 可写成

$$f(t) = A \sin(\omega t + \theta)$$

A 表示信号的大小，称为振幅（amplitude）；ω 称为角频率（angular Frequency）；θ 称为相位（phase）。

如同正弦波，在某个确定的时间间隔重现相同波形的信号称为周期信号（periodic signal）。当周期信号的周期为 T 时，此信号在时间轴方向错开 T，或者 $2T$，$3T$，…出现相同波形，如图 2.2 所示。此信号可写成一般的形式，对于整数 $n(n = 0，\pm 1，\pm 2 \cdots)$ 可写成下式形式：

$$f(t + nT) = f(t)$$

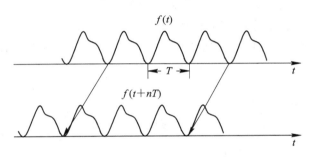

图 2.2　周期信号

例如，函数 $\sin t$ 在具有周期 $T = 2\pi$，同时，4π，6π，…也是该函数的周期。由此可知，周期信号是以整数倍为间隔呈周期出现。最小的周期称为基本周期。

除正弦波以外，常见的周期信号有方波（矩形波）、锯齿波和三角波等。

在某一短时间内能量集中的单个信号称为脉冲信号，如图 2.3 所示。在稍微广泛的意义上，把能量为有限的、经历足够短的时间后完全消失的信号称为孤立波或非周期信号，即可以视为周期在无限区间上有限能量的信号。

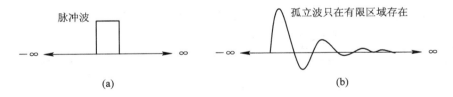

图 2.3　孤立波或非周期信号

在电系统中，信号为随时间变化的电压信号和电流信号这两种主要的形式表现，分别用时间函数 $u(t)$ 和 $i(t)$ 表示，或一般记为 $f(t)$、$x(t)$、$y(t)$ 等，显然这里的函数也就是信号。信号随时间变化的规律是多种多样的，信号分类如下所示。

$$\text{信号}\begin{cases} \text{确知性信号}\begin{cases} \text{周期信号} \\ \text{非周期信号} \end{cases} \\ \text{随机信号}\begin{cases} \text{平稳随机信号} \\ \text{非平稳随机信号} \end{cases} \end{cases}$$

2.1.2 模拟信号和数字信号

在处理信号时，作为对象的物理量一般都是连续变化的。例如，考察记录到的气温随时间变化的信号，由于气温是连续变化的，其值没有时间的间隔。因此，理论上可以用无限小的时间间隔进行测定。但是，若考虑到保存和处理这些测定的数据，对此测定值划分到什么程度为宜？对测定值的划分并不是越细越好。再说，气温也不会一分一秒地急剧变化，在条件允许的情况下，最好是尽量减少数据量，以便缩短计算时间，同时也可以减少数据的存储空间。另外，绝对的精度也是没有必要的，实际上，气象局所给出的全国各地气温的数据是每小时的测定值，其精度是 1/10 度，这样的精度就已经足够了。

表示连续变化的物理量信号称为模拟信号（analog signal）。将模拟信号变换为离散值称为离散化。离散化包括对变量的离散化和函数值的离散化，如图 2.4 所示。将变量在某一区间的值用一个数值来表示的离散化称为取样（sampling）；将对函数值的离散化称为量化（quantization）。变量和测定值（函数值）被离散化了的信号统称为数字信号（digital signal）。

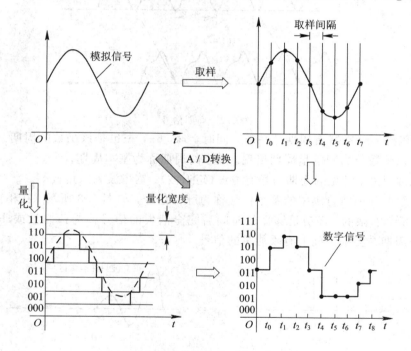

图 2.4 从模拟信号到数字信号

2.1.3 信号的表达和分析方法

法国数学家傅里叶（J. B. J. Fourier，1768—1830 年）提出"不存在不能用三角级数表达的函数"这一学说，通过进一步的理论的证实被确切地表示为：将不同频率的正弦波以适当方式叠加组合，可以合成任意的波形。这一理论的确定对信号处理起到了很大的作用。

如图 2.5 所示，图 2.5(a)表示的函数为

$$f(t) = 2\sin t - \sin 2t$$

这是三角函数的和，即三角级数的形式。若在其上再加上一项，构成函数：

$$f(t) = 2\sin t - \sin 2t + \frac{2}{3}\sin 3t$$

它的曲线示于图 2.5(b)。继续增加更多项，构成函数：

$$f(t) = 2\sin t - \sin 2t + \frac{2}{3}\sin 3t - \frac{1}{2}\sin 4t + \frac{2}{5}\sin 5t - \frac{1}{3}\sin 6t$$

$$+ \frac{2}{7}\sin 7t - \frac{1}{4}\sin 8t + \frac{2}{9}\sin 9t - \frac{1}{5}\sin 10t$$

其曲线示于图 2.5(c)。观察此三角级数表达式可知：若用整数 n 确定其系数 b_n 时，此函数可以表示为

$$b_n = (-1)^{n+1}\frac{2}{n}$$

$$f(t) = \sum_{n=1}^{M} b_n \sin nt$$

其中，b_n 是角频率为 $n\Omega$ 的正弦波的振幅，即给出其相应频率分量的大小。

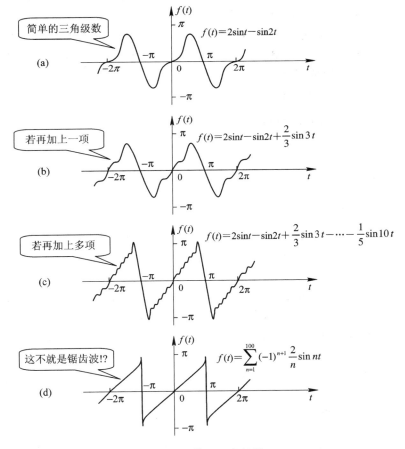

图 2.5　某一三角级数

图 2.5(c)的函数 $f(t)$ 是 $M=10$ 的情形，进一步增大 n 值，若 $M=100$，函数 $f(t)$ 如图 2.5(d)所示。尽管此函数是三角级数，但图形已经与锯齿波非常近似，说明随时间变化的三角函数是不同频率、不同振幅、不同相位的正弦信号合成。由此看出，傅里叶的理论对

处理信号波形有着指导性的意义。尽管图 2.5(d)中的信号波形不平滑,包含有间断点,但仍然可看出信号的分解方法及合成法则。

事实上,在物理界中有很多物理现象的波形是由各种不同频率的分量合成的。以光为例,它由从波长约为 800Å(埃,1Å＝ 0.1 nm)的红光到波长约 4000Å 的紫光的电磁波合成。大家都知道,当白色光通过棱镜时,由于各色波长不同,折射率也不同,因而得到了 7 种美丽的色彩(光谱)。这恰恰证明了白色光是由不同波长的光合成的。如同使用棱镜将光分解为光谱,以讨论色的配合和光的分析那样,也可以将信号分解为不同频率的分量,从而可以得知原来的信号是如何产生的,经过什么样的环节,在传输过程中从外部受到什么样的影响等,以明确信号的来历及其经历等有用的信息。这种分析方法称为谱分析(spectral analysis)或傅里叶分析(Fourier analysis)。

通过对傅里叶理论的进一步探索,人们认识到傅里叶理论的思想核心和牛顿-莱布尼兹微积分理论的指导思想有相似之处,即"化整为零,积零为整",也就是将复杂问题分割成许多相对简单的问题来分别处理,再将处理之后的简单问题进行合理整合,从而完成复杂问题的处理和解决。对于不同类型的函数信号来说,正弦信号($\sin\omega t$)属于最简单的函数信号,是除直流信号外的唯一单频率函数信号,傅里叶理论告诉我们,任意信号都可以分解为不同频率、不同振幅、不同相位的正弦信号或信号合成。周期信号和非周期信号的处理方法分别对应傅里叶级数展开和傅里叶变换。

1. 周期信号的傅里叶级数展开

设信号周期 $T=2\pi$,即最低角频率 $\Omega =1$($\Omega=2\pi/T$)。若考虑 Ω 为任意值,$T=2\pi/\Omega$,则 $f(t)$ 一般表示为

$$f(t) = f(t+kT) \qquad (k = 0,\pm 1,\pm 2,\pm 3\cdots)$$

则 $f(t)$ 可用傅里叶级数展开(Fourier series expansion)表示为

$$
\begin{aligned}
f(t) &= \frac{a_0}{2} + a_1\cos\Omega t + a_2\cos2\Omega t + a_3\cos3\Omega t + \cdots \\
&\quad + b_1\sin\Omega t + b_2\sin2\Omega t + b_3\sin3\Omega t + \cdots \\
&= \frac{a_0}{2} + \sum_{n=1}^{\infty}(a_n\cos n\Omega t + b_n\sin n\Omega t)
\end{aligned} \tag{2.1}
$$

式中,将波长最长的波,即 $\sin\Omega t$、$\cos\Omega t$ 叫作基波或基次谐波,Ω 称为基波角频率,其频率为 $f_1=2\pi/\Omega$;将其一半周期的波称为二次谐波,其角频率为 2Ω,其频率 $f_2=2f_1$;1/3 周期的波称为三次谐波,其角频率为 $3\Omega\cdots$依次类推。由式(2.1)可知,a_0 是表示 $f(t)$ 的平均值的常数项,若 $f(t)$ 是电信号,a_0 表示其直流部分,而 a_0 以外的傅里叶系数则表示交流部分。

在这里,将 a_0,a_n,b_n 称为傅里叶系数(Fourier coefficient)。其物理含义为正比于各分量成分的振幅大小,式中将常数项定义为 $a_0/2$,特意用 2 来除是为采用 a_n 的一般表示形式,$\cos n\Omega t$ 为当 $n = 0$ 的 a_n。由高等数学可以推知傅里叶系数为

$$a_0 = \frac{2}{T}\int_{-T/2}^{T/2} f(t)\mathrm{d}t$$

$$a_n = \frac{2}{T}\int_{-T/2}^{T/2} f(t)\cos n\Omega t\,\mathrm{d}t, \qquad n = 0,1,2,3,\cdots$$

$$b_n = \frac{2}{T}\int_{-T/2}^{T/2} f(t)\sin n\Omega t\,\mathrm{d}t, \qquad n = 1,2,3,\cdots$$

显然，当 $f(t)$ 给定后，a_0，a_n 和 b_n 就可以确定，$f(t)$ 的傅里叶级数展开就可以写出。因为

$$a_n \cos n\Omega t + b_n \sin n\Omega t = A_n \cos(n\Omega t + \varphi_n)$$

所以，式(2.1)也可表示为

$$f(t) = \frac{A_0}{2} + \sum_{n=1}^{\infty} A_n \cos(n\Omega t + \varphi_n) \tag{2.2}$$

式中

$$\left.\begin{array}{l} A_0 = a_0 \\ A_n = \sqrt{a_n^2 + b_n^2} \\ \varphi_n = -\arctan \dfrac{b_n}{a_n} \end{array}\right\} \tag{2.3}$$

将图 2.6(a)所示的原信号用傅里叶级数展开，分解为直流部分和各高次谐波部分，图

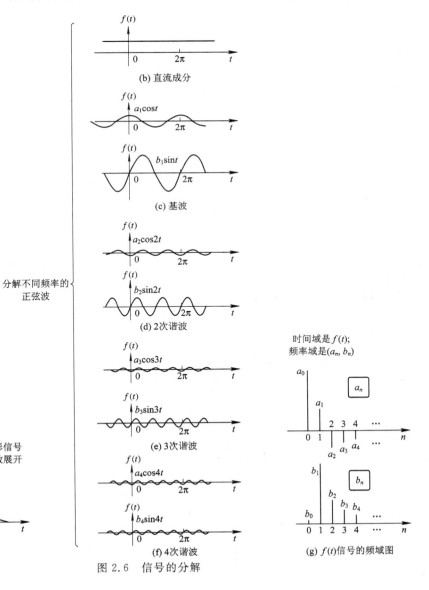

图 2.6 信号的分解

形如图 2.6(b)～图 2.6(f)所示。信号既可以在以频率为变量的区域(频域)用傅里叶系数 (a_n,b_n) 的大小表示,如图 2.6(g)所示。

周期最长的基波的周期为 2π,因此其他高次谐波也以 2π 为周期,若波形由傅里叶系数合成,会得到周期为 2π 的函数。于是傅里叶级数展开可以视为周期函数的展开方法,这意味着将信号分析从原来的时域里转换到了频域里。前面已经提到过,时域特性是表示信号随时间的变化关系;频域特性是指任意信号总可以表示为许多不同频率的正弦分量的线性组合,这些正弦分量的参数(振幅、频率、初相)规律称为信号的频谱。从某种意义上来说,信号与系统的频域分析更易于了解信号与系统的本质。

无论是以式(2.1),还是以式(2.2)形式表示信号的分解,其物理意义都是很明朗的,但有时这种形式会给数学处理过程带来一些不便利。为此,将上述两种形式的傅里叶级数表达式引入复数,将基本区间取为一般的 $[-T/2,T/2]$ 时,利用欧拉公式:

$$\cos x = \frac{\mathrm{e}^{\mathrm{j}x}+\mathrm{e}^{-\mathrm{j}x}}{2}$$

式(2.2)可展开为

$$f(t)=\frac{A_n}{2}+\sum_{n=1}^{\infty}\frac{A_n}{2}\left[\mathrm{e}^{\mathrm{j}(n\Omega t+\varphi_n)}+\mathrm{e}^{-\mathrm{j}(n\Omega t+\varphi_n)}\right]\xrightarrow{\frac{A_0}{2}=\frac{A_0}{2}\mathrm{e}^{-\mathrm{j}0\Omega t}}$$

$$=\sum_{n=-\infty}^{\infty}\frac{A_n}{2}\mathrm{e}^{\mathrm{j}(n\Omega t+\varphi_n)}=\sum_{n=-\infty}^{\infty}\frac{A_n}{2}\mathrm{e}^{\mathrm{j}\varphi_n}\cdot\mathrm{e}^{\mathrm{j}n\Omega t}$$

$$=\sum_{n=-\infty}^{\infty}F_n\mathrm{e}^{\mathrm{j}n\Omega t} \tag{2.4}$$

与式(2.1)对应有

$$F_0=\frac{a_0}{2}$$

$$F_n=\frac{A_n}{2}=\frac{1}{2}\cdot\frac{2}{T}\int_{\frac{T}{2}}^{\frac{T}{2}}f(t)\mathrm{e}^{-\mathrm{j}n\Omega t}\,\mathrm{d}t=\frac{1}{T}\int_{\frac{T}{2}}^{\frac{T}{2}}f(t)\mathrm{e}^{-\mathrm{j}n\Omega t}\,\mathrm{d}t \tag{2.5}$$

由此得到傅里叶级数复指数对应形式如下:

$$f(t)=\sum_{n=-\infty}^{\infty}F_n\mathrm{e}^{\mathrm{j}n\Omega t} \tag{2.6}$$

$$F_n=\frac{1}{T}\int_{-T/2}^{T/2}f(t)\mathrm{e}^{-\mathrm{j}n\Omega t}\mathrm{d}t,\quad n=0,\pm1,\pm2,\cdots \tag{2.7}$$

这里 F_n 一般为复数值,与式(2.1)比较,可知

$$F_n=\begin{cases}\dfrac{1}{2}(a_n-\mathrm{j}b_n),&n=1,2,\cdots\\[2mm]\dfrac{1}{2}a_0\\[2mm]\dfrac{1}{2}(a_n+\mathrm{j}b_n),&n=-1,-2,\cdots\end{cases}$$

F_n 的绝对值称为振幅频谱,则

$$|F_n|=\frac{\sqrt{a_n^2+b_n^2}}{2} \tag{2.8}$$

将 F_n 的幅角 φ_n 称为相位频谱，见式(2.3)中第 3 个表达式，而将 $|F_n|^2$ 称为功率频谱。振幅频谱表示信号中包含各频率的成分的多少，相位频谱表示相应的各频率成分的相位大小，同样，功率频谱表示相应的各频率成分所占有的功率大小。在一般的信号分析中，与相位频谱相比，人们更关心振幅频谱和功率频谱。注意，这种情况下会出现负频率的情况，这是前面所说过的数学处理所造成的。图 2.7 为一种信号频谱的例子。

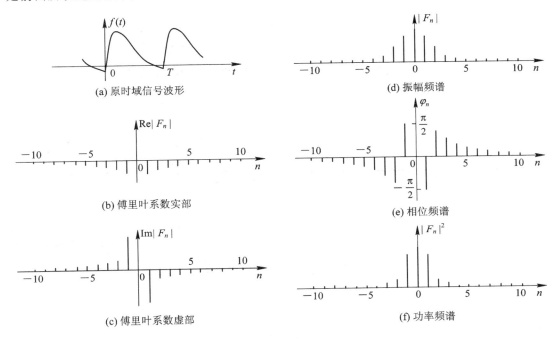

图 2.7　复傅里叶系数和频谱

2. 从傅里叶级数展开到傅里叶变换

前面的分析考虑的信号均为周期信号，也就是说，只有周期信号才可以利用傅里叶级数展开的方法来分析信号的频谱特性。在实际工程中，常常碰到非周期信号或孤立波的频谱分析，这时采用什么方法进行频谱分析呢？为此考察更为一般情况下的傅里叶分析的理论。

换一种角度来看，若将非周期信号和孤立波视为周期为无穷大的周期信号，即周期信号是在有限长度上重复出现的信号，而非周期的信号是具有无限长周期的周期信号，因此所有信号都可以看作是周期信号。下面以实例说明。

图 2.8(b)所示为以周期 $T=4$ 反复再现的周期性方波信号的频谱。若保持信号的波形不变，只加大周期，其频谱会变成图 2.8(d)所示的图形。从图中可见，将频谱平滑连接起来的线(包络线)的形状没有变化。注意，这里为了在信号基本周期发生变化时能够对频谱的形状进行比较，横轴的刻度不是取 n 而是 $2\pi n/T$。

进一步加大周期，如图 2.8(f)所示，频谱线的密度增加了，但频谱的包络线仍然没有变化。不断的加大周期 T，当 $T \to \infty$ 时的频谱就是此包络线，即方波脉冲的频谱(见图 2.8(h))，此时频谱线的密度变为无限大。用离散值表示的频谱变成了没有间隙的连续频谱。

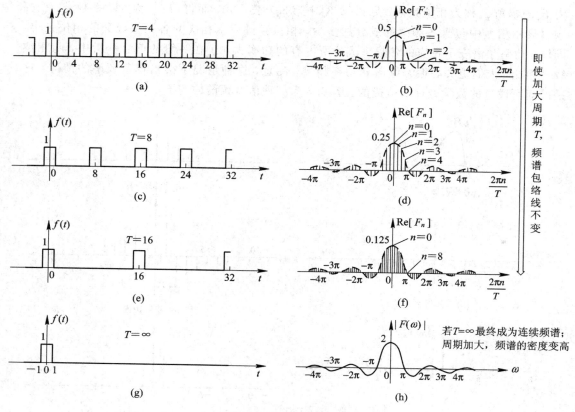

图 2.8　方波信号的频谱

在时间域表示的函数 $f(t)$，在频率域表达为以角频率 ω 为变量的函数 $F(\omega)$ 时，可知 $f(t)$ 与 $F(\omega)$ 可用下面的表达式联系起来：

$$f(t) = \frac{1}{2\pi} \int_{-\infty}^{\infty} F(j\omega) e^{j\omega t} \, d\omega \qquad (2.9)$$

$$F(j\omega) = \int_{-\infty}^{\infty} f(t) e^{-j\omega t} \, dt$$

$F(j\omega)$ 相当于在复傅里叶展开中的复傅里叶系数，函数一般是复函数。将 $F(j\omega)$ 称为 $f(t)$ 的傅里叶积分或傅里叶变换（Fourier transform），简称傅氏正变换。将从 $F(j\omega)$ 得到 $f(t)$ 称为傅氏反变换。相应的傅里叶级数展开的线频谱（或称为离散谱），在傅里叶变换中描述为对于 ω 的连续频谱。将傅里叶变换及逆变换用符号表示为

$$F(j\omega) = \mathscr{F}\{f(t)\}$$
$$f(t) = \mathscr{F}^{-1}\{F(j\omega)\}$$

由于 $f(t)$ 与 $F(\omega)$ 彼此互为傅氏反变换和傅氏正变换关系，通常称它们为傅氏变换对，并表示为

$$f(t) \leftrightarrow F(j\omega)$$

3. 典型信号频谱

1）周期矩形脉冲的频谱

如图 2.9 所示，设有一幅度为 1，脉宽为 τ，周期为 T 的矩形脉冲，由于 $\Omega = 2\pi/T$，则

其频谱分量（傅里叶系数）为

$$F_n = \frac{1}{T} \int_{-\frac{T}{2}}^{\frac{T}{2}} f(t) e^{jn\Omega t} dt \xrightarrow{\ f(t)=1\ |t|\leqslant\frac{\tau}{2}\ } = \frac{1}{T} \int_{-\frac{T}{2}}^{\frac{T}{2}} 1 \cdot e^{-jn\Omega t} dt$$

$$= \frac{1}{T} \cdot \frac{1}{-jn\Omega} \int_{-\frac{\tau}{2}}^{\frac{\tau}{2}} e^{jn\Omega t} d(-jn\Omega t) = \frac{1}{T} \cdot \frac{1}{-jn\Omega} \cdot e^{-jn\Omega t} \Big|_{-\frac{\tau}{2}}^{\frac{\tau}{2}}$$

$$= \frac{1}{T} \cdot \frac{1}{-jn\Omega} \left[e^{-j\frac{n\Omega\tau}{2}} - e^{j\frac{n\Omega\tau}{2}} \right] = \frac{1}{T} \cdot \frac{2}{n\Omega} \cdot \frac{e^{j\frac{n\Omega\tau}{2}} - e^{-j\frac{n\Omega\tau}{2}}}{j2}$$

$$\xrightarrow{\text{利用欧拉公式：} \sin x = \dfrac{e^{jx} - e^{-jx}}{j2}\text{，可整理合并得到}}$$

$$= \frac{2}{Tn\Omega} \cdot \sin\frac{n\Omega t}{2} = \frac{\tau}{T} \cdot \frac{\sin\dfrac{n\Omega\tau}{2}}{\dfrac{n\Omega\tau}{2}} \xrightarrow{\ \text{用}\ \Omega = \frac{2\pi}{T}\ \text{代换}\ }$$

$$= \frac{\tau}{T} \cdot \frac{\sin\left(\dfrac{n\pi\tau}{T}\right)}{\dfrac{n\pi\tau}{T}} = \frac{\tau}{T} \cdot \mathrm{Sa}\left(\frac{n\pi\tau}{T}\right), \quad n = 0, \pm 1, \pm 2, \cdots \tag{2.10}$$

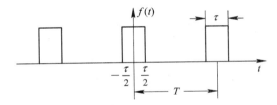

图 2.9　周期矩形脉冲

可见，最大分量为 $n=0$ 时，即 $F_0 = \tau/T$；当 $\sin\dfrac{n\Omega\tau}{2}=0$ 时对应频谱为零值（零点），则有

$$\frac{n\Omega\tau}{2} = n\pi, \quad n = \pm 1, \pm 2, \pm 3, \cdots$$

令 $\omega = n\Omega$，即 $\omega = \dfrac{n2\pi}{\tau}$。当 $n=1$ 时，$\omega = \dfrac{2\pi}{\tau}$，函数 $\sin\dfrac{n2\pi}{\tau}=0$，出现函数曲线的第一个零点，$\sin\dfrac{n2\pi}{\tau}$ 函数曲线反映了周期方波信号频谱分布情况；然而，很容易发现第一个零点内曲线包络的幅度最大，说明信号的主要能量成分集中在第一个零点之内，根据统计数据得出第一个零点之内占据信号总能量的 95% 以上。依据式(2.10)继续分析有

$$F_n = \frac{1}{T} \int_{-\tau/2}^{\tau/2} e^{-jn\Omega t} dt = \frac{\tau}{T} \frac{\sin(n\Omega\tau/2)}{n\Omega\tau/2} = \frac{\tau}{T} \frac{\sin(n\pi\tau/T)}{n\pi\tau/T}$$

其中，$n=0, \pm 1, \pm 2, \cdots$。

（1）当 $\tau/T = 0.5$ 时，有

$$F_n = \frac{1}{2} \frac{\sin(n\pi/2)}{n\pi/2} = \frac{1}{2} \mathrm{Sa}\left(\frac{n\pi}{2}\right)$$

$$F_0 = \frac{1}{2}$$

$$F_n = \begin{cases} \dfrac{1}{\pi}, -\dfrac{1}{3\pi}, \dfrac{1}{5\pi}, -\dfrac{1}{7\pi}, \cdots, & n \text{ 为奇数} \\ 0, & n \text{ 为偶数} \end{cases}$$

故其频谱如图 2.10 所示。在图 2.10 中出现了负频率，在工程中没有负频率概率，可按式 (2.4)的关系，利用欧拉公式：

$$\cos n\Omega t = \frac{\mathrm{e}^{jn\Omega t} + \mathrm{e}^{-jn\Omega t}}{2}$$

将对应的两个正、负频率的指数形式组合起来消去负频率，因此当 $\tau/T = 1/2$ 时，$f(t)$可写为

$$f(t) = \frac{1}{2}\left[1 + \frac{4}{\pi}\left(\cos\Omega t - \frac{1}{3}\cos3\Omega t + \frac{1}{5}\cos5\Omega t - \frac{1}{7}\cos7\Omega t + \cdots\right)\right]$$

对应信号的带宽为 $\Delta F = B = 2\Omega$（第一个零点处）。

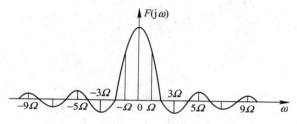

图 2.10　$\tau/T = 0.5$ 的周期矩形脉冲的频谱

（2）当 $\tau/T = 1/5$ 时，则所得频谱如图 2.11 所示。由图可见，时域的压缩对应着频域的展宽，即 $\Delta F = B = 5\Omega$（第一个零点处），它从理论上指明了提高传信率是以牺牲频带宽度为代价的。

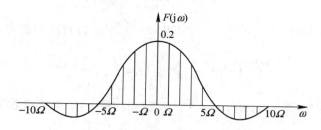

图 2.11　$\tau/T = 1/5$ 的周期矩形脉冲的频谱

例 2.1　如图 2.9 所示的周期性矩形脉冲信号，已知脉冲幅度 $A = 1$ V，脉宽 $\tau = 1$ ms，脉冲重复的周期 $T = 4$ ms。试求该信号的四次谐波以下各次谐波分量的振幅和频率，并画出相应振幅频谱图。

解　因为 $T = 0.004$ s，那么基波频率 $f_1 = 1/T = 1/0.004 = 250$ Hz。

$n = 1$ 的基波幅度为

$$A_1 = \frac{2E\tau}{T}\left|\frac{\sin\dfrac{n\Omega\tau}{2}}{\dfrac{n\Omega\tau}{2}}\right| = \frac{2}{n\pi}\sin\frac{n\pi}{4} = 0.45 \text{ V}$$

同理,二次谐波频率为

$$f_2 = 2 \times f_1 = 2 \times 250 = 500 \text{ Hz}$$

二次谐波振幅为

$$A_2 = \frac{2}{2\pi} \sin \frac{2\pi}{4} = 0.32 \text{ V}$$

三次谐波频率为

$$f_3 = 3 \times f_1 = 3 \times 250 = 750 \text{ Hz}$$

三次谐波振幅为

$$A_3 = \frac{2}{3\pi} \sin \frac{3\pi}{4} = 0.15 \text{ V}$$

四次谐波频率为

$$f_4 = 4 \times f_1 = 4 \times 250 = 1000 \text{ Hz}$$

四次谐波振幅为

$$A_4 = \frac{2}{4\pi} \sin \frac{4\pi}{4} = 0$$

直流分量的幅度为

$$\frac{A_0}{2} = \frac{2E\tau}{2T} = 0.25 \text{ V}$$

根据上述计算结果,画出矩形脉冲相应的频谱图,如图 2.12 所示。

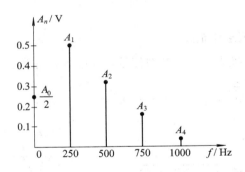

图 2.12　例题 2.1 的频谱图

例 2.2　若把例 2.1 的信号加到如下理想滤波器输入端,试分析输出端的情况。① 截止频率 $f_c = 200$ Hz 的低通滤波器;② 截止频率 $f_c = 400$ Hz 的低通滤波器。

解　① 如果 $f_c = 200$ Hz,滤波器的输出只有直流分量。

② 如果 $f_c = 400$ Hz,滤波器的输出只有直流和基波分量。

2) 门函数的频谱

脉宽为 τ,幅度为 1 的单个矩形脉冲称为门函数,用 $g_\tau(t)$ 表示。它是一种非周期函数,其频谱函数为

$$F(j\omega) = \int_{-\infty}^{\infty} g_\tau(t) e^{-j\omega t} \, dt = \int_{-\tau/2}^{\tau/2} e^{-j\omega t} \, dt = \tau \operatorname{Sa}\left(\frac{\omega\tau}{2}\right) \tag{2.11}$$

其波形与频谱如图 2.13 所示。

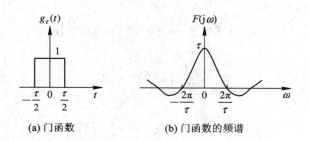

(a) 门函数　　　　　　　**(b) 门函数的频谱**

图 2.13　门函数及其频谱

由上面所得到的结果可知，矩形信号的频谱按 $\mathrm{Sa}\left(\dfrac{\omega\tau}{2}\right)$ 的规律变化，而且，信号的主要能量

处于 $f=0\sim\dfrac{1}{\tau}$ 的范围内，据统计数据，得出第一个零点之内占据信号总能量的 95% 以上。

因而，通常取从零频率到第一个零值频率之间的频段 $\left(\dfrac{1}{\tau}\right)$，近似为信号的频带宽度

$B(\Delta F)$，即信号带宽定义为

$$B(\text{或 }\Delta F)=\frac{2\pi}{\tau}\ \mathrm{rad/s}=\frac{1}{\tau}\ \mathrm{Hz} \tag{2.12}$$

由此可见，脉冲宽度越窄，信号的频带宽度越宽；反之亦然。

2.1.4　单位冲激信号

1. 单位冲激函数的概念和定义

　　单位冲激信号是一个极为重要的典型信号，但它不能用普通函数方法来定义，概念稍显抽象，故这里重点讨论它。

　　考虑一个电容器的放电过程，如图 2.14 所示。

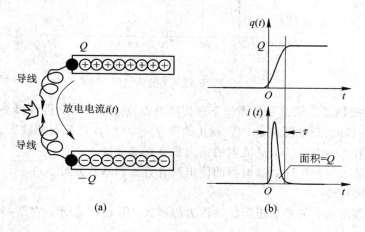

(a)　　　　　　　**(b)**

图 2.14　电容器的放电过程

　　设在放电之前，正极板的存储的电荷量为 Q（负极板存储的电荷量为 Q），在放电过程中电荷经导线由正极板向负极板流动，设 t 时刻导线上累积流过电荷量为 $q(t)$，它的变化速率是放电电流，记为 $i(t)$，即

$$i(t) = \frac{\mathrm{d}}{\mathrm{d}t}q(t) \tag{2.13}$$

或

$$q(t) = \int_{-\infty}^{t} i(t)\,\mathrm{d}t \tag{2.14}$$

$t=0$ 时刻，用导线将两极板短接，放电开始，此时会有很大的放电电流(放电端会发出火光和爆炸声)。图 2.14(b)示出了 $q(t)$ 和 $i(t)$ 的波形，放电时间 τ 取决于电容器的电容量和导线的电阻、电感。放电完成后，导线上累计流过的电荷量为 Q，即

$$Q = \int_{-\infty}^{\infty} i(t)\mathrm{d}t \tag{2.15}$$

式(2.15)的几何意义是 $i(t)$ 波形与 t 轴围成的面积为 Q。

　　实际的放电过程可能很复杂，它取决于电容器的电容量和导线的电阻、电感。这里特别关心放电时间 τ。分析表明，导线的电阻和电感越小，放电时间 τ 越小，显然，放电电流脉冲 $i(t)$ 的峰值越高。极端情况下，若 $\tau \to 0$，则电流 $i(t)$ 趋于一个无限窄而峰值无穷大的脉冲，但 $i(t)$ 波形在 t 轴上的面积为 Q，这个极限情况下的电流脉冲就是冲激信号。这个无限窄、无限高但保持波形在 t 轴上的面积为 Q 的脉冲信号称为高度为 Q 的冲激信号。高度为 1 的冲激信号称为单位冲激信号，记为 $\delta(t)$。高度为 Q 的冲激信号可以写成 $Q\delta(t)$。

　　冲激信号与有限宽度的脉冲信号相比除了峰值为无穷大外，还有一个本质的不同，就是有限宽度的脉冲信号无论脉冲宽度如何窄，波形都有一些精细的结构，而冲激信号中，所有精细结构都随脉冲宽度趋于 0 而消失了。换言之，脉冲变得简单了，这正是冲激信号的价值所在。

　　现实世界中有大量窄脉冲信号可近似看成冲激信号(条件是可忽略脉冲的精细结构)，如闪电过程中的放电电流、物体碰撞过程中的冲击力等。

　　显然，图 2.14 中，$\tau \to 0$ 时 $q(t)$ 趋于一个高度为 Q 的阶跃信号，即 $\tau \to 0$ 时，$i(t) \to Q\delta(t)$，$q(t) \to Qu(t)$，根据 $i(t)$ 和 $q(t)$ 之间的关系即式(2.13)，有

$$\delta(t) = \frac{\mathrm{d}}{\mathrm{d}t}u(t) \tag{2.16}$$

式(2.16)可以作为单位冲激信号的数学定义。读者一定会注意到，$u(t)$ 是 t 的不连续函数(在 $t=0$ 处不连续)，在经典数学中它是不可导的，有了 $\delta(t)$ 就可描述 $u(t)$ 之类的不连续函数的导数。

　　由于 $\delta(t)$ 的脉冲宽度为无限窄，因此在 $t \neq 0$ 时它的值为 0，于是 $\delta(t)$ 具有如下性质：

$$\left. \begin{array}{l} \delta(t)\,\big|_{t\neq 0} = 0 \\[2mm] \int_{-\infty}^{\infty} \delta(t)\,\mathrm{d}t = 1 \end{array} \right\} \tag{2.17}$$

式(2.17)也可以作为单位冲激信号的数学定义。$\delta(t)$ 不能用经典数学中"任意给定 t，存在确定的 $\delta(t)$"的方法定义，原因是 $\delta(0)$ 为无穷大，而无穷大不是确定值。因此 $\delta(t)$ 不是一个普通函数，它的波形在 $t=0$ 时也无法像普通信号那样描绘，用图 2.15 中的粗箭头表示冲激信号的波形。注意，不能简单地将箭头理解为无

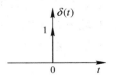

图 2.15　冲激信号的波形

穷大，较全面地意义是"出现在 0 时刻，无限窄、峰值无穷大且面积为 1 的脉冲"。

从严格的数学意义来说，$\delta(t)$是一个颇为复杂的概念，它是狄拉克（Dirac）最初提出并定义的，所以被称为狄拉克δ函数（Dirac Delta Function）。为了应用，在叙述中不强调数学上的严谨性，而只强调使用运算方便。

$\delta(t)$的一个重要性质是它的取样特性：对任何普通函数$f(t)$，若它在$t = t_0$处连续，则

$$f(t)\delta(t - t_0) = f(t_0)\delta(t - t_0) \qquad (2.18)$$

由于$\delta(t)$是一个出现在$t = 0$时刻的脉冲，因此$\delta(t - t_0)$是一个出现在$t = t_0$时刻（$t - t_0 = 0$）的脉冲，即$\delta(t - t_0)$是$\delta(t)$延迟t_0时刻的脉冲，高度仍然为1，如图2.16所示。对任何$t \neq t_0$，$\delta(t - t_0) = 0$，于是$f(t)\delta(t - t_0) = 0$，与$f(t)$的值无关，因此$f(t)\delta(t - t_0)$也是一个出现在t_0时刻，无限窄、峰值无穷大的脉冲，即冲激。$f(t)$对$f(t)\delta(t - t_0)$的影响只表现在t_0时刻，此时$f(t)$取值为$f(t_0)$，这正是式（2.18）的意义。

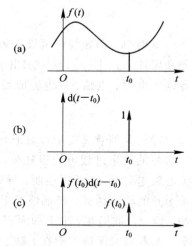

图 2.16　冲激信号的取样特性

由式（2.18）和冲激信号的积分特性有

$$\int_{-\infty}^{\infty} f(t)\delta(t - t_0)\ \mathrm{d}t = f(t_0)\int_{-\infty}^{\infty} \delta(t - t_0)\ \mathrm{d}t$$
$$= f(t_0) \qquad (2.19)$$

由此式可知，若δ函数在时间上移位t_0后与$f(t)$相乘并积分，得到的结果是在t_0处的$f(t)$值。即此运算相当于在$t = t_0$处对函数$f(t)$的取样。

例 2.3　求解下列各表达式：

(1)　$\displaystyle\int_{-\infty}^{\infty} \sin 2t\delta\left(t - \frac{\pi}{4}\right)\mathrm{d}t = \sin 2 \times \frac{\pi}{4}\int_{-\infty}^{\infty}\delta\left(t - \frac{\pi}{4}\right)\mathrm{d}t = \sin\frac{\pi}{2} \times 1 = \sin\frac{\pi}{2} = 1$

(2)　$\displaystyle\int_{-\infty}^{\infty} [\sin 2t + \cos 2t]\delta\left(t - \frac{\pi}{2}\right)\mathrm{d}t = \left[\sin 2 \times \frac{\pi}{2} + \cos 2 \times \frac{\pi}{2}\right]\int_{-\infty}^{\infty}\delta\left(t - \frac{\pi}{2}\right)\mathrm{d}t$

$$= [\sin\pi + \cos\pi] \times 1 = -1$$

(3)　$\sin 3t\delta\left(t + \dfrac{\pi}{6}\right) = \sin 3 \times \left(-\dfrac{\pi}{6}\right)\delta\left(t + \dfrac{\pi}{6}\right) = \sin\left(-\dfrac{\pi}{2}\right)\delta\left(t + \dfrac{\pi}{6}\right) = -1 \times \delta\left(t + \dfrac{\pi}{6}\right)$

(4)　$[\sin 4\omega + \cos 2\omega]\delta\left(\omega - \dfrac{\pi}{8}\right) = \left[\sin 4 \times \dfrac{\pi}{8} + \cos 2 \times \dfrac{\pi}{8}\right]\delta\left(\omega - \dfrac{\pi}{8}\right)$

$$= \left[1 + \frac{\sqrt{2}}{2}\right]\delta\left(\omega - \frac{\pi}{8}\right)$$

从例2.3中的(3)、(4)可以看出，δ函数与任意函数相乘，其结果还是为冲激函数，只是冲激量的大小为被冲激的函数在该处的函数值。顺便指出，函数变量可为t或ω，分别表示在时域或频域中的解。

若取函数$f(t) = \mathrm{e}^{-j\omega t}$，$t_0 = 0$，即

$$\int_{-\infty}^{\infty} f(t)\delta(t - t_0)\mathrm{d}t = \int_{-\infty}^{\infty}\delta(t)\mathrm{e}^{-j\omega t}\ \mathrm{d}t$$

这显然是在求δ函数的傅里叶变换的表达式。由式（2.19）可知，$f(0)$为$\mathrm{e}^{-j\omega 0} = \mathrm{e}^0 = 1$，可得

$$\mathscr{F}\{\delta(t)\} = 1 \qquad (2.20)$$

由此可知，δ 函数的振幅频谱和角频率没有关系，是常数，即对所有的频率都相等，如图 2.17 所示。注意，相位频谱在全部的频率上均为 0。

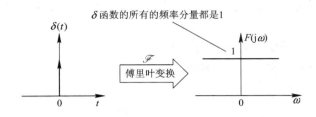

图 2.17 $\delta(t)$ 函数的取样

2. δ 函数和白噪声

图 2.18 的波形也与 δ 函数一样，在全部频率区域上都呈相同的振幅频谱，但要描述包含无限大的频率的波形实际上是不可能的，因此准确地说，此图的波形是在某一有限的频率区域具有与 δ 函数相同的振幅频谱，而相位频谱却是毫无规则的。δ 函数的相位频谱在全部频谱区域上是 0，而图 2.18 中的相位频谱却是在全部的频率区域上杂乱无章的。我们知道，白色光是由相位杂乱无章的各种颜色的光组合而成的，所以将这种杂乱无章的信号称为白噪声。

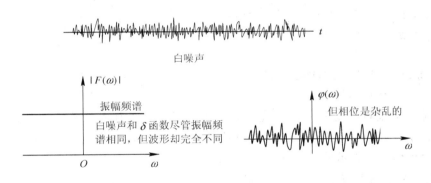

图 2.18 白噪声的频谱

2.1.5 系统响应及分析

1. 线性系统的概念及输入和输出的关系

一个通信系统的输入信号称为激励，其输出信号称为响应。在系统已知、激励给定的条件下求系统响应的过程叫作系统的分析。对于线性网络，我们最关心的问题是其输出信号与输入信号之间的关系。所谓的线性，是指当输入信号为 $x_1(t)$ 时，输出信号为 $y_1(t)$；当输入信号为 $x_2(t)$ 时，输出信号为 $y_2(t)$。相应的输入信号 $a_1x_1(t) + a_2x_2(t)$ 时，输出信号为 $a_1y_1(t) + a_2y_2(t)$，线性系统遵从叠加原理，如图 2.19 所示。

$$\frac{x(t)}{a_1x_1(t)+a_2x_2(t)} \longrightarrow \boxed{\text{线性系统}} \longrightarrow \frac{y(t)}{a_1y_1(t)+a_2y_2(t)}$$

图 2.19 线性系统

　　然而，线性系统的输入信号和输出信号间的关系通常不是简单的加法和乘法就能表达出来的。解决复杂的问题时，首先要将对象分解到能够理解的详细程度，这是科学技术上惯用的处理方法和原则。在这里首先将输入信号分解，然后分别对分解后的各个部分的响应进行考察。

　　输入信号如图 2.20 所示，可分解为多个细长的长方形脉冲信号。在此系统上加上高度为 1、宽度为 Δt 的长方形脉冲。此信号可表示为

$$\bar{s}(t) = \begin{cases} 1, & 0 \leqslant t \leqslant \Delta t \\ 0, & \text{其以外的区间} \end{cases}$$

设对应的响应为 $\tilde{h}(t)(t \geqslant 0)$，如图 2.21 所示。

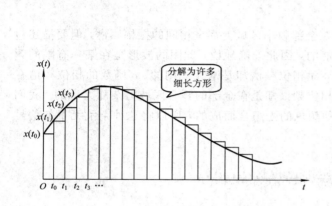

图 2.20　输入信号分解到能够清楚表示
　　　　系统的程度

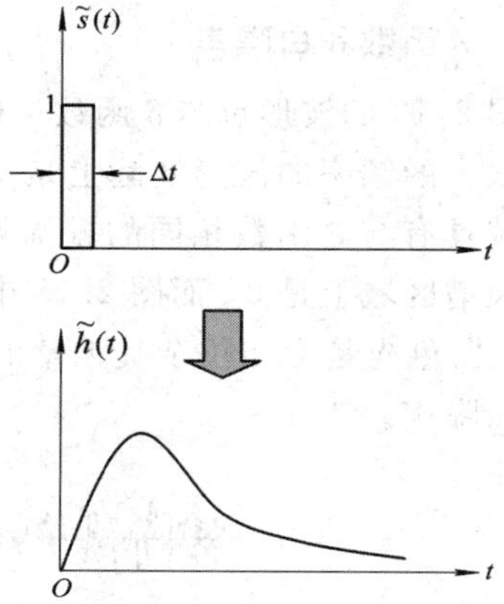

图 2.21　若考虑为细长方形脉冲
　　　　对应的响应

　　在时刻 $t = t_0$ 处将高度为 $x(t_0)$、宽度为 Δt 的长方形脉冲加入此系统，如图 2.22 所示。由于输入信号是 $\bar{s}(t - t_0)$ 的 $x(t_0)$ 倍，根据线性系统的性质，其输出也必然是 $\tilde{h}(t - t_0)$ 的 $x(t_0)$ 倍，输出信号可表示成 $x(t_0)\tilde{h}(t - t_0)$。接下来，若在 $t = t_1$ 处加上高度为 $x(t_1)$ 的长方形脉冲信号，由于输入信号只延迟了时间 t_1，因此，输入可表示为 $x(t_1)\bar{s}(t - t_1)$，输出也延迟了时间 t_1，其大小是 $\tilde{h}(t - t_1)$ 的 $x(t_1)$ 倍，可表示为 $x(t_1)\tilde{h}(t - t_1)$，依次类推，对 t_1 以后的 $t = t_2, t_3, \cdots$ 也同样，将它们归纳起来，如表 2.1 所示。

表 2.1　各时刻输入与输出

t	输　入	输　出
t_0	$x(t_0)\bar{s}(t - t_0)$	$x(t_0)\tilde{h}(t - t_0)$
t_1	$x(t_1)\bar{s}(t - t_1)$	$x(t_1)\tilde{h}(t - t_1)$
t_2	$x(t_2)\bar{s}(t - t_2)$	$x(t_2)\tilde{h}(t - t_2)$
t_3	$x(t_3)\bar{s}(t - t_3)$	$x(t_3)\tilde{h}(t - t_3)$
$\vdots$	$\vdots$	$\vdots$

　　输入信号可近似表示为各个细长方形的和，如下式所示：

$$x(t) = \sum_{i=0}^{\infty} x(t_i)\bar{s}(t - t_i) \tag{2.21}$$

根据线性系统的定义，此系统必然满足叠加原理。因此，将每个细长方形的输入脉冲所得到的响应加到一起，可得到对应输入信号全部的响应曲线，如图 2.22 所示。即响应曲线可以近似地表示为

$$y(t) \approx \sum_{i=0}^{\infty} x(t_i)\tilde{h}(t-t_i) \tag{2.22}$$

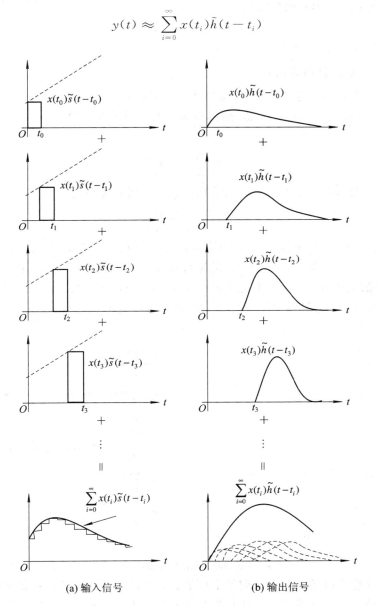

图 2.22　输入信号的和与输出信号的和

由于响应曲线的表达式是将输入信号分解为细长方形得到的，因此连续信号的表达式可由将细长方形的宽度取无限小而得到。这可用积分的形式表示，用积分变量 τ 代替 t_i 进行对应替换：

$$x(t_i) \rightarrow x(\tau), \quad \tilde{h}(t-t_i) \rightarrow h(t-\tau)$$

可知，输入为 $x(t)$ 系统的输出 $y(t)$ 为

$$y(t) = \int_0^\infty x(\tau)h(t-\tau)\mathrm{d}\tau \qquad (2.23)$$

式(2.23)为线性系统的输入和输出相关联的重要关系式，称为 $x(t)$ 和 $h(t)$ 的卷积(convolution)，或折叠积分。卷积常简写为

$$y(t) = x(t) * h(t) \qquad (2.24)$$

显然，式(2.24)满足交换律。

2. 单位冲激响应及传递函数

在上面导出卷积时，将高度为 1、宽度为 Δt 的信号 $\tilde{s}(t)$ 的响应用 $\tilde{h}(t)$ 表示。由于 $\tilde{s}(t)$ 是面积为 Δt 的方形脉冲，则 $\tilde{s}(t)/\Delta t$ 是面积为 1 的方形脉冲。当 $\Delta t \to 0$ 时，就变成了 δ 函数，即

$$\lim_{\Delta t \to 0} \frac{\tilde{s}(t)}{\Delta t} = \delta(t)$$

因为对于 $\tilde{s}(t)$ 系统的响应是 $\tilde{h}(t)$，所以系统对 $s(t)$ 的响应可写成

$$h(t) = \lim_{\Delta t \to 0} \frac{\tilde{h}(t)}{\Delta t}$$

可见，将单位冲激信号作为线性系统的输入，得到的响应称为该系统的冲激响应，记为 $h(t)$。如图 2.23 所示，将一个面积为 1 的窄脉冲 $x(t)$（宽度为 τ）输入到图 2.23(a)所示的系统，得到的输出为 $y(t)$，当脉冲宽度 $\tau \to 0$ 时，$x(t) \to \delta(t)$，因此 $y(t)$ 的极限就是系统的冲激响应。图 2.23(b)分别示出了 $x(t)$、$y(t)$ 和 $h(t)$ 的波形。

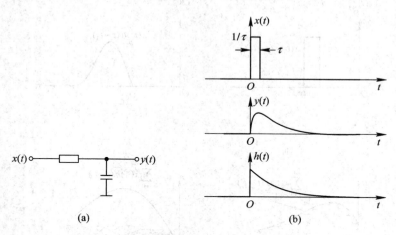

图 2.23 系统的冲激响应

卷积是将线性系统的响应在时间域上的表达，而在前面已经提到在很多时候人们对信号与系统之间的关系在频率域的表达也极为关心，不妨设输入信号 $x(t)$、输出信号 $y(t)$ 和 $h(t)$ 的傅里叶变换表示为

$$X(\omega) = \mathscr{F}\{x(t)\}, \; Y(\omega) = \mathscr{F}\{y(t)\}, \quad H(\omega) = \mathscr{F}\{h(t)\}$$

将式(2.24)两边取傅里叶变换得到

$$Y(\omega) = X(\omega) \cdot H(\omega) \qquad (2.25)$$

故系统的传递函数定义为

$$H(\omega) = \frac{Y(\omega)}{X(\omega)} \qquad (2.26)$$

由于 δ 函数的傅里叶变换为 $\mathscr{F}\{\delta(t)\}=1$，所以当输入 $x(t) = \delta(t)$ 时，输出响应的傅里叶变换可表达为

$$Y(\omega) = H(\omega)$$

显然，这种关系也可以从单位冲激响应的傅里叶变换中得到，线性网络的单位冲激响应 $h(t)$ 与传递函数 $H(\omega)$ 互为傅氏变换对，即

$$h(t) \leftrightarrow H(\omega) \qquad (2.27)$$

由此可见，单位冲激信号是一种极为重要的测试信号，其输出响应可以完全反映线性系统的固有特征。

总之，系统的输出由系统的输入和系统本身的特征共同决定，因此，系统的输出中包含了输入和系统两方面的特征。比较 $y(t)$ 和 $h(t)$ 的波形我们发现，$h(t)$ 的波形较简单，或者说，$y(t)$ 有更多的精细结构，原因是宽度有限的窄脉冲与冲激信号相比，多了脉冲宽度的信息。由于 $\delta(t)$ 是一种最简单的信号，没有什么特征参数，所以，由它激励出的输出信号中包含的全部特征都是系统本身的，因此系统的冲激响应完全描述了线性系统的全部特征。这种分析方法就是所谓的时域分析法，如图 2.24 所示，即已知系统和激励的时间函数，求系统响应的时域表达式的方法。然而，在分析过程中，将时间变量变换为频率变量去分析，就称为频域分析法，如图 2.25 所示。

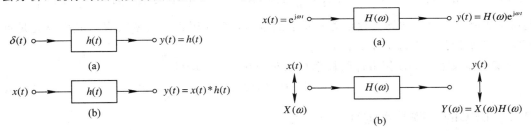

图 2.24 时域分析法示意图   图 2.25 频域分析法示意图

2.2 概率论的基础知识

随机现象是普遍存在的，在通信中也不例外。要想事先一点不差地预知通信系统中的信号和噪声都是极为困难的，总是存在着难以考虑周全的不确定因素，诸如器件特性不稳、电源的波动、信道特性的起伏、各种噪声等。包含不确定因素的波形称为随机波形。再有，发送端将要传送什么样的消息，对于收信者是无法预料的；由于信道特性和噪声(或干扰)的影响，要想确知传输信号的每一参数是不可能的；在存在噪声的情况下，无法断定接收端恢复的消息是否发生差错。因此，有必要介绍对于任何有意义的通信技术问题所涉及的概率论与随机过程的知识。

2.2.1 概率的概念

在概率论中，常把可能发生和可能不发生的随机现象称为随机事件(简称事件)。随机

事件的结果是无法精确预知的，而实践证明，大量的同类随机事件通常具有统计规律性，即概率论及统计理论。所谓概率，就是随机事件统计规律性的最基本的一个量值概念。

把一个事件的概率与该事件出现的相对频率联系起来是很容易理解概率的概念（相对频率是指事件出现次数与重复观察总次数之比值）。例如，实验中一次测量可能出现 A、B、C 等结果，于是经 n 次重复测量，测得 A、B、C 等结果的次数分别为 m_A、m_B、m_C 等。于是，它们出现的相对频率即为 m_A/n、m_B/n、m_C/n 等。不难推想，谁的相对频率大，则谁出现的可能性就大，自然，它出现概率就应该有大的量值。可以证明，在 n 趋于无穷大的情况下，事件出现的相对频率在一定意义下就将趋于该事件出现的概率。这里直接将 $n \to \infty$ 情况下的事件出现的相对频率定义为该事件出现的概率，即当 $n \to \infty$ 时，有

$$\left. \begin{aligned} \frac{m_A}{n} &\to P(A) \\ \frac{m_B}{n} &\to P(B) \\ \frac{m_C}{n} &\to P(C) \end{aligned} \right\} \tag{2.28}$$

式中，$P(A)$、$P(B)$ 和 $P(C)$ 分别是可能结果 A、B 和 C 出现的概率。

式(2.28)要求 $n \to \infty$，实际上是做不到的。然而，由"大数定理"告诉我们，当 n 增大到一定数值后，用事件 A 出现的相对频率 $\dfrac{m_A}{n}$ 去表示概率 $P(A)$ 是足够准确的。如果测量次数 n 足够大，但它还没有达到大数定理所要求的数值，则利用相对频率去表示概率只能是近似的，但这个近似程度随 n 增大而越来越好。

由概率定义看出，任何事件的概率是恒介于 0 与 1 之间的，即

$$0 \leqslant P(A) \leqslant 1 \tag{2.29}$$

2.2.2 概率的一些基本定理

1. 加法定理

如果两个事件 A 与 B 不可能同时发生，则称事件 A 与 B 为互不相容，也称两互斥事件。比如在 $0，1，2，\cdots，9$ 十个数字中任意取一个，可有 10 种不同的结果："取得一个数是 0"和"取得一个数是 1"是互不相容的。如果 A_1，A_2，$\cdots$，A_n 中的任意两个事件是互不相容的，则称 A_1，A_2，$\cdots$，A_n 互不相容。

若 A、B 两事件为互斥事件，则两事件和的概率等于概率的和，即

$$P(A+B) = P(A) + P(B) \tag{2.30}$$

但是，如果 A、B 为任意两事件，加法定理则要修正为

$$P(A+B) = P(A) + P(B) - P(AB) \tag{2.31}$$

其中，$P(AB)$ 为 A 和 B 两个事件同时发生的概率；若 A 与 B 相互独立，则 $P(AB) = P(A)P(B)$，见乘法定理。

例 2.4 设甲、乙两射手独立地射击同一目标，他们击中目标的概率分别为 0.9 和 0.8；求在一次射击中，目标被击中的概率。

解 令 $A = \{$甲击中目标$\}$，$B = \{$乙击中目标$\}$，依题意得

$$P(A) = 0.9, \quad P(B) = 0.8$$

因为 A 与 B 相互独立，但是相容的，而"击中目标"这一事件 $C = A + B = \{$甲或乙击中目标$\}$，故

$$P(C) = P(A + B) = P(A) + P(B) - P(AB)$$
$$= P(A) + P(B) - P(A)P(B)$$
$$= 0.9 + 0.8 - 0.9 \times 0.8$$
$$= 0.98$$

2. 乘法定理

两个独立事件一起发生的概率等于各自发生的概率的积，即

$$P(AB) = P(A)P(B) \tag{2.32}$$

乘法定理也是有条件的，它要求 A、B 两事件相互独立。对于 A、B 为任意两事件，则乘法定理修正为

$$P(AB) = P(A)P(B/A) = P(B)P(A/B) \tag{2.33}$$

$P(B/A)$ 及 $P(A/B)$ 称为条件概率，$P(B/A)$ 表示在 A 事件已经发生的条件下 B 事件出现的概率，$P(A/B)$ 表示在 B 事件发生的条件下 A 事件出现的概率。在一般情况下，$P(B/A) \neq P(B)$，$P(A/B) \neq P(A)$，这说明 A、B 两事件相互有关联，只有 A、B 相互独立时，这两个不等式才变成等式，于是式 (2.33) 变为式 (2.32)。A、B 相互独立有时也称为统计独立。

　　例 2.5　在二进制传输系统里，已知：发送"0"或"1"的可能性相同，由于噪声的影响，当发送端发送"0"时，接收端错收成"1"的概率为 1/6；当发送端发送"1"时，接收端错收成"0"的概率为 1/4。试求：

　　(1) 当收到"0"时，发送"0"的概率；

　　(2) 当收到"1"时，发送"1"的概率。

　　解　据题意，设下列各事件：

　　　　A_1：发送"0"的事件，A_2：发送"1"的事件

　　　　B_1：接收"0"的事件，B_2：接收"1"的事件

则有

$$\left. \begin{array}{l} P(A_1) = P(A_2) = 0.5 \\[2mm] P(B_1 \mid A_1) = \dfrac{5}{6} \\[2mm] P(B_1 \mid A_2) = \dfrac{1}{4} \\[2mm] P(B_2 \mid A_1) = \dfrac{1}{6} \\[2mm] P(B_2 \mid A_2) = \dfrac{3}{4} \end{array} \right\} \tag{2.34}$$

为清楚起见，用图 2.26 示意上述关系。显然，现在需求 $P(A_1 | B_1)$ 及 $P(A_2 | B_2)$。

　　根据式 (2.33) 有

$$P(A_1 \mid B_1) = \frac{P(A_1)P(B_1 \mid A_1)}{P(B_1)}$$

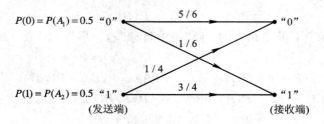

图 2.26　例题 2.5 二进制传输系统示意

及
$$P(A_2 \mid B_2) = \frac{P(A_2)P(B_2 \mid A_2)}{P(B_2)}$$

$P(B_1)$ 是接收 "0" 的概率。由图 2.26 可见，B_1 或者与 A_1 同时发生，或者与 A_2 同时发生。又考虑 A_1 与 A_2 是互斥事件，故 B_1 出现的概率为

$$P(B_1) = P(A_1 B_1) + P(A_2 B_1) = P(A_1)P(B_1 \mid A_1) + P(A_2)P(B_1 \mid A_2) \quad (2.35)$$

将式(2.34)代入式(2.35)，得

$$P(B_1) = 0.5 \times \frac{5}{6} + 0.5 \times \frac{1}{4} = \frac{13}{24}$$

同理

$$P(B_2) = P(B_2 A_1) + P(B_2 A_2) = P(A_1)P(B_2 \mid A_1) + P(A_2)P(B_2 \mid A_2)$$
$$= 0.5 \times \frac{1}{6} + 0.5 \times \frac{3}{4} = \frac{11}{24}$$

于是，最后求得

$$P(A_1 \mid B_1) = \frac{P(A_1)P(B_1 \mid A_1)}{P(B_1)} = \frac{0.5 \times \dfrac{5}{6}}{\dfrac{13}{24}} = \frac{10}{13}$$

$$P(A_2 \mid B_2) = \frac{P(A_2)P(B_2 \mid A_2)}{P(B_2)} = \frac{9}{11}$$

从式(2.35)看出，$P(B_1)$ 是事件 B_1 能且只能与两个互斥事件 A_1 及 A_2 之一同时发生的概率。由此不难得到，如果事件 B 能与几个互斥事件 A_1，A_2，…，A_n 同时发生，则

$$P(B) = P(A_1)P(B \mid A_1) + P(A_2)P(B \mid A_2) + \cdots + P(A_n)P(B \mid A_n)$$
$$= \sum_{i=1}^{n} P(A_i)P(B \mid A_i) \quad (2.36)$$

式(2.36)就是所谓的全概率公式。

2.3　随机信号的描述

2.3.1　概述

信号有确定性信号与随机信号之分。随机信号是客观存在的，它的分析与处理方法在电信、电子、控制、生物医学、机械振动、电气等工程技术领域都有很重要的作用，已成为有关专业技术人员必不可少的知识。

为了帮助读者准确地理解随机信号这个概念，这里首先结合具体例子来介绍随机变量

及其分布和"随机过程"的概念。

1. 随机变量及随机过程

若考察"抛硬币"试验，它有两个可能结果："出现正面"或"出现反面"，为了研究方便，不妨用数"1"代表"出现正面"，用数"0"代表"出现反面"。建立这种数量化的关系，实际上就相当于引入了一个变量 X，对于变量的所有可能取值的集合称为样本空间，记为 $S = \{e\}$，用 e 代表样本空间的元素，在这里 $S = \{e\} = \{1, 0\}$。也就是说，对应于样本空间的不同元素，变量 X 取不同的值，因而 X 可以看成是定义在样本空间上的函数，具体说就是

$$X = X(e) = \begin{cases} 1, & \text{当 } e = \text{出现正面} \\ 0, & \text{当 } e = \text{出现反面} \end{cases}$$

由于试验的结果的出现是随机的，因而函数 $X(e)$ 的取值也是随机的，$X(e)$ 称为随机变量。

再如考虑"测试灯泡寿命"这一试验，以 X 记为灯泡的寿命（以小时计），显然 X 是一个变量，这个变量 X 随着试验的不同结果而取不同的值，它也可以看成是定义在样本空间 $S = \{t \mid t \geqslant 0\}$ 上的函数，即

$$X = t, \quad t \geqslant 0$$

这个函数的取值是随机的，它也是一个随机变量。

显然，随机变量的取值可以是有限个，如"抛硬币"试验；也可以是无限个，如"灯泡的寿命"的可能取值充满一个区间，是无法按一定次序一一列举出来的，前者称为离散型随机变量，后者称为连续型随机变量。

一般情况，设离散型随机变量 X 所有可能取的值为 $x_k (k = 1, 2, \cdots)$，X 取各个可能值的概率，既事件 $\{X = x_k\}$ 的概率为

$$P\{X = x_k\} = p_k, \quad k = 1, 2, \cdots \tag{2.37}$$

由概率的定义，p_k 满足如下两个条件：

(1) $p_k \geqslant 0, k = 1, 2, \cdots$，

(2) $\sum_{k=1}^{\infty} p_k = 1$。

我们称式(2.37)为离散型随机变量 X 的概率分布，也可以用表格的形式来表示，如表 2.2 所示。

表 2.2　离散性随机变量 X 的概率分布

X	x_1	x_2	$\cdots$	x_n	$\cdots$
p_k	p_1	p_2	$\cdots$	p_n	$\cdots$

前面所讨论的随机现象，基本上可由一个或有穷多个随机变量来描述，它所考虑的基本事件可用一个或有穷多个数来表示。而有些随机现象还必须研究它的发展变化过程，这一类随机现象仅用一个或有穷多个随机变量去描述是不能揭开其全部统计规律性的，如以下几个例。

考虑某一电话中心，在正常工作条件下，某时刻 t 以前接到的呼叫次数 x，已知它是一个随机变量。若考虑它随时间 t 变化的情形，则必须研究依赖于时间 t 的随机变量 $x(t)$；若以一天 24 小时计，则 t 从 0 变化到 24。

在数字通信系统中，传输过程是用数 0 和 1 两个码元通过编码来传递消息。由于事先

并不知道传送什么消息，因此，在某一时刻 t 它传送的是 0 还是 1，都不能事先预言，因而传输的信号 $x(n)$ 是一个随机变量。若进行长期观察，每隔 1 秒观察一次，可知 $x(n)$ 依赖于 n（秒），其中 $n＝0，1，2，…$。

在地震勘探工作中，人们通过检波器把混有随机干扰的随时间变动的地层结构信号波记录下来，在同等条件下做了 n 次记录，得到 n 个彼此有差异的记录。在时间 t_0 观察信号波的值 $x(t_0)$，可以发现它是不规则的，即 $x(t_0)$ 是一个随机变量。也就是说，混有随机干扰的地层结构信号波是一个依赖于时间 t 的随机变量 $x(t_i)$）。

总之，在实际问题中，不仅要求研究一个或有穷多个随机变量，而且要求研究一族变量取值为无穷多个的随机变量，我们将这样一族随机变量称为随机过程。下面通过具体实例对其定义作详细的阐述。

若有 n 个同样的电阻，同时记录它们的噪声电压波形，如图 2.27 所示。电阻上的热噪声是由于电阻中的电子的热运动引起的，因此，在 t_1 时刻电阻上的热噪声电压是一个随机变量，并记为 $x(t_1)$，也就是说，t_1 时刻任意电阻 r_i 上的噪声电压 $x(i，t_1)$ 是无法预先确切知道的。但可以在 n 足够大时，根据 $x_1<$ 电阻上噪声电压 $< x_1＋\Delta x$ 的相对频率，推算出随机变量 $x(t_1)$ 的概率密度与概率分布。这里，n 个电阻的热噪声电压的集合是这个随机试验的样本空间 S。对于某个电阻，其热噪声电压是一时间函数 $x(i，t)$，其中 $t\in T$（T 为时间 t 的取值范围）。对所有电阻来说，其热噪声电压就是一族时间函数，记为 $x(t)$，这族时间函数就是"随机过程"，族中每一时间函数称为随机过程的样本函数。

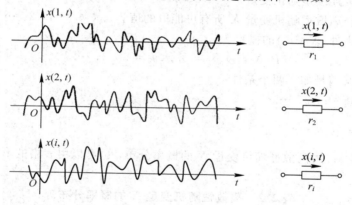

图 2.27　电阻上的热噪声电压

显然，随机过程 $x(t)$ 是从包括所有电阻与整个过程的总体意义上来说的，它包括了整个样本空间和参数 t 的整个取值范围。$x(t_1)$ 则是特定时刻 t_1 随机试验结果的总称，并把它称为在 t_1 时刻随机过程的状态。$x(1，t)$ 是电阻 r_1 上的热噪声电压，是随机函数族中的一个随机函数。$x(i，t_1)$ 是 r_i 上在 t_1 时刻热噪声电压的取值。它们的互相关系如表 2.3 所示。

表 2.3　随机过程与样本、状态之间的关系

	固定第 i 个样本	x 取值变化
t 固定在时刻 t_1	$x(i，t_1)$ 是一个数，即一个观测值	$x(t_1)$ 是一维随机变量，称为随机过程 t_1 时刻的状态
t 不固定	$x(i，t)$ 是一个样本函数，一元时间函数	$x(t)$ 是样本函数集，称为随机过程

从数学上来说，"随机过程"是定义于某一概率空间的实数或复数函数族。参数 t 并不一定是时间，可以是空间坐标，还可以是没有任何物理意义的量。从连续和离散的角度来分，随机过程可以分为四类：状态连续、参数连续；状态连续、参数离散；状态离散、参数连续；状态离散、参数离散。

随机信号则是指参数为时间的随机过程，或者说"随机信号是随机变量的时间过程"。通常用 $x(t)$，$s(t)$，…来表示随机信号。

2．平稳随机过程的概念

有一些随机过程的统计特性随着时间平移而变化，另有一些随机过程的统计特性则不随时间平移而变化。后者称为平稳的随机过程，前者称为非平稳的随机过程。

平稳随机过程的统计特性与时间平移无关，当时间推移到无穷大时，其概率统计特性也应不变，因此平稳的随机信号不具备时间的起点和终点。严格说来，实际上是不存在这种随机信号的。但在研究问题时，如在一段时间内产生随机现象的条件没有明显的变化，则可把这种随机过程看成是平稳的。例如电阻中的热噪声电压，通常就可认为是平稳的随机信号。然而，当通过电阻的电流增加时，电子的热运动就是一个一致的倾向性变化，这时就不能认为它是平稳的随机信号了。可以看成平稳的随机信号的例子还很多，如像正常运行条件下电网中电压有效值的波动、船舶的颠簸过程等。有的随机信号虽然很难看成是平稳的随机信号，但因平稳的随机过程比非平稳过程要容易研究些，故可在一段时间内还是把它看成是平稳的。

2.3.2　随机变量概率密度函数和概率分布函数

因为随机信号不能用确定性的函数来描述，所以要对随机信号进行分析处理，首先要解决如何描述它的问题。随机过程在任意时刻 t_1 的状态 $x(t_1)$ 是随机变量，就要用随机变量的概率统计方法来描述随机信号。

无论是离散随机变量还是连续随机变量，其随机变量的概率取值用表格或用函数或曲线的形式表示称为随机变量的概率密度函数，如式（2.37）和所对应的表格形式就是反映离散型随机变量 X 的概率密度函数。显然，若随机变量为连续无穷可取值，其概率分布也是连续的，该随机变量的概率描述就需要用连续函数描述。这个连续函数也称为随机变量概率密度函数，如上面列举的电阻上的热噪声电压的概率分布就需要用概率密度函数来表述。可见，概率密度函数是反映随机变量任意取值的概率。除了用概率密度函数来完整地描述随机变量的统计特征，很多时候还需要知道随机变量在某一段取值内的概率分布，为此引入分布函数，定义如下：

设 X 是一个随机变量，x 是任意实数，函数

$$F(x) = P\{X \leqslant x\} \tag{2.38}$$

称为 X 的分布函数。

对于任意实数 x_1，$x_2(x_1 < x_2)$，有

$$P\{x_1 < X \leqslant x_2\} = P\{X \leqslant x_2\} - P\{X \leqslant x_1\} = F(x_2) - F(x_1) \tag{2.39}$$

因此，若已知 X 的分布函数，我们就能知道 X 落在任意区间 $[x_1, x_2]$ 上的概率，在这个意义上来说，分布函数完整地描述了随机变量的统计规律性。

例 2.6　设随机变量 X 的密度函数为

$$f(x) = \frac{A}{e^{-x} + e^x}$$

求：(1) 常数 A；(2) $P\left\{0 < X < \frac{1}{2}\ln 3\right\}$；(3) 分布函数 $F(x)$。

解　(1) $\displaystyle\int_{-\infty}^{\infty} \frac{A}{e^{-x} + e^x}dx = A\int_{-\infty}^{\infty}\frac{e^x}{1 + e^{2x}}dx = A\arctan e^x\Big|_{-\infty}^{\infty} = \frac{\pi}{2}A$

由于 $\displaystyle\int_{-\infty}^{\infty}f(x)dx = 1$，即 $\frac{\pi}{2}A = 1$，所以 $A = \frac{2}{\pi}$。

(2)　$P\left\{0 < X < \frac{1}{2}\ln 3\right\} = \frac{2}{\pi}\int_{0}^{\frac{1}{2}\ln 3}\frac{dx}{e^{-x} + e^x} = \frac{2}{\pi}\arctan e^x\Big|_{0}^{\ln\sqrt{3}} = \frac{1}{6}$

(3)　$F(x) = \displaystyle\int_{-\infty}^{x}f(u)du = \frac{2}{\pi}\int_{-\infty}^{x}\frac{du}{e^{-u} + e^u} = \frac{2}{\pi}\arctan e^2$

由此可以看出，概率密度函数的积分就可以得到分布函数，反之亦然。

2.3.3　正态分布

将试验 E 重复进行 n 次，若各次试验的结果互不影响，即每次实验结果出现的概率都不依赖于其他各次试验的结果，则称 n 次试验是独立的。

正态分布也是一种常见的分布，也称高斯分布，在通信中经常会遇到正态随机变量，例如，各种测量误差、同一种通信设备(或是元部件)的使用寿命、一般噪声(散粒噪声、热噪声等)的瞬时值……都是随机变量，常常用正态分布来加以描述。

设连续型随机变量 X 的概率密度函数为

$$f(x) = \frac{1}{\sqrt{2\pi}\sigma}e^{-(x-\mu)^2/2\sigma^2}, \quad -\infty < x < \infty \tag{2.40}$$

相应的分布函数为

$$F(x) = \frac{1}{\sqrt{2\pi}\sigma}\int_{-\infty}^{x}e^{-(u-\mu)^2/2\sigma^2}du \tag{2.41}$$

正态分布的随机变量的概率密度函数与分布函数分别如图 2.28 和图 2.29 所示。

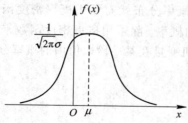

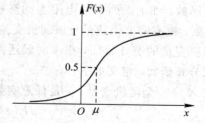

图 2.28　正态分布的概率密度函数　　　　图 2.29　正态分布的概率分布函数

上两式中，μ，σ^2 分别为其均值与方差(接下去内容将会介绍其物理概念)，即

$$\mu = E[x]$$

$$\sigma^2 = E[(x - E[x])^2]$$

有时把正态分布简记为 $N(\mu, \sigma^2)$。

正态分布 $f(x) \sim x$ 的图形是以直线 $x = \mu$ 为对称轴的对称图形。它的各阶导数都存在，正态随机变量经加、减、微分、积分等运算之后，仍为正态型随机变量。正态分布这些优良的特性和比较简单的数学形式使应用起来比较方便。

在自然现象、生产及科学技术的各领域中，许多随机现象都服从或近似地服从正态分布。一般来说，如果 x 是随机试验 E 的一个随机变量，决定试验结果的是大量偶然因素的总和；各个因素之间近乎独立，且其影响又微不足道，每个因素单独作用相对均匀，那么 x 的分布一般近似于正态分布。

独立正态过程的概率密度完全由它的均值 μ 和方差 σ 所决定，总之，对正态随机过程而言，在相关理论范围内可以确定它的全部统计特性。

2.3.4　随机信号的数字特征

尽管用分布函数或概率密度函数来描述随机过程的统计特征是比较全面而根本的，然而，随机变量均值、方差、均方等数字特征也是描述随机变量某一侧面的特征值。也就是说，所谓的随机变量的数字特征，是指联系于它的分布函数的某些数，如平均值、最大可能取值等，它们反映随机变量的某方面的特征，在前面列举的常见的随机变量分布函数的例子中，很多分布函数含有一个或多个参数（如正态分布含有两个参数 μ 和 σ），这些参数往往是由某些数字特征或其他数值所决定的，因此找到这些特征，分布函数（或概率密度函数）接着就确定了。但对一般随机变量，要完全确定它的分布函数或概率密度函数却不那么容易，而在很多实际问题中，只需要知道随机变量的某些数字特征也就够了，通过这些特征值就可以对随机过程有相当程度的认识。如国民人均收入、某一产品的市场平均价格、某噪声信号的平均功率值等，这些简明的、直接的数字特征就足以说明随机事件的特征性了。所以，在研究随机变量时常常要讨论这些数字特征量。

1. 数学期望与方差

先看一个例子。若射击手甲与乙在同等条件下进行射击，其命中的环数是一随机变量，分别有表 2.4 所示的分布列。

表 2.4　甲、乙命中环数的分布列

$X_甲$	10	9	8	7	6	5	0
P	0.5	0.2	0.1	0.1	0.05	0.05	0
$X_乙$	10	9	8	7	6	5	0
P	0.1	0.1	0.1	0.1	0.2	0.2	0.2

其中 0 环表示脱靶。试问，应如何来评定甲、乙的技术优劣。

由射手甲的分布很清楚地知道，他命中 10 环的概率是 0.5。换句话说，他发出 100 粒子弹，约有 50 粒子弹命中 10 环，同理，约有 20 粒命中 9 环，约有 10 粒命中 8 环和 7 环，约有 5 粒命中 6 环和 5 环，没有脱靶。这样"平均"起来甲的命中环数约为

$$\frac{1}{100}[10 \times 50 + 9 \times 20 + 8 \times 10 + 7 \times 10 + 6 \times 5 + 5 \times 5 + 0 \times 0] = 8.85(\text{环})$$

我们把它记为 $E[X_甲]$。对上式稍作变化得

$$E(X_甲) = 10 \times \frac{50}{100} + 9 \times \frac{20}{100} + 8 \times \frac{10}{100} + 7 \times \frac{10}{100} + 6 \times \frac{5}{100} + 5 \times \frac{5}{100} + 0 \times \frac{0}{100}$$

$$= 10 \times 0.5 + 9 \times 0.2 + 8 + 0.1 + 7 \times 0.1 + 6 \times 0.05 + 5 \times 0.05 + 0 \times 0$$

$$= 8.85(环) \tag{2.42}$$

同样，对于射手乙，平均命中环数约为

$$E(X_乙) = 10 \times 0.1 + 9 \times 0.1 + 8 \times 0.1 + 7 \times 0.1 + 6 \times 0.2 + 5 \times 0.2 + 0 \times 0.2$$

$$= 5.6(环) \tag{2.43}$$

由上式(2.42)和式(2.43)看到，从平均命中环数看，射手甲的射击水平高于射手乙的射击水平。同时也可以看到，这种反映随机变量取值"平均"意义特性的数值，恰好是这个随机变量取的一切可能值与相应概率乘积的总和，为此可定义：若随机变量 X 取值为 x_1，x_2，…，取这些值相应的概率为 p_1，p_2，…，则反映 X"平均"意义的数字特征为

$$E(X) = x_1 p_1 + x_2 p_2 + \cdots = \sum_{i=1} x_i p_i \tag{2.44}$$

$E(X)$ 称为随机变量 X 的数学期望，并把它叫作 X 的平均值。

对于射手甲、乙的技术水平，除了上述从平均值的角度来考虑外，还可以从射击命中环数的集中或离散程度来考虑。由上所述，射手甲命中环数的平均值是 8.85。因此他命中 10 环与平均值 8.85 的偏离值为 $10 - 8.85 = 1.15$，偏离的平方值为 $(10 - 8.85)^2$。但射手甲命中 10 环的概率为 0.5，因而在射击 100 发子弹中约有 50 次出现偏离的平方为 $(10 - 8.85)^2$。同理，也可以得到偏离其他环数的平方值，按平均值 $E(X_甲)$ 的想法，射手甲射击的"平均"的平方偏差值可为

$$\frac{1}{100} \big[(10 - 8.85)^2 \times 50 + (9 - 8.85)^2 \times 20 + \cdots$$

$$+ (5 - 8.85)^2 \times 5 + (0 - 8.85)^2 \times 0 \big]$$

记它为 $D(X_甲)$，改写后为

$$D(X_甲) = (10 - 8.85)^2 \times 0.5 + (9 - 8.85)^2 \times 0.2 + \cdots$$

$$+ (5 - 8.85)^2 \times 0.05 + (0 - 8.85)^2 \times 0$$

$$= 2.2275 \tag{2.45}$$

同理，可得

$$D(X_乙) = (10 - 5.6)^2 \times 0.1 + (9 - 5.6)^2 \times 0.1 + \cdots$$

$$+ (5 - 5.6)^2 \times 0.2 + (0 - 5.6)^2 \times 0.2$$

$$= 10.24 \tag{2.46}$$

比较式(2.45)和式(2.46)得知，从平方偏离值的"平均"值看，射手甲的技术优于射手乙。

把式(2.45)和式(2.46)抽象成一般形式，可表述为：若随机变量 X 取值为 x_1，x_2，…，相应的概率为 p_1，p_2，…，则反映 X"平均"平方偏离值特性的数值为

$$D(X) = [x_1 - E(X)]^2 p_1 + [x_2 - E(X)]^2 p_2 + \cdots + \sum_{i=1} [x_i - E(X)]^2 p_i \tag{2.47}$$

对于式(2.47)中的 $D(X)$ 称为随机变量的方差。

这里求平方偏离值的"平均"值，而不去求偏离值的"平均"值，原因在于：偏离值有正、有负，在相加的过程中，不应让它们互相抵消，而应让每一次偏离值(不管是正是负)都被考虑进去，这时就需要考虑偏离值的平方值，乘以相应的概率并加以求和。

综上所述，数学期望刻画了随机变量取值的"平均值"，而方差则刻画了该随机变量围绕"平均值"的离散程度。

例 2.7　设均匀分布的随机变量 X 的概率密度函数为

$$f(x) = \begin{cases} \dfrac{1}{b-a}, & a \leqslant x \leqslant b \\ 0, & \text{其他} \end{cases}$$

试求 $E(X)$ 与 $D(X)$。

解

$$E(X) = \int_{-\infty}^{\infty} x f(x) \mathrm{d}x = \int_a^b \frac{x}{b-a} \mathrm{d}x = \frac{1}{b-a} \cdot \frac{b^2 - a^2}{2} = \frac{a+b}{2}$$

$$D(X) = \int_{-\infty}^{\infty} x^2 f(x) \mathrm{d}x - [E(X)]^2 = \int_a^b \frac{x^2}{b-a} \mathrm{d}x - \left(\frac{b+a}{2}\right)^2$$

$$= \frac{1}{b-a} \cdot \frac{b^3 - a^3}{3} - \frac{b^2 + a^2 + 2ab}{4} = \frac{b^2 + ab + a^2}{3} - \frac{b^2 + a^2 + 2ab}{4}$$

$$= \frac{b^2 - 2ab + a^2}{12} = \frac{(b-a)^2}{12}$$

例 2.8　设 X 服从 $N(\mu, \sigma^2)$ 的正态分布，即概率密度函数为

$$f(x) = \frac{1}{\sqrt{2\pi}\sigma} \mathrm{e}^{-\frac{(x-\mu)^2}{2\sigma^2}}$$

试求 $E(X)$ 与 $D(X)$。

解

$$E(X) = \int_{-\infty}^{\infty} x \cdot \frac{1}{\sigma\sqrt{2\pi}} \mathrm{e}^{-\frac{(x-\mu)^2}{2\sigma^2}} \mathrm{d}x \qquad \left(\text{令 } z = \frac{x-\mu}{\sigma}\right)$$

$$= \frac{1}{\sqrt{2\pi}} \int_{-\infty}^{\infty} (\sigma z + \mu) \mathrm{e}^{-\frac{z^2}{2}} \mathrm{d}z = \frac{\mu}{\sqrt{2\pi}} \int_{-\infty}^{\infty} \mathrm{e}^{-\frac{z^2}{2}} \mathrm{d}z = \mu$$

$$D(X) = \int_{-\infty}^{\infty} (x-\mu)^2 \frac{1}{\sigma\sqrt{2\pi}} \mathrm{e}^{-\frac{(x-\mu)^2}{2\sigma^2}} \mathrm{d}x \qquad \left(\text{令 } z = \frac{x-\mu}{\sigma}\right)$$

$$= \frac{\sigma^2}{\sqrt{2\pi}} \int_{-\infty}^{\infty} z^2 \mathrm{e}^{-\frac{z^2}{2}} \mathrm{d}z = \frac{\sigma^2}{\sqrt{2\pi}} \left[-z\mathrm{e}^{-\frac{z^2}{2}} \Big|_{z=-\infty}^{z=\infty} + \int_{-\infty}^{\infty} \mathrm{e}^{-\frac{z^2}{2}} \mathrm{d}z \right]$$

$$= \frac{\sigma^2}{\sqrt{2\pi}} \int_{-\infty}^{\infty} \mathrm{e}^{-\frac{z^2}{2}} \mathrm{d}z = \sigma^2$$

亦即

$$\left.\begin{array}{l} E(X) = \mu \\ D(X) = \sigma^2 \end{array}\right\} \tag{2.48}$$

这里证明了前面所说的正态分布的参数 μ, σ^2 分别为其均值与方差，这说明服从正态分布的随机变量的概率密度函数由它的数学期望和方差唯一确定。

3. 总集的数字特征与时间的数字特征

对于一个随机变量，当知道它的概率密度函数后，就不难根据它求出相应的均值、均方、方差等。随机信号的数值特征分为总集的数字特征与时间的数字特征。

对于连续取值的随机过程，其 t_j 时刻的总集均值为

$$E[x] = \int_{-\infty}^{\infty} x(t_j) f[x(t_j), t_j] \mathrm{d}x \tag{2.49}$$

其中，$E[x]$ 为求随机变量 x 的均值算符，也称数学期望。其某一样本函数 $x(i, t)$ 的时间均值为

$$E_{\mathrm{T}}(x) = \lim_{T \to \infty} \frac{1}{2T} \int_{-T}^{T} x(i, t)\mathrm{d}t \qquad (2.50)$$

显然，这两个均值的含义是不同的，总集均值是固定某一时刻 t_j，全部样本集的随机变量 $x(t_j)$ 的均值，也就是图 2.30 中在 t_j 时刻"竖切一刀"，所有样本在此时刻取值的平均；时间均值的含义则是从随机过程 $x(t)$ 中取出任一样本函数 $x(i, t)$ 在 $(-\infty, +\infty)$ 区间内的平均。前者积分变量是随机变量的取值，后者的积分变量是时间 t。

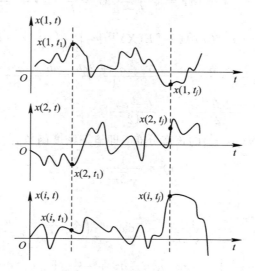

图 2.30　随机过程总集均值的含义

对于状态离散的随机过程，总集意义上的均值为

$$E[x] = \sum_{i=1}^{N} x_i p_i \qquad (2.51)$$

其中，x_i 为随机变量的某一取值，N 是可能取值的数目。

对于离散时间的随机过程，其时间均值为

$$m_x = \lim_{N \to \infty} \frac{1}{2N+1} \sum_{k=-N}^{N} x(i, kT_s) \qquad (2.52)$$

式中，$x(i, kT_s)$ 是时刻 kT_s 时，$x(i, t)$ 的取样值。

根据平稳的随机过程概念，其概率密度函数与时间无关，故

$$f_1[x(t_1), t_1] = f_i[x(t_i), t_i] = f(x) \qquad (2.53)$$

故其总集均值与时间无关，即

$$E[x] = \int_{-\infty}^{\infty} x f(x)\mathrm{d}x = 常数 \qquad (2.54)$$

同样按照定义，其均方与方差都为常数，即

$$E[x^2] = \int_{-\infty}^{\infty} x^2 f(x)\mathrm{d}x = 常数 \qquad (2.55)$$

$$E\{[x - E(x)]^2\} = \int_{-\infty}^{\infty} [x - E(x)]^2 f(x)\mathrm{d}x = 常数 \qquad (2.56)$$

可见，狭义平稳过程的均值、均方、方差等必定与时间无关。但反过来，均值、均方差为常数，不一定有狭义平稳过程。故把均值与时间无关的随机过程称为在均值意义上的平稳的随机过程。

对于平稳过程，其均值为常数，则其所有的样本曲线必在水平线 $[x(t)=E(x)]$ 上下波动。

一般来说，一个随机过程的总集均值不一定等于时间均值，把总集均值等于时间均值的过程说成是均值具有"各态遍历性"的过程。推而广之，一个随机过程在固定时刻的所有样本的统计特征和单一样本在长时期内的统计特征是一致的，则称之为各态遍历性的随机过程。这种随机过程从总体各样本获得的信息，并不比从单个样本获得信息多，这一特点对于实际工作中估算随机过程的统计特征很有用处，只要对一个样本进行计算就可得知随机过程的统计特征了。

2.3.5　信号的相关函数的意义

1. 计算函数的相似性

为了便于理解，这里从讨论两个确定信号的相似性来介绍相关函数的意义。

在信号分析中，有时要求比较两个信号波形是否相似。对于图 2.31(a)中的两个波形，从直观上看很难发现它们的相似之处，因为它们都不含直流分量，而且在任何瞬间的幅度取值都是相互独立，彼此不相关的。图 2.31(b)中是一对完全相似的波形，它们或是相同的波形，或是两个变化规律相同而只是幅度呈某一倍数关系的波形。对于这些不同的波形，如何定量地衡量它们之间的相似程度呢？为了便于讨论，先假定 $x(t)$，$y(t)$ 是实的能量有限信号，然后选择适当的倍数 a 使 $ay(t)$ 去逼近 $x(t)$。通常用误差能量 $\overline{\varepsilon^2}$ 来度量两者的相似程度。

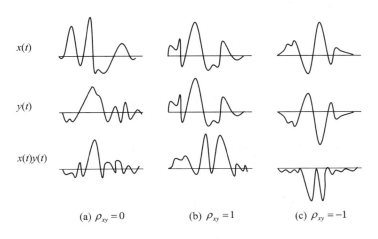

(a) $\rho_{xy}=0$　　　　(b) $\rho_{xy}=1$　　　　(c) $\rho_{xy}=-1$

图 2.31　两个不相同、相同及相反波形

令

$$\overline{\varepsilon^2} = \int_{-\infty}^{\infty} [x(t) - ay(t)]^2 \, \mathrm{d}t$$

要求选择倍数 a 使误差 $\overline{\varepsilon^2}$ 最小，即要求

$$\frac{\mathrm{d}\overline{\varepsilon^2}}{\mathrm{d}a} = 2\int_{-\infty}^{\infty} [x(t) - ay(t)][-y(t)]\,\mathrm{d}t = 0$$

于是得到

$$a = \frac{\displaystyle\int_{-\infty}^{\infty} x(t)y(t)\,\mathrm{d}t}{\displaystyle\int_{-\infty}^{\infty} y^2(t)\,\mathrm{d}t}$$

在此情况下，误差能量为

$$\overline{\varepsilon^2} = \int_{-\infty}^{\infty} \left[x(t) - y(t)\frac{\displaystyle\int_{-\infty}^{\infty} x(t)y(t)\,\mathrm{d}t}{\displaystyle\int_{-\infty}^{\infty} y^2(t)\,\mathrm{d}t} \right]^2 \mathrm{d}t$$

将被积函数展开并化简，得到

$$\overline{\varepsilon^2} = \int_{-\infty}^{\infty} x^2(t)\,\mathrm{d}t - \frac{\left[\displaystyle\int_{-\infty}^{\infty} x(t)y(t)\,\mathrm{d}t\right]^2}{\displaystyle\int_{-\infty}^{\infty} y^2(t)\,\mathrm{d}t} \qquad (2.57)$$

令相对误差能量为

$$\frac{\overline{\varepsilon^2}}{\displaystyle\int_{-\infty}^{\infty} x^2(t)\,\mathrm{d}t} = 1 - \rho_{xy}^2$$

其中

$$\rho_{xy} = \frac{\displaystyle\int_{-\infty}^{\infty} x(t)y(t)\,\mathrm{d}t}{\left[\displaystyle\int_{-\infty}^{\infty} x^2(t)\,\mathrm{d}t \cdot \int_{-\infty}^{\infty} y^2(t)\,\mathrm{d}t\right]^{1/2}} \qquad (2.58)$$

通常把 ρ_{xy} 称为 $x(t)$ 与 $y(t)$ 的相关系数。不难证明：

$$\left|\int_{-\infty}^{\infty} x(t)y(t)\,\mathrm{d}t\right| \leqslant \left[\int_{-\infty}^{\infty} x^2(t)\,\mathrm{d}t \cdot \int_{-\infty}^{\infty} y^2(t)\,\mathrm{d}t\right]^{1/2}$$

因而

$$|\rho_{xy}| \leqslant 1$$

由式(2.57)、式(2.58)可以看出，对于两个能量有限的信号，若它们的能量是确定的，则 ρ_{xy} 的大小由 $x(t) \cdot y(t)$ 的积分所决定。例如图 2.31(a)所示的两个完全不相同的波形，由于它们的幅度取值和出现时刻是相互独立、彼此不相关，因而 $\int_{-\infty}^{\infty} x(t)y(t)\mathrm{d}t = 0$，即相关系数 $\rho_{xy} = 0$。此时误差能量 $\overline{\varepsilon^2}$ 最大，这说明 $x(t)$ 与 $ay(t)$ 是线性无关的。对于图 2.31(b)、(c)所示的两个相同及相反的波形，由于它们的形状完全相似，因而 $x(t) \cdot y(t)$ 的积分绝对值最大，其相关系数 ρ_{xy} 分别等于 $+1$ 与 -1。此时误差能量 $\overline{\varepsilon^2}$ 等于零，这说明 $x(t)$ 与 $ay(t)$ 是完全线性有关的。因此可以利用两个信号的相关系数作为其相似性（或线性相关性）的一种度量。

2. 互相关函数（Cross-Correlation Function）

上面讨论了对两个信号相关性的度量，这里讨论两个随机信号在什么情况下会出现相

关性，形象的说法就是相似性。为此不妨设有两个周期相同的函数 $x(t)$ 和 $y(t)$ 在时间轴错动某个时间值 τ 时，会发现两个函数 $x(t)$ 和 $y(t)$ 的形式非常相似，这种情况就说函数 $x(t)$ 和 $y(t)$ 在时间上相错 τ 值时有最大的相关性，为了反映这两个信号在时间上有多大程度的相错，这个时候可用互相关函数 $R_{xy}(\tau)$ 来反映其互相关性，定义为

$$R_{xy}(\tau) = \frac{1}{T} \int_{-T/2}^{T/2} x(t) y(t - \tau) \mathrm{d}t \qquad (2.59)$$

显然，若 $\tau = \tau_1$ 时，互相关函数 $R_{xy}(\tau)$ 为最大值，则说明函数 $x(t)$ 和 $y(t)$ 在时间轴错动 τ_1 时，两函数有最大的相似性，即最大的相关性；又若 $\tau = \tau_2$ 时，互相关函数 $R_{xy}(\tau)$ 为最小值，则说明函数 $x(t)$ 和 $y(t)$ 在时间轴错动 τ_2 时无相似性，即非相关性；不言而喻，当 $\tau_1 > \tau > \tau_2$ 或 $\tau_1 < \tau < \tau_2$ 时，函数 $x(t)$ 和 $y(t)$ 之间为部分相关和部分不相关。

可见，互相关函数可以反映两个随机信号在什么情况下发生相关和非相关，譬如，在通信中，信息信号和噪声信号往往均为随机信号，若这两个信号在同一信道中传输时，当知道它们在什么情况下会出现相关性和非相关性时，为了保证信息信号有效传输，就需要设法防止或避开这两个信号发生相关性，让其处于非相关状况下，避开噪声信号对信息信号的干扰。当然也有利用互相关的例子，这里不一一列举。

3. 自相关函数（Auto-Correlation Function）

若考虑函数 $x(t)$ 在时间轴上错动多少的函数和 $x(t)$ 的相关性，称为自相关函数，用以时间滞后 τ 为变量的函数 $R_{xx}(\tau)$ 表示，同理，可用求互相关函数的方法，即式（2.59）求得 $R_{xx}(\tau)$，不难有

$$R_{xx}(\tau) = \lim_{T \to \infty} \frac{1}{T} \int_0^T x(t) x(t + \tau) \mathrm{d}t \qquad (2.60)$$

显然，自相关函数反映了随机信号 $x(t)$ 中是否隐含其周期性。譬如，在数字时分多路通信系统中，为了使多路用户信码在发送端能够有效、有序地合路，以利于有效传输和接收端正确地分路，在发送端合路前要定时插入适宜的同步信号。该同步信号必须具有很强的自相关性，为便于接收端有效检测和识别同步信号，从而保证接收端的正确分路；与此相反，合路后的信号中，同步信号与随机信码之间应该实现最大限度的互不相关性，即期望同步信号与随机信码的互相关函数趋于 0 为宜。

相关函数用于通信和信号处理的例子有很多，这里不以一一列出。由此可见，相关的概念是从研究随机信号的统计特性而引入的。

2.4　消息、信号、信息及其度量

消息是一组有序符号序列（包括状态、字母、数字等）或连续时间函数，如语音、摄影机摄下的活动图像等。前者称为离散消息，后者称为连续消息。

信号是由消息经过某种变换得到的适于信道上传输的电量或光量。

信息是消息和信号中包含的某种有意义的抽象的东西。一份电报、一句话、一段文字和报纸上登载的新闻都是消息。这消息中不确定的内容构成信息，否则，事情已经确定了，就不再有信息。所以，消息和信号是信息的载体，信息是其内涵。

在一切有意义的通信中，虽然消息的传递意味着信息的传递，但对于接收者而言，某

些消息比另外一些消息却含更多的信息。例如,若一方告诉另一方一件非常可能发生的事件比起告诉另一方一件很不可能发生的事件,前一消息包括的信息显然要比后者少。因为在接收者看来,前一事件很可能发生,不足为奇,但后一事件却极难发生,听后使人惊奇。这表明信息确实有量值的意义。而且,可以看出,对接收者来说,事件越不可能,越是使人感到意外和惊奇,信息量就越大。

概率论告诉我们,事件的不确定程度,可以用其出现的概率来描述。即事件出现的可能性越小,则概率就越小;反之,则概率就越大。根据信息中包含的信息量与消息发生的概率紧密相关,消息出现的概率越小,则消息中包括的信息量就越大。如果事件是必然的(概率为1),则它传递的信息量为零;如果事件是不可能的(概率为0),则它将有无穷的信息量。如果得到的不是由一个事件构成而是由若干个独立事件构成的消息,那么这时得到的总的信息量,就是若干个独立事件的信息量的总和。

综上所述,为了计算信息量,消息中所含的信息量 I 与消息出现的概率 $P(x)$ 间的关系如下:

(1) 消息中所含的信息量 I 是出现该消息的概率 $P(x)$ 的函数,即

$$I = I[P(x)] \tag{2.61}$$

(2) 消息的出现概率越小,它所含信息量越大;反之,信息量越小,且当 $P(x)=1$ 时,$I=0$。

(3) 若干个互相独立事件构成的消息,所含信息量等于各独立事件信息量的和,即

$$I[P(x_1)P(x_2)\cdots] = I[P(x_1)] + I[P(x_2)] + \cdots \tag{2.62}$$

不难看出,若 I 与 $P(x)$ 间的关系式为

$$I = \log_a \frac{1}{P(x)} = -\log_a P(x) \tag{2.63}$$

就可满足上述要求。

信息量的单位取决于上式中对数的底 a。如果取对数的底为2,则信息量的单位为比特(bit);如果取 e 为对数的底,则信息量的单位为奈特(nit);若取10为底,则信息量的单位称为十进制单位,或叫哈特莱。上述三种单位的使用场合,应根据计算及使用的方便来决定。通常使用的单位为比特。

下面先来讨论等概率出现的离散消息的度量。若需要传递的离散消息是在 M 个消息之中独立的选择其一,且认为每一消息的出现概率是相同的。显然,为了传递一个消息,只需采用一个 M 进制的波形来传送。也就是说,传送 M 个消息之一这样一件事与传送 M 进制波形之一是完全等价的。M 进制中最简单的情况是 $M=2$,即二进制,而且,任意一个 M 进制波形总可用若干个二进制波形来表示。因此,用"$M=2$"时的波形定义信息量是恰当的。定义传送两个等概率的二进制波形之一的信息量为1,单位为比特。该定义就意味着式(2.63)为

$$I = \text{lb} \frac{1}{1/2} = \text{lb} 2 = 1 \quad (\text{bit}) \tag{2.64}$$

这里选择的对数是以2为底,在数学运算上也是方便的。同时,在数字通信中,由于常以二进制传输方式为主,因而这也是恰当的。按式(2.63),对于 $M>2$,则传送每一波形的信息量应为

$$I = \text{lb} \frac{1}{1/M} = \text{lb}M \quad (\text{bit}) \tag{2.65}$$

若 M 是 2 的整数幂次，比如 $M = 2^K (K = 1, 2, 3, \cdots)$，则式(2.65)可改写成

$$I = \text{lb}2^K = K \quad (\text{bit}) \tag{2.66}$$

式(2.66)表明，$M(M = 2^K)$ 进制的每一波形包含的信息量，恰好是二进制每一波形包含信息量的 K 倍。由于 K 就是每一个 M 进制波形用二进制波形表示时所需的波形数目，故传送每一个 $M(M = 2^K)$ 进制波形的信息量就等于用二进制波形表示该波形所需的波形数目 K。

综上所述，只要在接收者看来每一传送波形是独立等概率出现的 $\left(P = \dfrac{1}{M}\right)$，则一个波形所能传送的信息量为

$$I = \text{lb} \frac{1}{P} \quad (\text{bit}) \tag{2.67}$$

或

$$I = \text{lb}M \quad (\text{bit}) \tag{2.68}$$

式中，M 为传送的波形数，P 为每一波形出现的概率。

以上是单一符号出现时的信息量。对于由一串符号构成的消息，假设各符号的出现相互统计独立，即离散信源为包含 N 种符号 $x_1, x_2, \cdots, x_N$ 的集合，每个符号出现的概率分别为 $P(x_1), P(x_2), \cdots, P(x_N)$，那么可以用概率场

$$\begin{bmatrix} x_1 & x_2 & \cdots & x_N \\ P(x_1) & P(x_2) & \cdots & P(x_N) \end{bmatrix}, \quad \sum_{i=1}^{N} P(x_i) = 1 \tag{2.69}$$

来描述离散信源，则根据信息相加性概念，整个消息的信息量为

$$I = -\sum_{i=1}^{N} n_i \, \text{lb}P(x_i) \tag{2.70}$$

例 2.9　某离散信源由 0，1，2，3 四种符号组成，其概率场为

$$\begin{bmatrix} 0 & 1 & 2 & 3 \\ 3/8 & 1/4 & 1/4 & 1/8 \end{bmatrix}$$

求消息 201020130213001203210100321010023102002010312032100120210 的信息量。

解　此消息总长为 57 个符号，其中 0 出现 23 次，1 出现 14 次，2 出现 13 次，3 出现 7 次。由式(2.70)可求得此消息的信息量为

$$I = -\sum_{i=1}^{4} n_i \, \text{lb}P(x_i) = -23 \, \text{lb} \frac{3}{8} - 14 \, \text{lb} \frac{1}{4} - 13 \, \text{lb} \frac{1}{4} - 7 \, \text{lb} \frac{1}{8}$$
$$= 32.55 + 28 + 26 + 21 = 108.55 \quad (\text{bit})$$

当消息很长时，用符号出现概率来计算消息的信息量是比较麻烦的，此时可以用平均信息量的概念来计算。所谓平均信息量，是指每个所含信息量的统计平均值，因此 N 个符号的离散消息源的平均信息量为

$$H(x) = -\sum_{i=1}^{N} P(x_i) \, \text{lb}P(x_i) \tag{2.71}$$

其单位为 bit/符号。

例 2.10 计算例 2.9 中信源的平均信息量。

解 由式（2.71）得

$$H = -\frac{3}{8}\ \mathrm{lb}\ \frac{3}{8} - \frac{1}{4}\ \mathrm{lb}\ \frac{1}{4} - \frac{1}{4}\ \mathrm{lb}\ \frac{1}{4} - \frac{1}{8}\ \mathrm{lb}\ \frac{1}{8} = 1.9056\quad（\mathrm{bit/\,符号}）$$

顺便指出，用上述平均信息量算得例 2.9 中的消息量为

$$I = 1.9056（\mathrm{bit/\,符号}）\times 57（符号）= 108.62（\mathrm{bit}）$$

这里的平均信息量所得是总信息量与例 2.9 算得的结果并不完全相同，原因是例 2.9 的消息序列还不够长，每个符号出现的频率与概率场中给出的概率并不相等。随着序列长度增大，其误差将趋于零。

以上讨论了离散消息的度量。同样，关于连续消息的信息量可用概率密度来描述。可以证明，连续消息的平均信息量为

$$H_1 = -\int_{-\infty}^{\infty} f(x)\ \mathrm{lb} f(x)\mathrm{d}x \tag{2.72}$$

式中，$f(x)$ 为连续消息出现的概率密度。

关于信息量的进一步讨论，限于篇幅，这里就不再介绍了。

2.5 语音的功率密度分布和听觉频率特性

将模拟语音信号同时加在一组并联的、且通常彼此隔离的带通滤波序列上，其输出端接输出指示器，在输入端送入语音信号，就可在各个滤波器的输出端测出相应频带的输出值。对不同的人进行采样，就可得出各个输出端的统计平均值和画出它们的功率密度分布曲线。从统计中发现，250～500 Hz 处的平均功率密度最大，在此频率以上的功率则按每倍频程 8～10 dB 的速率下降。考虑到这种统计特性是用于判断语音频谱范围，以折线表示更为清晰，如图 2.32 所示。由图可知，语音功率动态范围约 40 dB。实验表明，人耳听觉灵敏度与频率密切相关，在 800～1000 Hz 最为灵敏，考虑到数字序列发生的最大功率为 800 Hz，所以通话系统常以 800 Hz 时的情况来测定技术指标。由于 1 kHz 数字序列容易产生，因此 PCM 话路以 1 kHz 作为电平调整用的基准频率。

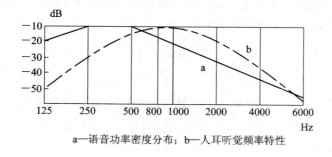

a—语音功率密度分布；b—人耳听觉频率特性

图 2.32 语音频谱范围

根据语音的动态范围和人耳的听觉特性，在广播系统中，为了使传输的音乐信号清晰悦耳，传送频率范围约 50～6400 Hz，高质量的广播系统采用的传送频率是 50～

10 000 Hz。对于电话系统，如果以听懂为限，频带范围只需 400～2000 Hz，为保证通话具有较好的清晰度，所用频带范围为 300～3400 Hz。

小　　结

信号是信息的载体，它表现了物理量的变化。信号从不同的角度可以分为确知信号和随机信号、周期信号和非周期信号、连续信号和离散信号。其特性可用时域或频域两方面来表示，都包含信号所带有的信息量，都能反映出信号的特点；无论什么样的信号，都可以分解成不同频率分量（高频是基频的整数倍）的正弦波；将其分量在频域表示的是频谱，也可以从频谱反过来在时域合成原信号。无论是周期信号还是非周期信号都可以通过傅里叶级数和傅里叶变换揭示其内在联系，傅里叶级数和傅里叶变换是信号分析和处理的工具和手段。

冲激函数 $\delta(t)$ 是一种既简单又特别的信号，其中最重要的性质就是它的取样特性，即模拟信号 $f(t)$ 在 $t=t_0$ 处的采样（或称抽样）$f(t_0)$，可用 δ 函数得到 $f(t_0)$，表示为

$$\int_{-\infty}^{\infty} \delta(t-t_0)f(t)\mathrm{d}t = f(t_0)$$

该式也称为 δ 函数的抽样特性。

一个通信系统的输入信号称为激励，其输出信号称为响应。在系统已知、激励给定的条件下，求系统响应的过程叫作系统的分析。对于线性网络，通常最关心的问题是它的输出信号与输入信号之间的关系，即网络函数（系统的传递函数）。分析信号通过线性网络的方法有两种，即时域分析法与频域分析法，无论哪一种方法都可以直接或间接获得网络函数的信息，这为信号通过系统分析提供了理论依据。

随机过程的统计特性，如概率密度函数或分布函数，可以比较全面地描述随机过程的特性，然而，要得到随机过程的概率函数密度或分布函数不是那么容易的，在很多情况下只需要知道统计特性的宏观特征就足以说明随机过程的统计特性。这一宏观统计特性就是数字特征，常用到的数字特征有均值 $E[x]$（时间均匀值和总集均匀值）、方差 σ^2 等。均值 $E[x]$ 表示随机过程各时刻数学期望值随时间的变化情况，即反映随机过程在时间上集中的位置；或描述随机变量在某一固定时刻上集中的数值。方差 σ^2 表示随机过程在时刻 t 对于均值 $E[x]$ 的偏差程度，一般也是时间函数。

如果随机过程的数学期望是与时间无关的常数，其平均功率有界，自相关函数仅与时间间隔 τ 有关，而与时间起点无关，则称它为平稳过程。如果平稳过程的各统计平均值等于它的任一样本的相应时间平均值，则称它具有各态遍历性。这时随机过程可以用时间平均来代替统计平均，使计算过程简化。平稳随机过程的自相关函数和功率谱密度互为傅里叶变换。这一性质极为重要，通过它可求得自相关函数，从后者又可确定平稳随机过程的平均功率、直流功率和交流功率。

消息中所包含的信息的多少可用消息出现的概率或频率来反映，即

$$I = -\sum_{i=1}^{N} n_i \log P(x_i)$$

习题与思考题

2.1 有一图像,其是像素数为 512×512,灰度为 256 的黑白图像。为保存此图像需要多大的容量?

2.2 声音的频率只要达到了 5 kHz 就会取得良好的收听效果。A/D 转换麦克风收集声音信号,需要怎么做?CD(Compact Disc)和 MD(Mini Disc)都是用数字信号记录声音,但是 MD 比 CD 更小,而录音的时间却相同,试分析其中的原因。

2.3 将函数 $f(t) = |t|$ 在区间 $[-\pi, \pi]$ 展成复傅里叶级数。

2.4 将函数 $f(t) = |\cos t|$ 用复傅里叶级数展开。

2.5 试用图表示 $\cos \omega_0 t$ 的频谱,并表示 $\cos\{\omega_0(t-\tau)\}$ 的傅里叶变换。

2.6 已知某信号 $f(t)$ 的频谱 $F(\omega)$ 如图 2.33 所示,试写出其时间表示式 $f(t)$。

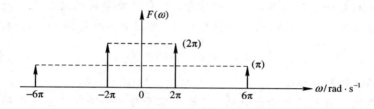

图 2.33 信号 $f(t)$ 的频谱

2.7 试写出图 2.34 中所示的周期性矩形脉冲信号的频谱表示式,并且定性地画出它的频谱图。这里,假设 $T = 10^{-2}$(秒), $\tau = \dfrac{1}{3}T$。

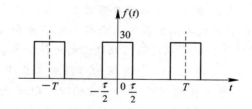

图 2.34 周期性矩形脉冲信号

2.8 已知某线性网络的单位冲激响应如图 2.35 所示。

(1) 试写出该线性网络的传输函数 $H(\omega)$ 的表达式。

(2) 设该电路的输入端上作用有信号 $f(t) = \cos \dfrac{2\pi}{\tau}t$,试求输出信号的表达式。

2.9 随机变量 x 的可能值为 -4, -1, 2, 3, 和 4,每个值发生的概率为 $\dfrac{1}{5}$,求:

(1) 随机变量 $y = 3x^2$ 的概率密度函数;

(2) y 的均值;

(3) y 的方差。

2.10 已知 $x(t) = A\cos(\omega_0 t + \theta)$, A 为常数, θ 为随机变量,在 $0 \sim \pi/2$ 间均匀分布。求其总集均值、均方与时间均值、均方。

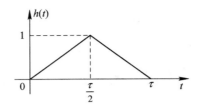

图 2.35　某线性网络的单位冲激响应

2.11　设英文字母 E 出现的概率为 0.105，X 出现的概率为 0.002。试求 E 和 X 的信息量。

2.12　设有四个消息 A，B，C 和 D，分别以概率 1/4，1/8，1/8 和 1/2 传送，每一消息的出现是相互独立的，试计算其平均信息量。

2.13　国际莫尔斯电码用点和划的序列发送英文字母，"划"用持续 3 个单位的电流脉冲表示，"点"用持续 1 个单位的电流脉冲表示，且"划"出现的概率是"点"出现的概率的 1/3。

（1）计算"点"和"划"的信息量。

（2）计算"点"和"划"的平均信息量。

第 3 章　模拟信源数字化与时分复用

☞ **本章提要**

- 抽样定理、量化及其失真
- 脉冲编码调制及解码
- 时分多路复用

语音、图像等常见信源通常都是模拟信号，在幅度和时间上均连续变化。为了对信息进行有效的处理、交换、传输和存储，首先应将其进行数字化处理，即把模拟信号在幅度上、时间上离散化。对于图像信号等多维信源，还需在空间上离散化（隐含在时间离散化中）。对于彩色图像，还需要将给定色度空间的三基色（或三原色，如红、绿、蓝）值离散化。常用的数字化方法是对上述模拟信号先进行脉冲编码调制（PCM），它包含在抽样（Sampling，亦称抽样或取样）、量化（Quantization）和编码（Coding）3 个过程中。抽样的目的就是将连续信号在时间、空间上离散化，其生理依据是人眼、人耳对快速变化信号的感受能力有一定极限。例如电视系统经过扫描，把图像信息在空间（行间）和时间（帧间）上离散化了，但人眼的感觉仍然是连续的。量化的目的是将抽样信号在幅度上也离散化，从生理角度看，人眼或人耳对信息的幅度变化有一个分辨的极限，对低于该极限的幅度变化，人就无法感知，故传送过细的幅度变化是不必要的。所谓编码，它的一般目标是按一定规律把量化后的抽样值变成相应的二进制码，进而根据需要去除信号间的多余信息，进一步压缩编码，降低数码率，所以信源编码一方面完成数字化过程，又称为模/数变换（A/D），在第 2 章已经讨论过这个问题；另一方面，根据需求完成压缩编码过程。本章分别介绍信源编码的有关技术问题和工作原理。

3.1　抽 样 定 理

3.1.1　引言

抽样是对模拟信号进行周期性扫描，把时间上连续的信号变成时间上离散的信号，要求经过抽样的信号应包含原信号的所有信息，即能无失真地恢复出原模拟信号。抽样速率的下限由抽样定理（又称取样定理，它是通信原理中十分重要的定理之一，是模拟信号数字化，时分多路复用及信号分析、处理的理论依据）确定。由于信息的原始发源地和最终归宿地往往是人的器官，也就是说，终、始两端都为模拟信号的形式，而采用数字信号的形式传输，到达终端后需将数字信号还原为模拟信号，因此抽样定理实质上是解决的一个连续时间模拟信号经过抽样变成离散序列后，能否在接收端由此离散序列样值重建原始模拟信号的问题。

　　模拟信号转换为数字信号时，抽样的间隔越宽、量化越粗，表示信号数据的量就越少，数据越好处理。但是，如果数据量过少，会损失掉信号所具有的重要信息。反过来，抽样间隔越窄、量化越细，表示信号数据的量就越多。如果数据的量过多，会使处理的难度加大，而且会陷入处理不必要的信号成分的境地。因此，如何抽样是信号处理需解决的最基本的问题之一。

　　一般情况下，抽样方法涉及两个方面：一是必须充分考虑得到什么样的信号信息为宜；二是抽样的间隔为多少才是最理想的。下面以图 3.1 所示正弦波的抽样为例来说明。

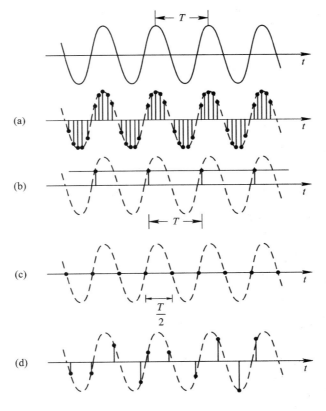

图 3.1　正弦波的抽样

　　在图 3.1(a)中，直接连接黑点表示的抽样点就可以充分地表现出正弦波的波形，可以看到，此抽样是在很细的间隔下进行的。进一步扩大抽样间隔会出现什么情况呢？图 3.1(b) 所示是抽样间隔与信号周期相同的情形，从图中可以清楚地看到，抽样的结果变成了直线，完全看不出原来的正弦波形。显然，这样的抽样间隔过宽了。

　　下面，取比图 3.1(b)稍小的抽样间隔，如图 3.1(c)所示，当抽样间隔为周期的 1/2 时，可以看到，此时的抽样全是 0，仍然不合适。进一步缩小抽样间隔，如图 3.1(d)所示，此时将抽样点连接起来可以近似地得到正弦波的波形。

　　这会让我们想到，是否还有其他的正弦波也有可能通过这些样本点呢？如果那样的话，就不能从样本点序列正确地再现原来的正弦波。理论上已经证明了这一点：虽然确实存在着比现在考察的正弦波频率高的正弦波通过所有的抽样点，但没有较此频率低的正弦波。这样，若给出样本值的点序列，由此正确地再现某一个正弦波（其周期为抽样间隔的 2 倍以上）是可能的。

由以上结果可知，对某一正弦波抽样时，选定抽样间隔必须小于其周期的 $1/2$。将其用频率表示，对于频率为 f_m 的正弦波，其抽样频率必须在 $2f_m$ 以上。抽样频率 $2f_m$ 称为奈奎斯特频率(Nyquist Frequency)，记为 f_s。在第 2 章中已经阐述了信号可以表示为频率不同的正弦波的和。在信号中包含的有效信号成分中，当最高频率为 f_m 时，必须取高于奈奎斯特频率 $f_s > 2f_m$ 的抽样频率。由此可证实，抽样定理是确定模拟信号经抽样后无失真还原信号的理论依据。

通常，抽样是指利用抽样脉冲序列 $s_T(t)$ 对被取样的信号 $x(t)$ 抽取一系列离散的样值 $s(t)$。这一系列样值通常称为抽样信号。

根据 $x(t)$ 是低通型信号还是带通型信号，抽样定理分为低通型信号抽样定理和带通型信号抽样定理；根据 $s_T(t)$ 是冲激序列还是非冲激序列，抽样定理分为理想抽样定理和非理想抽样定理。

3.1.2 低通型信号理想抽样定理

抽样定理在时域上表述为：设有一个频带限制在 $0 \sim f_m$ (Hz)内的时间连续信号 $x(t)$，如果它以不少于 $2f_m$ 次/秒的速率对 $x(t)$ 进行等间隔抽样，则 $x(t)$ 将被所得到的抽样值完全地确定，或者说，可以通过这些抽样值无失真地重建 $x(t)$。

抽样定理告诉我们：若抽样频率 $f_s < 2f_m$，则会产生失真，这种失真称为折叠（或混叠）失真。

下面从频域角度对抽样定理进行证明。频域证明实际是看取样后信号的频谱是否包含原有信号频谱的全部信息，同时寻找还原信号的方法。

抽样过程是通过抽样脉冲序列 $s_T(t)$ 与连续信号 $x(t)$ 相乘完成的。所得抽样信号 $s(t)$ 的波形如图 3.2 所示，即

$$s(t) = x(t) \cdot s_T(t) \tag{3.1}$$

令 $x(t)$ 的傅里叶变换为 $X(\omega)$，它限制在 $(-f_m \sim f_m)$ 范围内。抽样脉冲 $s_T(t)$ 的傅里叶变换为 $S_T(\omega)$，抽样信号 $s(t)$ 的傅里叶变换为 $S(\omega)$。假设抽样周期为 T_s，抽样角频率为 $\omega_s = 2\pi/T_s = 2\pi f_s$。

根据频域卷积定理，有

$$S(\omega) = \frac{1}{2\pi} X(\omega) * S_T(\omega) \tag{3.2}$$

因为 $s_T(t)$ 是周期脉冲序列，故其傅里叶变换为

$$S_T(\omega) = 2\pi \sum_{n=-\infty}^{+\infty} S_{Tn} \delta(\omega - n\omega_s) \tag{3.3}$$

式中，S_{Tn} 是 $s_T(t)$ 的傅里叶级数的系数。

$$S_{Tn} = \frac{1}{T_s} \int_{-T_s/2}^{T_s/2} s_T(t) e^{-jn\omega_s t} dt \tag{3.4}$$

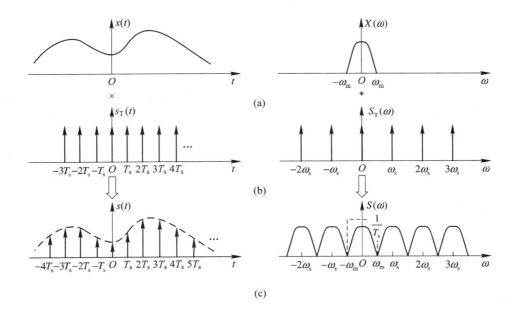

图 3.2　冲激抽样信号及频谱

将式(3.3)代入式(3.2)，得

$$S(\omega) = \sum_{n=-\infty}^{+\infty} S_{Tn} X(\omega - n\omega_s) \tag{3.5}$$

此式表明，信号在时域被抽样后，它的频谱 $S(\omega)$ 是连续信号频谱 $X(\omega)$ 以抽样频率 ω_s 为间隔周期的延拓，在延拓过程中不会改变形状，其中幅度被 $s_T(t)$ 的傅里叶系数 S_{Tn} 所加权。S_{Tn} 取决于 $s_T(t)$ 的波形，只是 n(而不是 ω)的函数。

一种典型的情况是取样脉冲序列为一个理想冲激序列：

$$s_T(t) = \delta_{T_s}(t) = \sum_{n=-\infty}^{\infty} \delta(t - nT_s)$$

此时，抽样信号为

$$s(t) = x(t) \cdot \delta_{T_s}(t) = \sum_{n=-\infty}^{\infty} x(nT_s)\delta(t - nT_s) \tag{3.6}$$

式(3.6)表明，$s(t)$ 是由一系列冲激函数构成的，每个冲激函数的间隔为 T_s，冲激强度为在 $t = nT_s$ 时刻上信号 $x(t)$ 的瞬时值 $x(nT_s)$。

根据 $\delta_{T_s}(t)$ 的傅里叶级数的系数为 $\frac{1}{T_s}$，由式(3.5)可得冲激抽样信号频谱为

$$S(\omega) = \frac{1}{T_s} \sum_{n=-\infty}^{\infty} X(\omega - n\omega_s) \tag{3.7}$$

式中，$\omega_s = 2\pi/T_s = 2\pi f_s$，则式(3.7)可写为

$$S(f) = \frac{2\pi}{T_s} \sum_{n=-\infty}^{\infty} X(f - nf_s) \tag{3.8}$$

冲激抽样信号的频谱如图 3.2 所示。图 3.3 示出了抽样频率 f_s 对频谱 $S(f)$ 的影响。

如图 3.3(b)所示，假设模拟信号的频带限制在 $0 \sim f_{\mathrm{m}}$ 之间，在接收端为了从抽样信号恢复出原始信号，可以采用一个低通滤波器，此时要求 $S(f)$ 信号中各相邻频带互不重叠，即要求 $f_{\mathrm{s}} \geqslant 2f_{\mathrm{m}}$。其中 $f_{\mathrm{s}} = 2f_{\mathrm{m}}$ 为最低抽样频率，就是前面所说的奈奎斯特频率；$T = 1/2f_{\mathrm{m}}$ 是抽样的最大间隙，称为奈奎斯特间隙。

如果 $f_{\mathrm{s}} < 2f_{\mathrm{m}}$，如图 3.3(c)所示，以 f_{s} 为抽样频率的下边带将与原始语音频带发生重叠而产生失真，即折叠噪声，此时无法用低通滤波器将原始信号分离出来。因此，按照抽样定理的要求，必须使 f_{m} 与 $f_{\mathrm{s}} - f_{\mathrm{m}}$ 之间有一定带宽的防卫带。

语音信号的最高频率限制在 3400 Hz，$f_{\mathrm{s}} = 2f_{\mathrm{m}}$，$f_{\mathrm{s}}$ 取 $2 \times 3400 = 6800$ Hz，为了留有一定的防卫带，ITU-T(国际电信联盟，原 CCITT)规定语音信号的抽样频率 $f_{\mathrm{s}} = 8000$ Hz，$T_{\mathrm{s}} = \dfrac{1}{8000} = 125 \ \mu\mathrm{s}$。这样就留出了 $8000 - 6800 = 1200$ Hz 作为滤波器的防卫带。

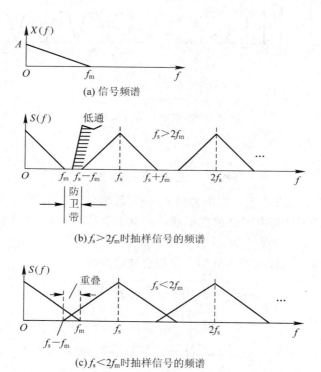

(a) 信号频谱

(b) $f_{\mathrm{s}} > 2f_{\mathrm{m}}$ 时抽样信号的频谱

(c) $f_{\mathrm{s}} < 2f_{\mathrm{m}}$ 时抽样信号的频谱

图 3.3　抽样频率 f_{s} 对频谱 $S(f)$ 的影响

应当指出，抽样频率 f_{s} 不是越高越好，f_{s} 太高时，将会降低信道的利用率，也会增加设备的复杂性，所以只要能满足 $f_{\mathrm{s}} > 2f_{\mathrm{m}}$，并有一定频带的防卫带即可。

3.1.3　带通型信号抽样定理

以上讨论的抽样定理是对于低通型信号而言的，例如语音信号的频宽为 300 Hz ～ 3.4 kHz，其中 $B = f_{\mathrm{m}} - f_0 = 3400 - 300 = 3100$ Hz（f_0 为信号的最低频率，f_{m} 为信号的最高频率，B 为带宽）。当 $f_0 < B$ 时，通常称为低通型信号；当 $f_0 \geqslant B$ 时，通常称为带通型信号，例如载波 60 路群信号，频带范围为 312～552 kHz，其带宽为 $B = (552 - 312)\mathrm{kHz} =$

240 kHz，所以它是带通型信号。对于低通型信号来讲，应满足 $f_s \geqslant 2f_m$ 的条件。对于带通型信号的抽样频率 f_s，如仍按 $f_s \geqslant 2f_m$，虽然能满足抽样序列的频谱不产生重叠的要求，但选择 $f_s \geqslant 2f_m$ 时，f_s 太高了，将降低信道频带的利用率，是不可取的，那么 f_s 怎样选取才更合理呢？下面举例说明。如某带通型信号的频带范围为 12.5～17.5 kHz。怎样选取抽样频率？若选取 $f_s = 2f_m = 2 \times 17.5 = 35$ kHz，则样值序列的频谱不会发生重叠现象，如图 3.4(a)所示。但频谱中 0～12.5 kHz 频段有一段空隙，没有被充分利用，使得信道利用率不高。

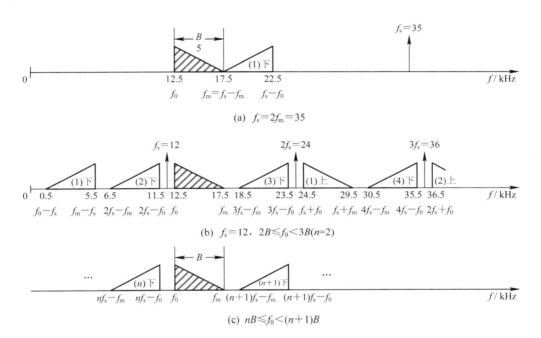

图 3.4　带通型信号样值序列的频谱

为了提高信道利用率，当 $f_0 > B$ 时，可将 n 次下边带 $[nf_s - (f_0 - f_m)]$ 移到 0～f_0 频段的空隙内，这样既不会发生重叠现象，又能降低抽样频率，减少了信道的传输频带。图 3.4(b)所示的抽样频率 f_s 就是根据上述原则安排的(为简化计，图中只取正频谱)。由图 3.4(b)可知，$B = f_m - f_0 = 17.5 - 12.5 = 5$ kHz，它满足了 $2B (= 10$ kHz$) \leqslant f_0 (= 12.5$ kHz$) < 3B (= 15$ kHz$)$ 的条件，因此选择 $f_s = 12$ kHz$(< 2f_m)$，可在 0～f_0 (12.5 kHz)频段内安排两个下边带：

(1) 一次下边带 $f_s - (f_0 \sim f_m) = (0.5 \sim 5.5)$ kHz(在运算中出现负值，现取正值)；

(2) 二次下边带 $2f_s - (f_0 \sim f_m) = (6.5 \sim 11.5)$ kHz。

原始信号频带(12.5～17.5 kHz)的高频侧是三次下边带(18.5～23.5 kHz)以及一次上边带(24.5～29.5 kHz)。

由此可见，采用 $f_s (= 12$ kHz$) < 2f_m (= 35$ kHz$)$ 也能有效地避免折叠噪声的产生。

由图 3.4(b)的分析结果，可归纳出如下两点结论：

(1) 与原始信号($f_0 \sim f_m$)可能重叠的频带都是下边带。

(2) 当 $nB \leqslant f_0 \leqslant (n+1)B$ 时，这里 $n \leqslant f_0/B$ 取整数，在原始信号频带($f_0 \sim f_m$)的

低频侧，可能重叠的频带是 n 次下边带，如图 3.4(b)所示的是二次下边带；在高频侧可能重叠的频带为 $(n+1)$ 次下边带，如图 3.4(b)所示的是三次下边带，图 3.4(c)是一般情况，从图 3.4(c)可知，为了不发生频带重叠，抽样频率 f_s 应满足下列条件：

条件 1：

$$nf_s - f_0 \leqslant f_0$$

即

$$f_{s上限} \leqslant \frac{2f_0}{n}$$

条件 2：

$$(n+1)f_s - f_m \geqslant f_m$$

即

$$f_{s下限} \geqslant \frac{2f_m}{n+1}$$

故

$$\frac{2f_m}{n+1} \leqslant f_s \leqslant \frac{2f_0}{n} \tag{3.9}$$

如要求原始信号频带与其相邻边带间隔相等，则可按如下方法从图 3.4(c)求出边带间隔：

$$f_0 - (nf_s - f_0) = [(n+1)f_s - f_m] - f_m$$

故

$$2f_0 - nf_s = (n+1)f_s - 2f_m$$

$$f_s = 2\frac{f_0 + f_m}{2n+1} \tag{3.10}$$

例 3.1　试求载波 60 路群信号 312～552 kHz 的抽样频率。

解　　　　　$B = f_m - f_0 = 552 - 312 = 240$ (kHz)

$$\frac{f_0}{B} = 1.3, \quad n = 1$$

$$f_{s下限} = \frac{2f_m}{n+1} = 552 \text{ (kHz)}$$

$$f_{s上限} = \frac{2f_0}{n} = 624 \text{ (kHz)}$$

或

$$f_s = \frac{2(f_0 + f_m)}{2n+1} = 576 \text{ (kHz)}$$

通常选用式(3.10)求带通型信号的抽样频率。

注意：如果 $f_0 < B$，此时，$f_0/B < 1$，即 n 不是整数，则带通型抽样定理不再适用，其原因是由于 $0 \sim f_0$ 频段空隙安排不下一个边带，因此仍应按低通型信号处理，即按 $f_s \geqslant 2f_m$ 的要求来选择抽样频率。

抽样定理建立了限带信号与相应的离散信号之间的内在联系，使具有无限多个信号值的连续信号可减少为有限个点的信号样值序列，所以抽样定理是模拟信号数字化、时分多路复用以及信号分析和处理等技术的理论依据。

3.2　模拟信号的量化

量化过程始于抽样。抽样是把一个连续时间信号变成时间离散的信号；量化则是将取值连续的抽样变成取值离散的抽样，即量化是将幅值连续的信号变换为有限个离散值的一种过程。量化器要完成的功能是按一定的规则对抽样值作近似表示，使经量化器输出的幅值的大小为有限个数。或者说，量化器就是用一组有限的实数集合作为输出，其中每个数代表最接近于它的抽样值。假设该集合含有 N 个数，就叫 N 级量化。

3.2.1　均匀量化和量化噪声

把输入信号的取值域按等距离分割的量化称为均匀量化。在均匀量化中，每个量化区间的量化电平均取在各区间的中点，如图 3.5 所示。其量化间隔（量化台阶）Δ 取决于输入信号的变化范围和量化电平数，即 N。当信号的变化范围和量化电平数 N 确定后，量化间隔也就被确定了。图 3.5 中，语音信号幅度的变化范围被限定在 $-U \sim +U$，在 $-U \sim +U$ 范围内均匀等分 $N(N = 8)$ 个间隔，每一个间隔（量化间隔）Δ 为

$$\Delta = \frac{2U}{N}$$

其中，N 表示量化级数（等于离散值的数目），U 表示临界过载电压。

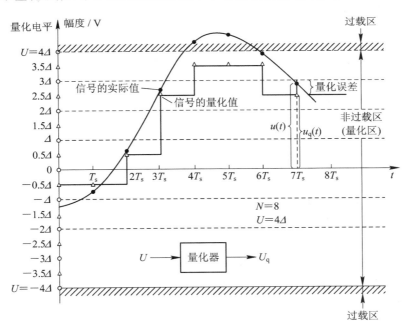

图 3.5　量化过程示意图

图 3.5 中，$U = 4\Delta$，均匀量化间隔为 Δ，则量化级数 $N = \dfrac{2U}{\Delta} = \dfrac{2 \times 4\Delta}{\Delta} = 8$。这样就把连续变化电平（$-4\Delta \sim 4\Delta$）划分成 8 个量化级，每一量化级内的连续幅值都用一个离散值来表示，此离散值称为量化值。量化值是取两个量化级电压的中间值，如表 3.1 所示。

表 3.1 模拟值与量化值的关系(N＝8)

		量化值	量化级数	离散值数目
非过载区 (量化区)	±(0～Δ)	±0.5Δ		
	±(Δ～2Δ)	±1.5Δ		
	±(2Δ～3Δ)	±2.5Δ	8	8
	±(3Δ～4Δ)	±3.5Δ		
过载区	±(4Δ～∞)	±3.5Δ		

由于量化级数为 8，因此把 $-4\Delta \sim +4\Delta$ 中无限个连续值量化成有限个(8 个)离散值。样值绝对值超过过载电压 U 的区域称为过载区；未超过的称为非过载区(又称量化区)。从表 3.1 可看出，过载时的量化值均被量化为最大量化值。

由于量化值(离散值)一般与样值(连续值)不相等，因而产生误差，此误差是由于量化而产生的，所以叫作量化误差 $e(u)$。

$$e(u) = 量化误差 = 量化值 - 样值$$

由于样值是随时间随机变化的，所以量化误差值也是随时间随机变化的，从图 3.5 可知，在非过载区，其最大量化误差 $e_{max}(u)$ 不超过半个量化间隔 $\Delta/2$；但在过载区，量化误差可能超出 $\Delta/2$。当 $|u| > U = 4\Delta$ 时，量化值不再改变，而开始限幅，这个区域称为过载区。因此最大量化值 u_{qmax} 为

$$|u_{qmax}| = \frac{[(U-\Delta)+U]}{2} = U - \frac{\Delta}{2}$$

$|u| \leqslant U$ 的区域称为量化区，图 3.5 画出了有量化特性(阶梯形)的量化器的输入与输出之间的关系。

量化值 u_q 与输入值 u 之差称为量化误差 $e(u)$：

$$e(u) = u_q - u$$

从图 3.5 中还可以看出，量化区内的最大量化误差 $e_{max}(u) = \Delta/2$；过载区内的量化误差 $e(u) > \Delta/2$。

量化误差好像是在模拟样值上叠加了一个额外的噪声，称之为量化噪声，它是数字通信中特有的噪声。减小量化噪声的办法是使量化间隔 Δ 减小，当 U 固定时，量化间隔过小将使量化级数 N 过多，使设备过于复杂，因此需要讨论量化噪声及量化信噪比与哪些因素有关，以便提出减小量化噪声的最佳方案。

在实际中，语音信号是随机信号，其量化噪声平均功率应按统计平均来计算。根据统计平均结果，语音信号的概率密度分布：当幅度减小时(即小信号的情况)，出现的概率大；幅度越大(即信号越大时)，出现的概率越小。其概率密度分布服从指数规律，可近似表示为

$$P(u) = \frac{1}{\sqrt{2}u_e} e^{-\sqrt{2}\frac{u}{u_e}} \tag{3.11}$$

$P(u)$ 的分布规律如图 3.6 所示。

图 3.6 中，u_e 是语音信号的均方根值(有效值)，语音信号在单位电阻(1 Ω)上的功率(称为归一化功率)等于 u_e^2。采用归一化值，既便于计算，又不影响对问题的分析，因此分

析量化信噪比时，总是考虑在相同电阻上的功率比。

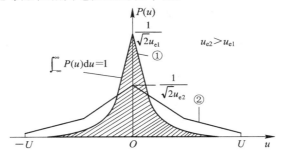

图 3.6　语音信号的幅度概率密度分布

由图 3.6 可知，u_e 值越小，概率密度分布越向小信号范围集中，超出过载电压的机会就小，而 u_e 和 u_e^2 的大小直接反映语音信号的大小，因此 $P(u)$ 特性与 u_e 有关。通过数学分析可得到以下各量。

1. 未过载量化噪声功率 D_q

$$D_q = \frac{u^2}{3N^2} = \frac{1}{12}(\Delta)^2 \tag{3.12}$$

式(3.12)说明，未过载的量化噪声仅与量化级的大小有关，或者说，在选定临界过载电压 U 值后，仅与其分级数有关。

2. 过载量化噪声功率 D_o

当信号超出 $\pm U$ 的范围后将形成过载量化噪声。在过载区，量化误差应表示为 $u-(U-\Delta/2)$，则过载量化噪声功率 D_o 应为

$$D_o = u_e^2 \cdot e^{-\sqrt{2}U/u_e} \tag{3.13}$$

由式(3.13)可见，当 u_e 越小，U 越大时，D_o 越小。

3. 均匀量化时总的量化噪声 D_Q

$$D_Q = D_q + D_o = \frac{1}{12}(\Delta)^2 + u_e^2 \cdot e^{-\sqrt{2}U/u_e} \tag{3.14}$$

由于 $\Delta = 2U/N$，因此式(3.14)又可表示为

$$D_Q = \frac{U^2}{3N^2} + u_e^2 \cdot e^{-\sqrt{2}U/u_e} \tag{3.15}$$

4. 均匀量化信噪比

根据信噪比的定义，我们可求得量化信噪比，即信号功率与量化噪声功率之比，可表示为

$$\frac{S}{N_q} = \frac{u_e^2}{D_Q} = \frac{u_e^2}{\dfrac{U^2}{3N^2} + u_e^2 \cdot e^{-\sqrt{2}U/u_e}} = \frac{1}{\dfrac{(U/u_e)^2}{3N^2} + e^{-\sqrt{2}U/u_e}} \tag{3.16}$$

以分贝表示的量化信噪比为

$$\left(\frac{S}{N_q}\right)_{dB} = -10\lg\left[\frac{(U/u_e)^2}{3N^2} + e^{-\sqrt{2}U/u_e}\right] \tag{3.17}$$

图 3.7 画出了当 $N=2^l$（在二进制数字信号编码中，码位数 l 是量化级数的关系），$l=6，7，8$ 时，$(S/N_q)_{dB}$ 随 U/u_e 的变化曲线。

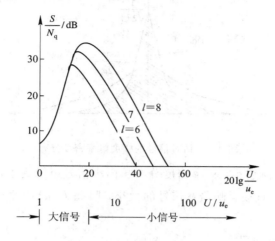

图 3.7　量化信噪比与 l 和 U/u_e 的关系曲线

图 3.7 画出了当 $N=2^l$（在二进制数字信号编码中，码位数 l 是量化级数的关系），$l=6，7，8$ 时，$(S/N_q)_{dB}$ 随 U/u_e 的变化曲线。

U/u_e 的变化直接反映了信号值的大小，从曲线上看，在量化信噪比允许的范围内所对应的 U/u_e 值，就是允许的信号动态范围。

从图 3.7 中的曲线看出 $(S/N_q)_{dB}$ 随 U/u_e 的变化大致可分为两段：

（1）$U/u_e>10$ 时，这个区间可看做小信号区域，式（3.17）中起主要作用的是第一项，即这一范围内的量化信噪比主要是由非过载量化噪声决定的。表示过载量化噪声影响的第二项可以忽略，这时式（3.17）变为

$$\left(\frac{S}{N_q}\right)_{dB}=-10\lg\left[\frac{(U/u_e)^2}{3N^2}\right]=-10\lg\left[\frac{(U/u_e)^2}{3\times 2^{2l}}\right]\approx 4.8+6l-20\lg\frac{U}{u_e} \quad (3.18)$$

由式（3.18）可以看出：量化信噪比随着编码位数的增加而增加，且每增加一位码，$(S/N_q)_{dB}$ 增加 6 dB。另外，量化信噪比随信号幅度的减小而减小，图中 U/u_e 增大，相当于 u_e 减小了 U/u_e 而所增加的分贝数，就等于 $(S/N_q)_{dB}$ 下降的分贝数。

（2）$U/u_e<10$，这一段可认为是大信号区，这时量化噪声主要由过载量化噪声决定。实际系统中应使这种情况出现的概率非常小，否则系统质量难以保证。

从图 3.7 可看出，当 U/u_e 较大时，按未过载计算，这时 $(S/N_q)_{dB}$ 随信号电平的升高而升高，每增加一位码，$(S/N_q)_{dB}$ 增加 6 dB。当 U/u_e 较小时（$U/u_e<10$），虽然语音信号的均方根值 u_e 小于过载电压 U，但在语音信号峰值附近仍然会超出过载电压而产生过载量化噪声，因此这时的 $(S/N_q)_{dB}$ 随 U/u_e 的减小而减小，而与码位数 l 无关。因为过载区的 $(S/N_q)_{dB}$ 公式主要是 $-10\lg e^{-\sqrt{2}U/u_e}$ 项起作用，不论码位数为多少，都合拢成一条线。

5. 由正弦信号的测试来衡量量化质量

实际通信系统中，常用正弦信号来测量 $(S/N_q)_{dB}$，选定正弦信号的峰值幅度为 u，如果 $u\leqslant U$，就不会出现过载，那么 $(S/N_q)_{dB}$ 只由未过载量化噪声功率 D_q 决定。这时式（3.18）中的 U 即为测试时选用的正弦信号的临界不过载峰值幅度，即 $U=\sqrt{2}u_e$，代入式

(3.18)可有

$$\left(\frac{S}{N_q}\right)_{\text{dBmax}} = 4.8 + 6l - 20 \lg \frac{\sqrt{2}u_e}{u_e} = (6l + 1.8)\ \text{dB} \tag{3.19}$$

当 $u < U$ 时，$(S/N_q)_{\text{dB}} = [6l + 1.8 + 20 \lg(u/U)]$ dB，如图 3.8 所示。

从图 3.8 可以看出，$(S/N_q)_{\text{dB}}$ 随着码位数 l 和信号电平的增大而提高。

根据电话传输标准的要求，长途通信经过 3～4 次音频转接后仍应有较好的语音质量。以及根据语音信号统计结果，对通信系统提出的要求是：在信号动态范围不小于 40 dB 的条件下，信噪比不应低于 26 dB，按照这一要求，利用式(3.18)计算可得

$$26 \leqslant 4.8 + 6l - 40$$

即

$$l \geqslant 11$$

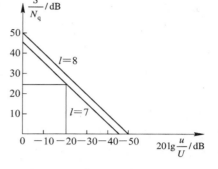

图 3.8　对正弦信号量化时的量化信噪比

为了保证信噪比的要求，编码位数 $l \geqslant 11$，因此所需要的量化级数多达 $N = 2^{11} = 2048$，这样不仅设备复杂，而且比特速率过高，以致降低了信道利用率。如何在减少编码位数的情况下保证信噪比的要求呢？前面讨论过语音概率分布的特性，即小信号出现的概率大，而大信号出现的概率小。这一特性提示我们，要想尽可能地减小量化噪声，提高信噪比，应该对小信号采取精度量化；对大信号进行粗量化，也就是说要采用非均匀量化。

3.2.2　非均匀量化

实现非均匀量化的方法之一是采用压缩扩张(简称压扩)技术，其特点是在发送端对输入量化器的信号先进行压缩处理，在接收端进行相应的扩张处理。非均匀量化的原理框图如图 3.9 所示。

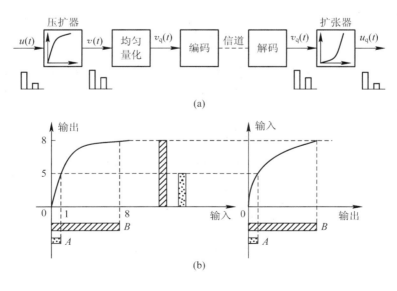

图 3.9　非均匀量化的原理示意图

由图 3.9 可见，输入信号幅值越小，压缩后的幅值越大；输入大信号时，增益变化小。这种输入与输出信号之间的关系是非线性的，它改变了大信号和小信号之间的比例关系，使得对大信号的增益基本不变或改变很小，而对小信号相应地按比例放大。这样，经过压缩处理的信号进行均匀量化，最后的等效效果就是对原信号进行非线性量化。如图 3.9 所示，取均匀量化电平为 8 级，假如输入信号样值脉冲 A 在压缩前均匀量化时量化为 1，压缩后则变为 5，可见，小信号电平明显增大，将使信噪比增加，相当于扩展了输入信号的动态范围。对于大信号样值脉冲 B，压缩前、后都量化为 8 电平，信噪比没有变化。

图 3.10 所示是压缩前、后信噪比的变化曲线，这是一组实验曲线，从图中可见，当不压缩时，对于 7 位（相当于 128 个均匀量化电平）PCM 码字，输入信号大于－18 dB（动态范围 0～18 dB）才能保证输出信噪比大于 26 dB（这是对语音质量的要求）；压缩以后，同样是 7 位 PCM 码字，要想得到 26 dB，只要输入信号大于－38 dB 即可。从图中还看到，如果采用均匀量化，输入信号还是大于－38 dB，要想得到 26 dB 的输出信噪比，必须用 11 位（相当于 2048 个均匀量化电平）PCM 码字。通过比较，可以看到压扩技术的作用。

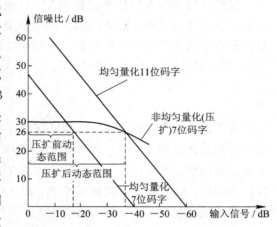

图 3.10　压缩前、后的信噪比曲线

实用中有两种压扩律，一种是 μ 律，另一种是 A 律。15 折线 μ 律（μ＝255）主要用于美国、加拿大和日本等国的 PCM 24 路基群中。13 折线 A 律（A＝87.6）主要用于英、法、德等欧洲各国的 PCM 30/32 路基群中。我国的 PCM 30/32 路基群也采用 A 律 13 折线压缩律。

1. μ 压缩律（美、日用）

$$y = \pm \frac{\ln(1+\mu\,|\,x\,|)}{\ln(1+\mu)} \qquad (-1 \leqslant x \leqslant 1) \qquad (3.20)$$

式中，y 表示压缩器输出，x 表示压缩器输入，这两个量都是以量化临界过载电压 U 进行归一化的量，即 $y=v/U$，$x=u/U$，其中 v 和 u 分别表示压缩器的输出和输入。

μ 律的压缩和扩张特性曲线如图 3.11 所示。

从图 3.11(a) 中可看出，μ 律压缩特性的斜率为

$$\frac{\mathrm{d}y}{\mathrm{d}x} = \frac{\mu}{\ln(1+\mu)} \cdot \frac{1}{1+\mu\,|\,x\,|} \qquad (-1 \leqslant x \leqslant 1) \qquad (3.21)$$

对于小信号，$1+\mu x \approx 1$，故小信号的斜率由式(3.21)可得

$$\frac{\mathrm{d}y}{\mathrm{d}x} \approx \frac{\mu}{\ln(1+\mu)} \quad （小信号） \qquad (3.22)$$

所以对于小信号而言，μ 越大，压缩特性曲线的斜率也越大，因此对小信号的信噪比改善量也越大。

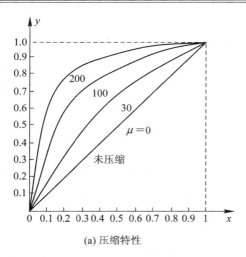 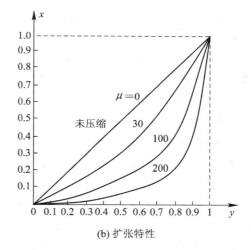

(a) 压缩特性　　　　　　　　　　　(b) 扩张特性

图 3.11　μ 律压扩特性

对于大信号，$1+\mu x \approx \mu x$，这时的斜率为

$$\frac{\mathrm{d}y}{\mathrm{d}x} \approx \frac{\mu}{\ln(1+\mu)} \cdot \frac{1}{1+\mu x} \approx \frac{1}{\ln(1+\mu)} \cdot \frac{1}{x} \quad （大信号） \tag{3.23}$$

从式(3.23)可以看出，压缩特性曲线的斜率是随着 x 和 μ 的增加而下降。

理想情况下，扩张特性与压缩特性是对应互逆的，除量化误差外，信号通过压缩再扩张不应引入另外的失真。

2. A 压缩律（中、欧用）

以 A 为参量的压扩特性叫作 A 律特性，A 律特性的表示式为

$$\left. \begin{aligned} y &= \frac{Ax}{1+\ln A}, & 0 \leqslant |x| \leqslant \frac{1}{A} \\ y &= \pm\frac{1+\ln A|x|}{1+\ln A}, & \frac{1}{A} < |x| \leqslant 1 \end{aligned} \right\} \tag{3.24}$$

压缩特性如图 3.12 所示。

从图 3.12 以及公式(3.24)可以看出，在 a 点以下的直线段有

$$y = \frac{A}{1+\ln A}x$$

当 $0 \leqslant |x| \leqslant 1/A$ 时，此函数曲线所对应的斜率为

$$\frac{\mathrm{d}y}{\mathrm{d}x} = \frac{A}{1+\ln A} \quad （常数） \tag{3.25}$$

由于压缩特性的奇对称性，因此取 x 的绝对值 $|x|$。

在曲线 ab 段有

$$y = \pm\frac{1+\ln A|x|}{1+\ln A}$$

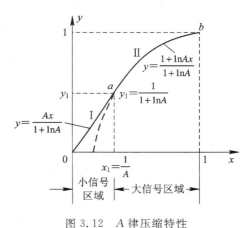

图 3.12　A 律压缩特性

当 $1/A < |x| \leqslant 1$ 时，上式所对应的曲线的斜率为

$$\frac{\mathrm{d}y}{\mathrm{d}x} = \frac{1}{1+\ln A} \cdot \frac{1}{|x|} \tag{3.26}$$

因为压缩特性的奇对称性，所以在 $x>0$ 时，y 取正值；在 $x<0$ 时，y 取负值。

由于要求扩张特性与压缩特性严格互逆，以连续方式实现 A 律压扩特性是较难做到的，目前使用最多的是以数字电路方式实现的近似 A 律特性的折线压扩特性，就是用数字电路产生的不同斜率的每段折线近似代替 A 律特性连续曲线相应斜率的对应曲线段，再对每段不同斜率的折线分别用均匀量化的方法进行编码。我国采用 A 律 13 折线压缩特性，下面将着重讲述。

3. A 律 13 折线压缩特性

采用数字电路实现 A 律 13 折线压缩特性的目的是容易做到的，而且能达到与连续的 A 律、μ 律特性一样，并保证输入信噪比有较大的动态范围。具体的方法是：将 x 轴在 $0 \sim 1$(归一化)范围内以 $1/2$ 递减规律分成 8 个不均匀段，其分段点为 $1/2$、$1/4$、$1/8$、$1/16$、$1/32$、$1/64$ 和 $1/128$。将 y 轴在 $0 \sim 1$(归一化)范围内以均匀分段方式分成 8 个均匀的段落，分段点是 $7/8$、$6/8$、$5/8$、$4/8$、$3/8$、$2/8$ 和 $1/8$。将 x 轴、y 轴上相应的分段线在 $x\text{-}y$ 平面上的相交点连线就得到各段的折线，即 $x=1$ 和 $y=1$ 连线的交点同 $y=7/8$ 和 $x=1/2$ 连线的交点相连接的折线就称为第 8 段的折线，这样，信号由大到小一共可连接成 8 条折线，分别称为第 8 段，第 7 段，…，第 1 段。图 3.13 所示为折线近似 A 律压缩特性。经过计算，各段折线的斜率如表 3.2 所示。

表 3.2 各段折线的斜率

段号	1	2	3	4	5	6	7	8
斜率	16	16	8	4	2	1	1/2	1/4

从表 3.2 中可见第 1 段、第 2 段(属小信号)的斜率相同，它与小信号时 $A=87.6$ 的 A 律斜率为

$$\left(\frac{\mathrm{d}y}{\mathrm{d}x}\right)_A = \frac{A}{1+\ln A} = \frac{87.6}{1+\ln 87.6} = 16$$

相同。这表明，以 $A=87.6$ 代入 A 律特性的直线段与折线近似的第 1 段、第 2 段的斜率相等，对于其他各段的近似情况，可将 $A=87.6$ 代入式(3.24)来计算 y 与 x 的对应关系，并与按折线关系计算之值对比，如表 3.3 所示。

表 3.3 A＝87.6 与 13 折线压缩特性的比较

x ＼ y	$\frac{1}{8}$	$\frac{2}{8}$	$\frac{3}{8}$	$\frac{4}{8}$	$\frac{5}{8}$	$\frac{6}{8}$	$\frac{7}{8}$	1
按 $A=87.6$ 关系求得的 x	$\frac{1}{128}$	$\frac{1}{60.6}$	$\frac{1}{30.6}$	$\frac{1}{15.4}$	$\frac{1}{7.8}$	$\frac{1}{3.4}$	$\frac{1}{1.98}$	1
按 13 折线关系求得的 x	$\frac{1}{128}$	$\frac{1}{64}$	$\frac{1}{32}$	$\frac{1}{16}$	$\frac{1}{8}$	$\frac{1}{4}$	$\frac{1}{2}$	1

由表 3.3 可看出，对应于同一 y 值的两种情况，计算所得的 x 值近似相等，这说明按 $\frac{1}{2}$ 递减规律进行均匀分段的折线与 $A=87.6$ 的压缩特性是十分近似的。

语音信号是双极性信号，在 $-1 \sim 0$ 范围内也可分成 8 段，且靠近零点的两段(1，2 段)的斜率都等于 16，靠近零点的 4 段就连成一条直线，因此在 $x=-1 \sim +1$ 范围内形成总数为 13 段的折线(简称 13 折线)。

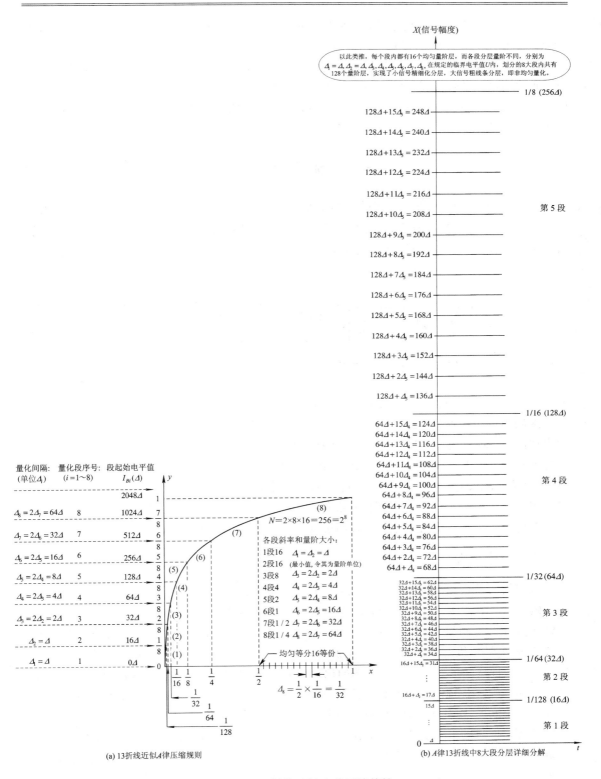

图 3.13 13 折线近似 A 律压缩特性

如前所述，采用均匀量化时，其量化信噪比随信号电平的减小而下降。产生这一现象的原因就是均匀量化时的量化级间隔 Δ 是固定值，它不随信号幅度的变化而变化。故大信号时，量化信噪比大，小信号时量化信噪比小。解决这一问题的有效方法是采用非均匀量化。非均匀量化的特点是：信号幅度小时，量化级间隔小，其量化误差也小；信号幅度大时，其量化误差也大。采用非均匀量化可做到在不增大量化级数 N 的条件下，使信号在较宽动态范围内的信噪比达到所需的指标。

3.3　脉冲编码调制

所谓编码，就是把抽样、量化后的信号变换成代码，其相反的过程称为译码。PCM编、译码属于信源编码的范畴，与差错控制编码、译码完全不同；后者属于信道编码范畴，将在第 7 章阐述。PCM 编码是实现模拟信号数字化传输的重要方法之一。PCM 通信系统原理方框图如图 3.14 所示。

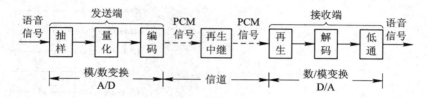

图 3.14　PCM 通信系统原理方框图

编码不仅用于通信，还广泛用于计算机、数字仪表、遥控遥测等领域。编码方法是多种多样的，在现有的编码方法中，若按编码的速度来分，大致可分为两大类：低速编码和高速编码。通信中一般都采用第二类。编码器的种类大体上可归结为三种：逐次比较反馈型、折叠级联型、混合型。这几种不同形式的编码器都具有自己的特点，但限于篇幅，这里仅介绍目前用得较为广泛的逐次比较反馈型编码原理。

在讨论这种编码原理以前，需要明确常用的编码码型及码位数的选择和安排。

3.3.1　码字码型

码型指的是量化后的所有量化级，按其量化电平的大小次序排列起来，并列出各自对应的码字，这个整体就称为码型，码字不同，码型就不同。常用的二进制码型有自然二进制码和折叠二进制码两种，如表 3.4 所列。如果把表 3.4 中的 16 个量化级分成两部分；0～7 的 8 个量化级对应于负极性样值脉冲；8～15 的 8 个量化级对应于正极性样值脉冲。显见，对于自然二进制码上、下两部的码无任何相似之处。但折叠二进制码却不然，它除最高位外，其上半部分与下半部分呈倒影关系——折叠关系。上半部分最高位为全"1"，下半部分为全"0"。这种码的使用特点是用于双极性信号(语音信号通常如此)，所谓的双极性信号就是信号的取值有正有负，这就意味着可用最高位去表示信号的正、负极性，而用其余的码位去表示信号的绝对值，即只要正、负极性信号的绝对值相同，则可进行相同的编码。这就是说，用第一位码表示极性后，双极性信号可以采用单极性编码方法。因此采用折叠二进制码可以大为简化编码过程。

折叠二进制码和自然二进制码相比，其另一个优点是，在传输过程中如果出现误码，对小信号影响较小。例如由大信号的 1111 误为 0111，从表 3.4 可见，对于自然二进制码解码后得到的样值脉冲与原信号相比，误差为 8 个量化级；而对于折叠二进制码，误差为 15 个量化级。显见，大信号时误码对折叠码影响很大。如果误码发生在小信号的 1000 误为 0000，这时情况就大不相同了，对于自然二进制码，误差还是 8 个量化级；而对于折叠二进制码，误差却只有一个量化级。这一特性是十分可贵的，因为语音信号小幅度出现的概率比大幅度的概率大。

表 3.4　常用二进制码型

样值脉冲极性	自然二进制码	折叠二进制码	量化极
正极性部分	1111	1111	15
	1110	1110	14
	1101	1101	13
	1100	1100	12
	1011	1011	11
	1010	1010	10
	1001	1001	9
	1000	1000	8
负极性部分	0111	0000	7
	0110	0001	6
	0101	0010	5
	0100	0011	4
	0011	0100	3
	0010	0101	2
	0001	0110	1
	0000	0111	0

由以上比较可以看出，在编码时用折叠二进制码比用自然二进制码优越。

3.3.2　码位安排

对于码位数的选择，它不仅关系到通信质量的好坏，而且还涉及设备的复杂程度。码位数的多少，决定了量化分层（量化级）的多少。反之，若信号量化分层数一定，则编码位数也被确定。可见，在输入信号变化范围一定时，用的码位数越多，量化分层越细，量化噪声就越小，通信质量当然就更好，但码位数多了，总的传输码率增加，这样将会带来一些新的问题，这点前面已经提到了。一般从语音信号的可懂度来说，采用 3～4 位非线性编码即可，但由于量化级数少，量化误差大，通话中量化噪声较为显著。在前面阐述压缩技术时已经证实了当编码位数增加到 7～8 位时，通信质量就比较理想了。

关于码位的安排，在逐次比较型编码方式中，无论采用几位码，一般均按极性码、段落码、段内码的顺序编码。下面结合我国采用的 13 折线的编码来加以说明。

A 律 13 折线通常采用量化级数 $N = 8$（段）×16（等份）×2（正、负值）= 256，根据码字位数 l 与量化级数 N 的关系：$2^l = N$，$l = 8$。这对于远距离通信（经过 3～4 次转接），仍能满足通信质量。

由于语音信号是双极性的，所以 A 律 13 折线的正、负非均匀量化是对称的，共有 16 个量化段，而每一量化段内又均匀等分为 16 个量化级。信号正、负极性用极性码 a_1 表示；幅度为正（或负）的 8 个非均匀量化段，用 3 位二进制码就可以反映这 8 个非均匀量化段的状态，这里用 a_2，a_3，a_4 三位码表示，称段落码；同理，每一量化段内均匀分成 16 个量化级，需用 4 位二进制码表示即可，这里用 a_5，a_6，a_7，a_8 四位码来表示，称段内电平码（简称段内码）。按折叠码的码型，这 8 位码的安排如表 3.5 所示。

表 3.5 码 位 安 排

极性码	幅度码	
	段落码	段内码
a_1		
$a_1=1$，正	$a_2\ a_3\ a_4$	$a_5\ a_6\ a_7\ a_8$
$a_1=0$，负		

表 3.6 列出了 A 律 13 折线的每一量化段的起始电平 I_{Bi}、量化间隔 Δ_i，段落码 $\{a_2, a_3, a_4\}$ 以及段内码 $\{a_5, a_6, a_7, a_8\}$ 的权值（对应电平），由于各折线段的电平范围非均匀，因此各折线段内的量化间隔 Δ_i 是不同的，表中 Δ 为最小量化间隔，即为第 1、2 段所对应的量化间隔，为了计算方便，设 Δ 为量化电平的单位。具体细节描述可参见图 3.13。

表 3.6 A 律 13 折线幅度码及其对应电平

量化段序号 $i=1\sim8$	电平范围 /Δ	段落码			段落起始电平 I_{Bi}/Δ	量化间隔 Δ_i/Δ	段内码对应权值/Δ			
		a_2	a_3	a_4			a_5	a_6	a_7	a_8
8	1024~2048	1	1	1	1024	64	512	256	128	64
7	512~1024	1	1	0	512	32	256	128	64	32
6	256~512	1	0	1	256	16	128	64	32	16
5	128~256	1	0	0	128	8	64	32	16	8
4	64~128	0	1	1	64	4	32	16	8	4
3	32~64	0	1	0	32	2	16	8	4	2
2	16~32	0	0	1	16	1	8	4	2	1
1	0~16	0	0	0	0	1	8	4	2	1

表中，量化段序号表示量化电平属于哪一量化段，例如量化电平是 288Δ，那么它就属于第 6 段；由段落码可确定各量化段的起始电平 I_{Bi} 与各量化段的间隔 Δ_i；段内码表示相对于该量化段中各码的权值，a_5 码权值为 $8\Delta_i$，a_6 码权值为 $4\Delta_i$，a_7 码权值为 $2\Delta_i$，a_8 码的权值为 Δ_i。例如，第 4 段时，a_5 码的权值为 $8\Delta_4=8\times4\Delta=32\Delta$，而第 8 段时，$a_5$ 码的权值为 $8\times\Delta_8=8\times64\Delta=512\Delta$。由此可见，段内码的权值是随 Δ_i 值而变化，这是非均匀量化造成的。

显然，利用表 3.6 就可以确定给定码字所对应的电平值；反之，当给定抽样幅度的电平值也可以确定对应的码字。

例 3.2 设 A 律 13 折线 8 位码的码字为 11001011，试计算码字电平 I_s。

解 极性码为 1，故为正极性。

段落码为 100，属于第 5 量化段，其起始电平为 $I_{B5}=128\Delta_5$，量化间隔 $\Delta_5=8\Delta$，段内电平码为 1011，则码字电平为

$$I_s = I_{B5} + (8a_5 + 4a_6 + 2a_7 + a_8)$$
$$= 128\Delta + (8\times1 + 4\times0 + 2\times1 + 1\times1)\times8\Delta$$
$$= 216\Delta$$

例 3.3　求抽样电平幅度 -598Δ 时对应的编码码字。

解　电平幅度为负极性，故 $a_1=0$。

598Δ 在 $512\sim1024\Delta$ 范围内，故为第 7 段，即 $a_2\,a_3\,a_4$ 为 110。

第 7 段起始电平为 512Δ，则 $598\Delta-512\Delta=86\Delta$，再将 86Δ 与段内码对应权值比较：$86\Delta<256\Delta$，则 $a_5=0$；又有 $86\Delta<128\Delta$，则 $a_6=0$；再比较有 $86\Delta>64\Delta$，则 $a_7=1$；$86\Delta-64\Delta=22\Delta$，$22\Delta<32\Delta$，则 $a_8=0$，故对应的编码码字为 01100010。

码字 01100010 所对应的码字电平的绝对值为 576Δ，与编码电平幅度的绝对值 598Δ 之差为 22Δ，这 22Δ 就是量化误差。显然编码量化误差一定小于编码电平幅度值所对应的量化段内的量化间隔（最小权值），即 $e(u)<\Delta_i$，该量化误差随着所对应的量化段落的量化间隔 Δ_i 的不同而不同，而量化误差越大量化噪声就越大。

3.3.3　逐次反馈型编码器

编码器的任务是根据输入的样值信号大小编出 8 位二进制代码。除极性码外，其他 7 位码是通过逐次比较确定的，这种编码器就是 PCM 通信中常用的逐次型编码器。

逐次比较型编码的原理与天平称重的方法相类似。样值脉冲信号相当被测物，相应的标准电平相当天平的砝码。预先规定好一些作为比较的标准的电流（称为权值电流）I_w，I_w 的个数与编码位数有关。样值脉冲加进来后，用逐步逼近法有规律地用种种标准电流 I_w 去和样值脉冲幅度 I_s 比较，每比较一次出一位代码，当 $I_s>I_w$ 时，出代码 1；反之，出代码 0。直至逼近为止，完成对输入样值的非线性量化和编码。

实现 A 律 13 折线压扩特性的逐次反馈型编码器的组成框图如图 3.15 所示。它有放大整流、极性判决、保持电路、比较器和非线性本地译码器等组成，图中位时钟脉冲 $D_1\sim D_8$ 用于控制各码的生成时刻及对应码元的持续时隙。

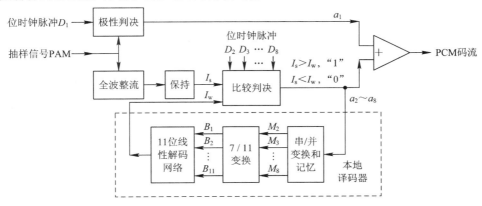

图 3.15　逐次反馈型编码器组成框图

（1）极性判决电路。对于输入的样值信号应先进行极性判决。当样值脉冲为正时，在位脉冲 D_1 到来时刻判决出 1 码；样值为负时，出 0 码。

（2）放大整流电路。整流的作用在于将双极性信号变成单极性信号，以便进行折叠二进制编码。

（3）保持电路。逐次反馈编码应编出 $a_2\sim a_8$ 7 位码，需要将样值信号 I_s 与权值电平 I_w 比较 7 次，故要求在整个比较过程中保持 I_s 的幅度不变，要求将样值展宽并保持。

（4）比较器。即相减判决形成电路，其作用是对输入信号电流 I_s 进行量化，并与本地译码输出的标准权值电流 I_w 在比较器上进行比较，每比较一次出一位码。当 $I_s - I_w > 0$ 时，判决输出 1 码；当 $I_s - I_w < 0$ 时，判决输出 0 码。在位脉冲 $D_2 \sim D_8$ 的作用下，分别编出 $a_2 \sim a_8$ 非线性 7 位码。这 7 位码即编码输出的 PCM 信号。为了能自动产生用于下一个比较的权值的电流 I_w，比较器的输出还同时加至记忆电路。

（5）记忆电路。在编码过程中，除第一次比较的权值电流 I_w 为一定值（这里为 128Δ）外，其余各次比较用的 I_w 是由前几位比较的结果来选择相应权值电流的。因此，前几位的码值状态是由记忆电路存下来的。

（6）7/11 位码变换电路。由于 A 律 13 折线只编 7 位码，加至记忆电路的码也只有 7 位，在前面阐述压缩技术时已经提到，为了获得相同的通信质量，采用线性编码需要 11 位码，而非线性编码只需要 7 位，在进行比较的过程中必须要将这 7 位非性码还原成 11 位线性码才能获得与样值相对应的比较权值电平值，因此线性解码网络需要有 11 个基本的权值电流支路，即要求有 11 个控制脉冲对其控制。因此，通过 7/11 位逻辑变换电路将 7 位码 $M_2 \sim M_8$ 转换成线性 11 位码（$B_1 \sim B_{11}$）。该变换实质上是非线性码和线性码的变换。它们的变换关系可用表 3.7 表示。

表 3.7　A 律 13 折线非线性码与线性码之间的关系

量化段序号	段落标志	非线性码（幅度码）起始电平/Δ	段落码 a_2	a_3	a_4	段内码的权值/Δ a_5	a_6	a_7	a_8	线性码（幅度码）B_1 1024Δ	B_2 512Δ	B_3 256Δ	B_4 128Δ	B_5 64Δ	B_6 32Δ	B_7 16Δ	B_8 8Δ	B_9 4Δ	B_{10} 2Δ	B_{11} Δ	B_{12}^* Δ/2
(8)	C_8	1024	1	1	1	512	256	128	64	1	a_5	a_6	a_7	a_8	1^*	0	0	0	0	0	0
(7)	C_7	512	1	1	0	256	128	64	32	0	1	a_5	a_6	a_7	a_8	1^*	0	0	0	0	0
(6)	C_6	256	1	0	1	128	64	32	16	0	0	1	a_5	a_6	a_7	a_8	1^*	0	0	0	0
(5)	C_5	128	1	0	0	64	32	16	8	0	0	0	1	a_5	a_6	a_7	a_8	1^*	0	0	0
(4)	C_4	64	0	1	1	32	16	8	4	0	0	0	0	1	a_5	a_6	a_7	a_8	1^*	0	0
(3)	C_3	32	0	1	0	16	8	4	2	0	0	0	0	0	1	a_5	a_6	a_7	a_8	1^*	0
(2)	C_2	16	0	0	1	8	4	2	1	0	0	0	0	0	0	1	a_5	a_6	a_7	a_8	1^*
(1)	C_1	0	0	0	0	8	4	2	1	0	0	0	0	0	0	0	a_5	a_6	a_7	a_8	1^*

注：① $a_5 \sim a_8$ 码以及 $B_1 \sim B_{12}$ 码下方的数值为该码的权值。

② B_{12}^* 与 1^* 项在收端解码时，为 $\Delta_i/2$ 补差项；在发端编码时，该两项均为 0。

（7）11 位线性解码网络。亦称恒流源及电阻网络，其作用是产生各种权值电流 I_w，在该网络中有数个基本的权值电流，其数目与量化级数有关。对于 A 律 13 折线编码器，编 $a_2 \sim a_8$ 7 位码需要 11 个基本的权值电流支流，即 1、2、4、8、16、32、64、128、256、512、1024 共 11 个基本的权值电流支路。

（8）本地译码器。7/11 变换电路和 11 位线性解码网络组成发送端局部译码网络，或简称本地译码器。本地译码器输入非线性的 7 位码，经 7/11 位码变换后，输出线性的 11 位码，再通过 11 位线性解码网络转换为相应的用作比较的标准权值电流。

　　A 律 13 折线编码是一种逐次反馈型非线性编码的方法。要编出幅值码，第一步应先确定极性码；第二步要确定段落码，段落码是 3 位，需先比较 3 次；第三步是确定段内电平码，段内电平是 4 位，故需比较 4 次；即一个样值信号要编出 7 位非线性码，连同极性码共 8 位码，如表 3.7 所示。

　　在表 3.7 中，C_i 为第 i 段的"段落标志"，如 $C_i = C_1$ 表示是第 1 个量化段，于是有 $C_1 = \overline{a_2}\,\overline{a_3}\,\overline{a_4}$，$C_2 = \overline{a_2}\,\overline{a_3} a_4$，$C_3 = \overline{a_2} a_3\,\overline{a_4}$，$C_4 = \overline{a_2} a_3 a_4$，$C_5 = a_2\,\overline{a_3}\,\overline{a_4}$，$C_6 = a_2\,\overline{a_3} a_4$，$C_7 = a_2 a_3\,\overline{a_4}$，$C_8 = a_2 a_3 a_4$。根据表 3.7 可得出 a_i 与 B_i 之间的逻辑表达式。例如，线性码 B_4 的权值为 128Δ，对应于 128Δ 的非线性码可有如下四种情况：

　　(1) 第 8 量化段 $(C_8 = 1)$ 的 $a_7 = 1$，即 $C_8 a_7 = 1$ 时；

　　(2) 第 7 量化段 $(C_7 = 1)$ 的 $a_6 = 1$，即 $C_7 a_6 = 1$ 时；

　　(3) 第 6 量化段 $(C_6 = 1)$ 的 $a_5 = 1$，即 $C_6 a_5 = 1$ 时；

　　(4) 第 5 量化段 $(C_5 = 1)$ 时。

　　上述四种情况均要求变换后的线性码 $B_4 = 1$，即 $B_4(128\Delta) = C_8 a_7 + C_7 a_6 + C_6 a_5 + C_5$。由此可见，根据表 3.7 可得到 $7/11(a_2 a_3 a_4 a_5 a_6 a_7 a_8 / B_1 B_2 B_3 B_4 B_5 B_6 B_7 B_8 B_9 B_{10} B_{11})$ 的变换逻辑表达式。

　　在 13 折线中，正半部分的 8 个段落以 $1/2048$ 为单位的每个段落的起始电平如表 3.7 所示。由于段落码中的 a_2 是用来表示输入信号抽样值是处于 8 个段落的前 4 段还是后 4 段的，故输入比较器的标准电流应选择为 $I_w = 128\Delta$。需要说明的是，在上述幅值编码的 7 次比较中，除第一次比较的权值电平为 $I_w = 128\Delta$ 固定电平值（用于区分样值信号是属于前 4 段还是后 4 段）外，其余各次比较都要依照前几次比较的结果来选择权值电平 I_w。但要注意，其中段落码的具体判决是采用对分方法，由表 3.6 和图 3.13(a) 可知，量化段的第 1 次对分点就是 128Δ；第 2 次对分点是 512Δ（$a_2 = 1$ 时）和 32Δ（$a_2 = 0$ 时）；第 3 次对分点是 1024Δ（$a_2 = 1$，$a_3 = 1$ 时），256Δ（$a_2 = 1$，$a_3 = 0$ 时），64Δ（$a_2 = 0$，$a_3 = 1$ 时）和 16Δ（$a_2 = 0$，$a_3 = 0$ 时）；段落码码字的判决过程如图 3.16 所示。

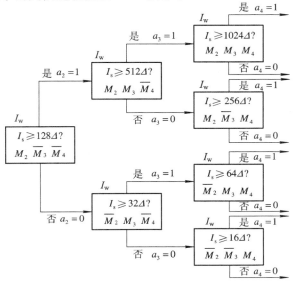

图 3.16　段落码码字的判决

例 3.4 设输入信号抽样值为 $+1270\Delta$，采用逐次比较型编码将它按照 13 折线 A 律特性编成 8 位码。

解 设码组的 8 位码分别用 $a_1 a_2 a_3 a_4 a_5 a_6 a_7 a_8$ 表示，则编码过程如下：

(1) 确定极性码 a_1。因输入信号抽样值为正，故极性码 $a_1 = 1$。

(2) 确定段落码 $a_2 a_3 a_4$。根据段落码确定的对分方法，输入信号抽样值 $|I_s| = 1270\Delta > I_{w2} = 128\Delta$（标准电流），故第 1 次比较结果为 $a_2 = 1$。它表示输入信号抽样值处于 8 个段落中的后 4 段（5~8 段）。

a_3 用来进一步确定它属于 5~6 段还是 7~8 段。因此，标准电流应选择为 $I_{w3} = 512\Delta$。第 2 次比较结果为 $|I_s| > I_{w3}$，故 $a_3 = 1$。它表示输入信号属于 7~8 段。

同理，确定 a_4 的标准电流应为 $I_{w4} = 1024\Delta$。第 3 次比较结果为 $|I_s| > I_{w4}$，故 $a_4 = 1$。

由以上 3 次比较的段落码为 111，输入信号抽样值 $|I_s| = 1270\Delta$ 应属于第 8 段。

(3) 确定段内码 $a_5 a_6 a_7 a_8$。由编码原理已经知道，段内码是在已经确定输入信号所处段落的基础上，用来表示输入信号处于该段落的哪一量化级的。$a_5 a_6 a_7 a_8$ 的取值与量化级之间的关系见表 3.7。段内码的判定值的提供，可用下式表示：

$$\left. \begin{aligned}
I_{w5} &= I_{Bi} + 8\Delta_i \\
I_{w6} &= I_{Bi} + (8\Delta_i)a_5 + 4\Delta_i \\
I_{w7} &= I_{Bi} + (8\Delta_i)a_5 + (4\Delta_i)a_6 + 2\Delta_i \\
I_{w8} &= I_{Bi} + (8\Delta_i)a_5 + (4\Delta_i)a_6 + (2\Delta_i)a_7 + \Delta_i
\end{aligned} \right\} \quad (3.27)$$

前面已经确定输入信号处于第 8 段，该段中的 16 个量化级之间的间隔均为 $\Delta_8 = 64\Delta$（第 8 段的量化级间隔），显然段落起始电平 $I_{Bi} = I_{B8} = 1024\Delta$，故确定 a_5 的标准电流应选为

$$\begin{aligned}
I_{w5} &= I_{B8} + 8\Delta_8 \\
&= 1024\Delta + 8 \times 64\Delta = 1536\Delta
\end{aligned}$$

第 4 次比较结果为 $|I_s| < I_{w5}$，故 $a_5 = 0$。它说明输入信号抽样值应处于第 8 段中的 1~8 量化级。

同理，确定 a_6 的标准电流应选为

$$\begin{aligned}
I_{w6} &= I_{B8} + (8\Delta_8)a_5 + 4\Delta_8 \\
&= 1024\Delta + 4 \times 64\Delta = 1280\Delta
\end{aligned}$$

第 5 次比较结果为 $|I_s| < I_{w6}$，故 $a_6 = 0$。它说明输入信号抽样值应处于第 8 段中的 1~4 量化级。

确定 a_7 的标准电流应选为

$$\begin{aligned}
I_{w7} &= I_{B8} + (8\Delta_8)a_5 + (4\Delta_8)a_6 + 2\Delta_8 \\
&= 1024\Delta + 0 + 0 + 2 \times \Delta_8 \\
&= 1024\Delta + 2 \times 64\Delta = 1152\Delta
\end{aligned}$$

第 6 次比较结果为 $I_s > I_{w7}$，故 $a_7 = 1$。它说明输入信号抽样值应处于第 8 段中的 3~4 量化级。

最后，确定 a_8 的标准电流应选为

$$\begin{aligned}
I_{w8} &= I_{B8} + (8\Delta_8)a_5 + (4\Delta_8)a_6 + (2\Delta_8)a_7 + \Delta_8 \\
&= 1024\Delta + 0 + 0 + 2 \times 64\Delta + 64\Delta = 1216\Delta
\end{aligned}$$

第 7 次比较结果为 $|I_s| > I_{w8}$，故 $a_8 = 1$。它说明输入信号处于第 4 段中的第 4 量化级。

经上述 7 次比较，编出的 8 位码为 11110011。它表示输入抽样值处于第 8 段的第 4 量化级上，其量化电平为 1216Δ，故量化误差等于 54Δ。顺便指出，除极性码外的 7 位非线性码组 1110011 相对应的 11 位线性码组为 10011000000。

例 3.5　设输入信号抽样值为 +127Δ，采用逐次比较型编码将它按照 13 折线 A 律特性编成 8 位码。

解　（1）确定极性码 a_1。因输入信号抽样值为正，故极性码 $a_1 = 1$。

（2）用对分方法确定段落码 $a_2 a_3 a_4$。

第 1 次比较：$|I_s| = 127\Delta < I_{w2} = 128\Delta$，有 $a_2 = 0$，它表示输入信号抽样值处于 8 个段落中的前 4 段（1～4 段）。

a_3 用来进一步确定它属于 1～2 段还是 3～4 段。因此，标准电流应选择为 $I_{w3} = 32\Delta$。第 2 次比较结果为 $|I_s| = 127\Delta > I_{w3} = 32\Delta$，故 $a_3 = 1$。它表示输入信号属于 3～4 段。

同理，确定 a_4 的标准电流应为 $I_{w4} = 64\Delta$。第 3 次比较结果为 $|I_s| > I_{w4}$，故 $a_4 = 1$。

由以上 3 次比较的段落码为"011"，输入信号抽样值 $|I_s| = 127\Delta$ 应属于第 4 段。

（3）由式（3.27）确定段内码 $a_5 a_6 a_7 a_8$。

上面确定了输入信号处于第 4 段，由表 3.6 或表 3.7 可知，其段落起始电平 $I_{Bi} = I_{B4} = 64\Delta$，而 $\Delta_4 = 4\Delta$，故 a_5 的标准电流应选为

$$I_{w5} = I_{B4} + 8\Delta_4$$
$$= 64\Delta + 8 \times 4\Delta = 96\Delta$$

第 4 次比较结果为 $|I_s| > I_{w5}$，故 $a_5 = 1$。它说明输入信号抽样值应处于第 4 段中的 9～16 量化级。

同理，确定 a_6 的标准电流应选为

$$I_{w6} = I_{B4} + (8\Delta_4)a_5 + 4\Delta_4$$
$$= 64\Delta + 8 \times 4\Delta + 4 \times 4\Delta = 112\Delta$$

第 5 次比较结果为 $|I_s| > I_{w6}$，故 $a_6 = 1$。它说明输入信号抽样值应处于第 4 段中的 13～16 量化级。

确定 a_7 的标准电流应选为

$$I_{w7} = I_{B4} + (8\Delta_4)a_5 + (4\Delta_4)a_6 + 2\Delta_4$$
$$= 64\Delta + 8 \times 4\Delta + 4 \times 4\Delta + 2 \times 4\Delta$$
$$= 64\Delta + 32\Delta + 16\Delta + 8\Delta = 120\Delta$$

第 6 次比较结果为 $|I_s| > I_{w7}$，故 $a_7 = 1$。它说明输入信号抽样值应处于第 8 段中的 15～16 量化级。

最后，确定 a_8 的标准电流应选为

$$I_{w8} = I_{B4} + (8\Delta_4)a_5 + (4\Delta_4)a_6 + (2\Delta_8)a_7 + \Delta_4$$
$$= 64\Delta + 8 \times 4\Delta + 4 \times 4\Delta + 2 \times 4\Delta + 4\Delta = 124\Delta$$

第 7 次比较结果为 $|I_s| > I_{w8}$，故 $a_8 = 1$。它说明输入信号处于第 4 段中的第 16 量化级。

经上述 7 次比较，编出的 8 位码为 10111111。它表示输入抽样值处于第 4 段的第 16 量化级，其量化电平为 124Δ，故量化误差等于 3Δ。其 7 位非线性码组为 0111111，相对应的 11 位线性码组为 00001111100。

从上面两个例题可以更清楚地理解 7/11 变换的码组对应关系是等值的，7 位非线性码

位权值及码组对应的电平值可按表 3.7 所示计算，在表 3.7 中 B_{12}^{*} 是在接收端解码时用，在发送端编码该项不考虑，只考虑前 $B_1 \sim B_{11}$，这 11 位线性码码位权值及码对应的电平值可按表 3.8 所示计算。

表 3.8　11 位线性码码位权值及码对应的电平值

幅度码	B_1	B_2	B_3	B_4	B_5	B_6	B_7	B_8	B_9	B_{10}	B_{11}
权值/$\triangle$	1024	512	256	128	64	32	16	8	4	2	1

线性码的码字电平可表示为

$$I_{\mathrm{w}} = (1024B_1 + 512B_2 + 256B_3 + 128B_4 + \cdots + 2B_{10} + B_{11})\triangle$$

按表 3.7 和表 3.8，$\dfrac{7}{11}$ 变换的码字对应关系举例如下：

$$0001001 \leftrightarrow 00000001001, \quad 0010111 \leftrightarrow 00000010111$$
$$1010101 \leftrightarrow 00101010000, \quad 1111011 \leftrightarrow 11011000000$$

可见，表 3.8 中的 11 位线性码码位权值及码对应的电平值与表 3.7 中的前 $B_1 \sim B_{11}$ 位有着对应关系。

3.3.4　PCM 非线性译码器

译码器的任务是根据 A 律 13 折线特性编出的串行 PCM 码还原 PAM 样值信号，即进行 D/A 变换。常用的解码器类型有加权网络型、级联型和混合型三种。

下面以图 3.17 所示的加权网络型译码器来说明其译码工作原理。

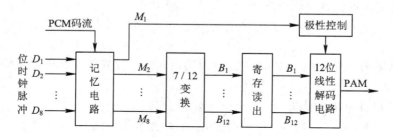

图 3.17　加权网络型译码器原理框图

由图 3.17 可见，它与逐次反馈型编码器中的局部解码电路基本相同，所不同的是增加了极性控制部分带有寄存读出的 7/12 位码变换电路。下面简要介绍有关电路的作用。

（1）串/并变换记忆电路。它是将加进的串行 PCM 变为并行码，并记忆下来，与编码器中译码电路的记忆作用基本相同。

（2）7/12 位码变换电路。它是将 7 位非线性码转变为 12 位线性码。在编码器的本地译码电路中采用 7/11 位变换，译码器中采用 7/12 位码变换，即将 7 位非线性码转换为 12 位线性码，使最大量化误差减小到 $\triangle/2$。7/12 位码变换电路产生 12 个恒流源电流：$\triangle/2$，$\triangle$，$2\triangle$，$4\triangle$，$\cdots$，$1024\triangle$，即增加了一个 $\triangle/2$ 恒流源电流，人为地补上半个量化级，用以改善信号量化噪声比。

非线性 PCM 码与线性 12 位自然二进制码之间的转换关系，在表 3.7 也有所示。两种码之间转换原则是两个码组在各自的意义上所代表的权值必须相等。

（3）寄存读出电路。将输入的串行码在存储器中寄存起来，待一个样值的 7 位非线性码转换成 12 位线性码全部输出后再接收一起读出，送入解码网络，实质上是进行串/并变换。

（4）12 位线性译码电路。它主要由恒流源和电阻网络组成，与编码器中译码网络类同。它是在寄存器读出电路的控制下，输出相应的 PAM 信号。

（5）极性控制电路。它的任务是根据收到的 PCM 信号码中的 a_1，来控制解码输出的 PAM 信号的极性正或负，恢复原信号极性。

例 3.6　设接收端收到的按 A 律 13 折线编码的 PCM 非线性 8 位码为 11110011，将此码组编为 12 位线性码，并求出接收端译码对应的 PAM 值。

解　极性码 $a_1 = 1$，说明此样值脉冲的极性为正。

根据表 3.7，由非线性码与线性码的对应关系查得：$a_2 \sim a_8 \xrightarrow{\text{对应}} B_1 \sim B_{12}$ 为 100111000000，段落码 $a_2 a_3 a_4$ 为 111，即样值脉冲对应 13 折线的第 8 大段，起始电平为 1024Δ；而段内电平码 $a_5 a_6 a_7 a_8$ 为 0011，故其样值脉冲的幅度应为

$$|\text{PCM}| = 1024\Delta + \left(0 \times 8 + 0 \times 4 + 1 \times 2 + 1 \times 1 + 1 \times \frac{1}{2}\right)\Delta$$
$$= 1024\Delta + 3.5 \times 64\Delta = 1248\Delta$$

即在接收端译码输出的样值脉冲为 $+1248\Delta$。

本译码码组 11110011 正好是例 3.4 中的样值脉冲 $+1270\Delta$ 所编出的 8 位码。由此可见，接收译码所恢复的 PAM 信号与原发送端的样值信号的幅度差为 $|1270\Delta - 1248\Delta| = 22\Delta$，这就是量化带来的误差。因 $e(u) < \Delta_8/2 = 32\Delta$（第 8 段的量化间隔 $\Delta_8 = 64\Delta$），可见，在接收端通过人为补加 $\Delta_i/2$ 可对发送端编码时造成的量化误差 Δ_i 做一定的补偿。这就是图 3.17 中采用 $\frac{7}{12}$ 位码变换的原因所在。

3.3.5　单片 PCM 编、译码器

脉码调制技术已有 50 多年的发展历史。20 世纪 70 年代以前，实用化的 PCM 数字电话系统中，PCM 编、译码器均采用分立元件和小规模集成电路。其电路功耗比较大，设备体积大而且调测比较复杂。因此，在 PCM 基群复用设备中，都采用群路公用编、译码器方式，即每路语音信号经脉幅调制（PAM）后送入一个公用 PCM 编、译码器按不同时隙对每路语音进行 PCM 编码。在接收端的公用解码器中，分别对各路不同时隙的 PCM 信号进行译码。近年来，由于超大规模集成电路技术的发展，已经可以实现单片的 PCM 编、译码器，而且在单片上还可以包含 PCM 收、发话路滤波器，从而出现了单路单片的 PCM 基群复用设备，使 PCM 基群设备的功耗下降了 1～2 个数量级，由 150W 下降至 2.5W 左右，体积下降了一个数量级，同时，可靠性大大提高。

由于近年来超大规模集成电路技术的飞速发展，单片 PCM 编、译码器也经过了一个飞速发展的更新换代的过程。第一代集成化 PCM 编码器中，模拟电路采用双极性工艺，而数字电路采用 MOS 工艺，因而由两个芯片才能组成一个编码器或解码器。第二代单片 PCM 编、译码器采用 NMOS 工艺在一个芯片上集成一个编、译码器，因此，若要组成一个

PCM 编、译码器，需要两片 PCM 集成电路。第三代单片 PCM 编、译码器采用 NMOS 或 CMOS 工艺，在一个芯片上集成一个编、译码器与一个解码器，而且在同一芯片还带有收、发开关电容语音滤波器，从而使单片单路 PCM 基群复用设备技术取得了重大革新。由于具有低功耗的优点，尽管工艺比较复杂，大多数单片 PCM 编、译码器还是采用 CMOS。典型的 PCM 编、译码器单片器 Intel 2910（μ 律）、2911（A 律）属于第二代产品，Intel 2914、29C14，Motorola 14402、14403 均属于第三代产品。

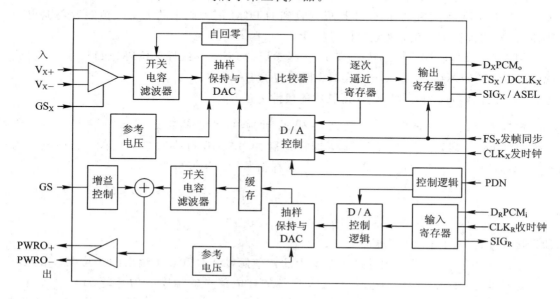

图 3.18　29C14 PCM 编、译码器

图 3.18 给出了 Intel 29C14 的原理框图。该芯片包括五个部分：PCM 编码（发送端）、PCM 译码（接收端）、控制部分以及发送端与接收端的开关电容滤波器。输入的语音模拟信号由 V_{x+}、V_{x-} 端平衡地输入运算放大器，该放大器增益可由 GS_x 控制，最大可达 20 dB。然后信号经过开关电容话路带通滤波器，此滤波器在 300～3400 Hz 通带内起伏小于 ±0.125 dB，并对 50～60 Hz 电源干扰有 23 dB 以上的衰减。滤波后的模拟语音经抽样保持与数/模转换 DAC 电路后，在模/数转换控制逻辑电路的控制下，经过逐次逼近反馈编码后，输出 PCM 码，并寄存于寄存器中，最后由 D_x 端输出 8 位 PCM 码。该 8 位码的时际位置由 FS_x 帧内路定时控制决定。发送 PCM 码的数据率及其相位由发送端主时钟 CLK_x 确定。收到的 PCM 码经输入寄存器后，在 DAC 数/模转换控制逻辑电路的控制下，送入抽样保持与数/模转换电路输出模拟信号，该模拟信号经接收端开关电容滤波器以及运放后再平衡输出，控制部分可控制单片工作功耗（工作功耗与低功耗两种状态），但单片暂不处于编、译码工作状态时，可通过 PDN 控制单片处于低功耗状态，此时功耗只有正常工作状态的十分之一左右。控制部分还能使单片工作于 3 种不同输入时钟：2048 kHz、1544 kHz、1536 kHz，以适应于不同国家标准 PCM 系统基群数据率。开关电容滤波器的性能在不同时钟时保持不变。

单片 PCM 种类较多，具体结构略有差异，详细的技术性能及使用方法可以由各厂家的手册中查到。

3.4　自适应差值脉码调制

数字通信系统和传统的模拟通信系统相比较，具有抗干扰性强、保密性好、可靠性高和经济性好等显著优点。尤其是它便于实现综合业务数字网(ISDN)，因此 PCM 系统已经在大容量数字微波、光纤通信系统以及市话网局间传输系统中获得了广泛的应用。

现有的 PCM 编码需采用 64 kb/s 的 A 律或 μ 律对数压扩的方法，才能符合长途电话传输语音的质量标准。在最简单的二进制基带传输系统中，传送 64 kb/s 数字信号的最小频带理论值为 32 kHz。而模拟单边带多路载波电话占用的频带仅 4 kHz。彩色电视信号数字化后的数码率将高于 100 Mb/s，故 PCM 占用频带要比模拟单边带通信系统宽很多倍。因此，在频带宽度严格受限的传输系统中，仍希望传送的长途大容量传输系统，尤其是对于卫星通信系统，采用 PCM 数字通信方式时的经济性能很难和模拟通信相比拟。至于在超短波波段的移动通信网，由于其频带有限(每路电话必须小于 25 kHz)，64 kb/s(PCM)更难以获得应用。因此，几十年来，人们一直致力于压缩数字化语音占用频带的研究工作，也就是在相同质量指标的条件下，努力降低数字化语音数码率，以提高数字通信系统的频带利用率。

通常，人们把低于 64 kb/s(PCM)编码需采用的语音编码方法称为语音压缩编码技术。多年来大量的研究表明，自适应差值脉码调制(ADPCM)是语音压缩编码中复杂度较低的一种方法，它能在 32 kb/s 数码率的条件下达到符合 64 kb/s(PCM)数码率的语音质量要求，也就是能符合长途电话质量的要求。

ADPCM(Adaptive Differential Pulse Code Modulation)是在差值脉码调制(DPCM)基础上发展起来的，因此在介绍 ADPCM 工作原理之前先介绍 DPCM。

3.4.1　差值脉码调制的原理

从抽样理论得知，语音信号相邻的抽样值之间存在着很强的相关性，即信号的一个抽样值到相邻的一个抽样值间不会发生迅速的变化。它说明信源本身含有大量的剩余成分，也就是含有大量无效的或次要的成分。如果我们设法减少或去除这些剩余成分，则可大大提高通信的有效性。在语音抽样值相关性很强的基础上，根据线性均方差估值理论，且假定是在平稳信号统计的条件下，我们可以最大限度地消除这些剩余成分，以获得最佳的效果。从概念上讲，它是把语音样值分为两个成分，一个成分与过去的样值有关，因而是可以预测的；另一个成分是不可预测的。可预测的成分(也就是相关的部分)是由过去的一些适当数目的样值加权后得到的，不可预测的成分(也就是非相关的部分)可看成是预测误差(简称差值)。这样，就不必直接传送原始信息抽样序列，只需传送差值序列就行了，因为这种差值序列的信息可以代替原始序列中的有效信息。由于样值差值的动态范围要比样值本身的动态范围小得多，这样就有可能在保证质量要求的同时，降低数码率。信号的自相关性越强，压缩率就越大。接收端只要把收到的差值信号序列叠加到预测序列上，就可以恢复出原始的信号序列。

1. 传输样值差值实现通信的可能性

在图 3.19(a)中，设语音信号样值序列为 $S(0)$、$S(1)$、$S(2)$、…、$S(n)$，设 $d(i)$ 为本

时刻 (iT) 样值 $S(i)$ 与前一个相邻样值 $S(i-1)$ 之差值，即得 $d(i)=S(i)-S(i-1)$，如图 3.19(b)所示(在 $t=0$ 时刻，前邻时刻 $(-T_s)$ 的样值为零，故 $d(0)=S(0)$)。

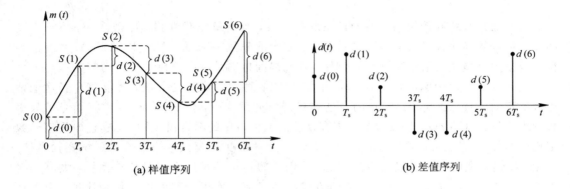

(a) 样值序列　　　　　　　　　　　**(b) 差值序列**

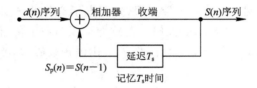

(c) 样值序列的恢复

图 3.19　样值差值序列与样值序列的恢复

从图 3.19(a)可知：

$$S(0) = d(0)$$
$$S(1) = d(0) + d(1) = S(0) + d(1)$$
$$S(2) = d(0) + d(1) + d(2) = S(1) + d(2)$$
$$S(3) = d(0) + d(1) + d(2) + d(3) = S(2) + d(3)$$
$$\vdots$$
$$S(n) = \sum_{i=0}^{n} d(i) = S(n-1) + d(n) \tag{3.28}$$

从式(3.28)与图 3.19(a)可以看出，样值 $S(n)$ 等于过去到现在的所有差值的积累。由此可以设想，假若信道是理想的，在发送端发送差值脉冲序列 $d(0)$、$d(1)$、$d(2)$…，如图 3.19(b)所示，那么在接收端就可以恢复原始样值脉冲序列 $S(0)$、$S(1)$、$S(2)$…。具体来讲，在接收端只要能将前一样值 $S(n-1)$(所有过去差值之积累)记忆一个抽样周期 T_s(这可由延迟 T_s 回路完成，见图 3.19(c))，然后与本时刻的 $d(n)$ 叠加，就可恢复出 $S(n)=S(n-1)+d(n)$，对此根据图 3.18(c)具体说明如下：

(1) 第 1 个差值 $d(0)=S(0)$(因相邻的前一样值为零)，到达接收端与延迟回路输出的 $S_p(0)$ 相加，相加器输出为 $d(0)+S_p(0)=d(0)=S(0)$(因这时的 $S_p(0)=0$)；

(2) 经过 T_s(抽样周期)时间后，$d(1)$ 出现在相加器输入端，这时，在接收端已恢复出的样值 $S(0)$，通过延迟 T_s 回路经过 T_s 时间后，也反馈到相加器的输入端，因此接收端所得到的恢复信号为 $S_p(1)+d(1)=S(0)+d(1)=S(1)$ 样值；

(3) 当差值 $d(2)$ 到达相加器输入端时，$S_p(2) = S(1)$，相加器输出为 $S_p(2) + d(2) = S(1) + d(2) = S(2)$ 样值。

从上面分析可以得出结论：传输样值差值序列，可以实现样值序列传递，但接收端需要一个逐次记忆回路(延迟 T_s 回路)和相加器，由它们来完成差值的积累，从而达到恢复出原始样值脉冲序列的目的。

2. 样值差值的检出——预测值的形成

DPCM 是将差值脉冲序列进行量化编码后送到信道传输的，图 3.20 是 DPCM 的原理方框图(一阶后向预测方案)。对差值编码来讲，首先要解决差值的检出，其关键问题就是如何检测出前邻样值。

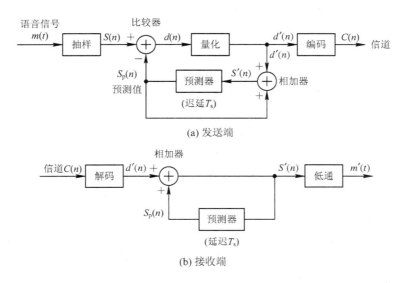

(a) 发送端

(b) 接收端

图 3.20　DPCM 的原理方框图

根据式(3.28)，可得到前邻样值 $S(n-1)$ 为

$$S(n-1) = \sum_{i=0}^{n-1} d(i)$$

但 DPCM 是对差值进行量化，如图 3.20(a)所示，因此前邻样值只能由差值的量化值 $d'(n)$ 来形成，而由量化值 $d'(n)$ 所形成的前邻样值只能是一个估计值，即以 $S_p(n)$ 来表示估计值，则从图 3.20(a)与图 3.21 可知：

$$S_p(n) = \sum_{i=0}^{n-1} d'(i) = d'(0) + d'(1) + d'(2) + \cdots + d'(n-1) \tag{3.29}$$

从式(3.29)和图 3.21 可知，在 nT_s 时刻的估计值 $S_p(n)$ 是所有过去的差值量化值 $d'(i)$ 的累积，可以认为估计值 $S_p(n)$ 是样值 $S(n)$ 的一种预测值。

从式(3.29)可知，预测值 $S_p(n)$ 可由预测值所组成的反馈回路来形成，如图 3.19(c)所示。具有局部反馈的预测器(延迟 T_s 回路)与相加器构成的累加器，即将所有过去的差值量化值 $d'(i)$ 累积起来，因此累加器完成了式(3.29)的功能。现结合图 3.20(a)与图 3.21 来具体分析 DPCM 是如何预测、量化编码的。

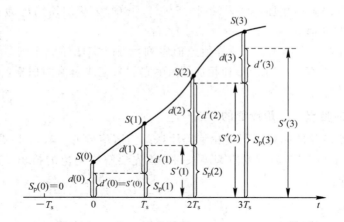

图 3.21 预测值(估计值)$S_p(n)$ 的形成

(1) $t=0$ 时刻: $S_p(0)=0$, 其差值 $d(0)=S(0)-S_p(0)=S(0)$, 将差值 $d(0)$ 量化为 $d'(0)$, 然后将 $d'(0)$ 编码送到信道传输出去, 这时的样值量化值 $S'(0)$ 与差值量化值 $d'(0)$ 的关系是:

$$S'(0) = S_p(0) + d'(0) = 0 + d'(0) = d'(0)$$

(2) $t=T_s$ 时刻: $S'(0)$ 经过 T_s 时间后, 于 $t=T_s$ 时刻出现预测器的输出端, 此时 $S_p(1)=S'(0)=d'(0)$。差值 $d(1)=S(1)-S_p(1)$, 其差值量化值为 $d'(1)$, $d'(1)$ 被编码送至信道。这时样值量化值 $S'(1)=S_p(1)+d'(1)=d'(0)+d'(1)$。

(3) $t=2T_s$ 时刻: $S'(1)$ 经过 T_s 时间迟延后, 在 $t=2T_s$ 时刻, $S_p(2)=S'(1)$, 差值 $d(2)=S(2)-S_p(2)$, 其量化值为 $d'(2)$, $d'(2)$ 被编码送至信道。这时 $S'(2)=S_p(2)+d'(2)=d'(0)+d'(1)+d'(2)$。由图 3.21 看出, 样值量化值等于所有过去到现在的差值量化值的积累, 而预测值等于过去所有差值量化值的积累, 即

$$S'(n) = \sum_{i=0}^{n} d'(i) \tag{3.30}$$

$$S_p(n) = \sum_{i=0}^{n-1} d'(i) = S'(n-1) \tag{3.31}$$

故

$$S'(n) = S_p(n) + d'(n) \tag{3.32}$$

3. 量化误差之间的关系

首先分析一下样值量化误差与差值量化误差的关系。由图 3.21 可得样值的量化误差 $e(n)$ 为

$$e(n) = S(n) - S'(n) = d(n) - d'(n) \tag{3.33}$$

由此可以得出一个重要结论: 样值的量化误差 $e(n)$ 等于差值的量化误差 $d(n)-d'(n)$。因此样值量化误差 $e(n)$ 仅由差值量化器决定。

4. DPCM 解码与重建信号

DPCM 系统如何解码和重建恢复原始信号: 在接收端将码字 $c(n)$ 解码后变换为差值量化值 $d'(n)$。将 $d'(n)$ 恢复成 $S'(n)$ 的回路是与发送端预测部分回路相同的, 从图

3.20(b)可知，$d'(n)+S_p(n)=S'(n)$，即式(3.32)。因此，样值量化值序列 $S'(n)$ 经过重建低通滤波器，就可重建出原始语音信号 $m'(t)$（有量化失真）。

3.4.2　自适应差值脉码调制的基本思路

由式(3.33)已知，在 DPCM 系统中，总量化误差只和差值信号的量化误差有关。因此，系统总量化信噪比 SNR 定义为

$$\text{SNR} = \frac{E[S^2(n)]}{E[e^2(n)]} = \frac{E[S^2(n)]E[d^2(n)]}{E[d^2(n)]E[e^2(n)]} = G_p \cdot \text{SNR}_q \qquad (3.34)$$

式中，预测增益 G_p 和 SNR_q 定义如下：

$$G_p = \frac{E[S^2(n)]}{E[d^2(n)]}$$

$$\text{SNR}_q = \frac{E[d^2(n)]}{E[e^2(n)]}$$

其中，符号 $E[\ ]$ 表示求数学期望（即统计平均值，在第 2 章中已有阐述）。式(3.34)表明：DPCM 系统的总 SNR 取决于 G_p 和 SNR_q 的乘积。因此对 DPCM 的研究就是围绕着如何使这两个参数能取最大值而逐步完善起来的，并最后发展为 ADPCM 系统。

多年来研究表明，ADPCM 是语音压缩编码中，复杂度较低的一种编码方法，它能在 32 kb/s 比特率（编 4 位码）上达到符合 64 kb/s 比特率的语音质量要求。也就是说，能符合长途电话通信的质量要求。因此，ITU - T 于 1986 年建议 32 kb/s 自适应差分脉码调制（ADPCM）作为长途传输中的一种国际通用的语音编码方法，ADPCM 有两种方案，一种是预测固定，量化自适应；另一种是兼有预测自适应和量化自适应。这里只介绍后一种方案。而自适应预测又分为前向和后向两种。

1. 自适应预测

在 2.1.5 小节中已阐述，线性网络的特性由传递函数 $H(\omega)$ 来描述，且其定义为式(2.24)，即

$$H(\omega) = \frac{Y(\omega)}{X(\omega)} = \frac{\text{输出信号的频域形式}}{\text{输入信号的频域形式}}$$

若将频域形式推广到复频域形式时，有

$$H(s) = \frac{Y(s)}{X(s)} = \frac{\text{输出信号的复频域形式}}{\text{输入信号的复频域形式}}$$

式中，$s=\sigma+j\omega$ 为复变量，其中 σ 为衰减因子，当 σ 为一充分大的正实数时，可确保时域形式的输入和输出信号在求解频域形式时，即傅里叶变换求解中，被积函数可满足绝对可积的条件。由此可见，复频域形式的传递函数 $H(s)$ 比频域形式的传递函数 $H(\omega)$ 在系统分析中有其方便之处。

在图 3.20 中的预测值 $S_p(n)$ 是用线性预测的方法产生的，这里其线性预测器为线性离散系统，其时域离散变量为 $n(t=nT_s$，周期 T_s 为定值），复频域离散变量为 z。这里其输入信号和输出信号分别为 $S_p(n)$ 和 $S'(n)$，其复频域表达形式分别为 $S_p(z)$ 和 $S'(z)$，只需将 $S_p(n)$ 和 $S'(n)$ 分别求其 z 变换得到 $S_p(z)$ 和 $S'(z)$，由上式同理可得线性预测器的传递函数为

$$H(z) = \frac{S_p(z)}{S'(z)}$$

通常，线性离散系统的传递函数的一般形式为

$$H(z) = \frac{1 + \sum_{i=1}^{M} b_i z^{-i}}{1 - \sum_{i=1}^{N} a_i z^{-i}} \tag{3.35}$$

式中，$z = e^{sT_s}$，s 为复变量；若令 $T_s = 1$，则 $z = e^s$；a_i 和 b_i 为变量系数。

显然，线性预测器的设计取决于如何确定一组预测系数 $\{a_i\}$ 或 $\{b_i\}$ 的取值，由式 (3.34) 可知，最佳线性预测器是具有最小均方预测误差的预测器，由此才能获得最大的预测增益 G_p 和最大的 $\mathrm{SNR_q}$。也就是要在最小 $E[e^2(n)]$ 的条件下，确定一组最佳预测系数 $\{a_{iopt}\}$。

实际语音信号是一个非平稳随机过程，其统计特性随时间不断变化；但是在短时间间隔内可近似看成平稳过程，按照短时统计相关特性，求出短时最佳预测系数 $\{a_{iopt}(n)\}$，这种方法称为前向自适应预测算法。由于这种预测会产生较长的编码延迟时间（约 15～20 ms），其运算量比较大，而且还要将和量阶相关的边信息 $\{a_{iopt}(n)\}$ 传输给接收端，因此，它只应用在 16 kb/s 的语音压缩编码系统中。

后向序贯自适应预测法则采用序贯的不断修正预测系数 $\{a_i(n)\}$ 的方法来减少瞬时平方差值 $d'^2(n)$ 信号，使 $\{a_i(n)\}$ 逐渐接近于最佳预测系数 $\{a_{iopt}\}$，以达到最佳预测状态。而且，它是以包含量化误差 $d'(n)$ 的重建信号 $S'(n)$ 为基础的，即与图 3.20 的框架吻合，也就是

$$d'(n) = S'(n) - S_p(n) = S'(n) - \sum_{i=1}^{N} a_i(n) S'(n-1)$$

2. 最佳量化特性

我们知道量化是将幅度为无限多值的样值变成幅度为有限个离散值的过程。自适应量化就是要满足最佳量化特性的要求，为此有必要分析一下最佳量化特性。最佳量化特性是指均方量化误差为最小的量化特性。

设量化级数 $N = 2m$，m 为量化器正向（或负向）的量化级数，均方量化误差 D 为

$$D = 2 \sum_{k=1}^{m} \int_{x_{k-1}}^{x_k} (y_k - x)^2 p(x) dx \tag{3.36}$$

式中，x 为输入信号幅度；$p(x)$ 为输入信号概率密度函数；x_k 为分层电平；y_k 为第 k 级量化电平。

图 3.22 表示了输入信号范围在 $0 \sim x_{max}$ 时，x_k 和 y_k 的分布情况。

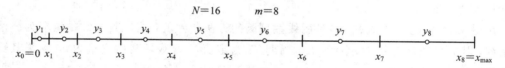

图 3.22 x_k、y_k 的分布情况

通过分析计算得出最佳量化特性是：

（1）分层电平 x_k 为相邻量化电平的中间值；

（2）量化电平 y_k 是该量化间隔内经常出现的瞬时电平值。

当量化级数 N 很多时，每一量化间隔很小时，可近似认为在每一量化间隔内的 $p(x)$ 为常数，因此这时的 y_k 为

$$y_k \approx \frac{x_k + x_{k+1}}{2} \qquad (N \gg 1) \tag{3.37}$$

3. ADPCM 系统工作原理

在实际电话网中，由于说话人声音强弱不同，传输电路衰耗不同，语音信号的功率变化范围可达 45 dB 左右。而最佳量化器的所有分层电平 x_k、量化电平 y_k 值均与输入量化器的功率有关。

兼有预测自适应、量化自适应的 ADPCM 系统的原理方框图如图 3.23 所示（后向型）。

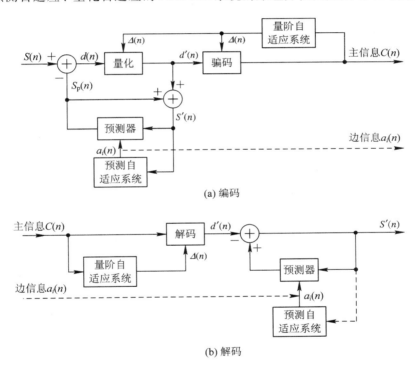

(a) 编码

(b) 解码

图 3.23　兼有预测、量化自适应的 ADPCM 系统的原理框图（后向型）

自适应量化的基本思想就是使均方量化误差最小，让量阶 $\Delta(n)$ 的变化与输入信号均方根值 $\sigma_s(n)$ 相匹配，即

$$\Delta(n) = k\sigma_s(n) \tag{3.38}$$

式中，k 为常数，其数值由最佳量化器的参数（x_k，y_k）来决定。为了实现自适应量化，首先要对输入信号的均方根值 $\sigma_s(n)$ 进行估算，以便根据信号能量的变化来改变量阶 $\Delta(n)$ 的大小，根据检测（估计）信号能量的途径不同，前面已经提到可分为前向自适应量化和后向自适应量化两种。前者是直接从输入信号样值中估计输入信号的能量，后者是从编码后的信码中来估计输入信号的能量。

在前向自适应量化时，输入信号能量的估计值(简称估值)没有受到非线性量化器的影响，故其优点是估值准确，但其缺点是与量阶 $\Delta(n)$ 相关的信息(又称边信息 $a_i(n)$)要与语音信息(主信息 $C(n)$)一起送到接收端解码器，如图 3.23 中(a)编码虚线输出部分和(b)解码接收虚线部分，即 $a_i(n)$ ，否则，接收端无法知道发送端该时刻的量阶值。另外，边信息需要若干比特的精度，因而前向自适应量化不宜采用瞬时自适应量化方案。

后向自适应量化的特点是不需要边信息，因为量阶的信息可从接收信码中提取；另一个特点是可采用音节或瞬时或者是两者兼顾的自适应量化方式。其缺点是因量化误差而影响估值的准确度，但自适应动态范围越大，影响程度越小。尽管有此缺点，仍不失其特色，所以被广泛采用。

对于图 3.23 所示的后向量化自适应来讲，可从量化后的信码电平来估算出输入均方根值，然后估算出 $\Delta(n)$ ，由此量阶 $\Delta(n)$ 去控制量化器、编码器的量阶。由于 $\Delta(n)$ 是由量化后的信码电平估算出来的，因此后向自适应不需要传送边信息 $a_i(n)$ ，在接收端可由其量化自适应系统，从接收信码中估算出解码器所需的 $\Delta(n)$ 信息。

为了处理方便起见，通常将本时刻的量阶 $\Delta(n)$ 用前一时刻的量阶 $\Delta(n-1)$ 与前时刻的码字电平 $I(n-1)$ 的函数形式来估算，即

$$\Delta(n) = M\big[I(n-1)\big] \times \Delta(n-1) \tag{3.39}$$

式(3.39)说明了第 n 时刻的量阶 $\Delta(n)$ 值等于第 $(n-1)$ 时刻的量阶 $\Delta(n-1)$ 乘以 $M[I(n-1)]$ 因子，而 $M[I(n-1)]$ 因子是码字电平 $I(n-1)$ 的函数，码字电平越高，则 $M[I(n-1)]$ 值也越大，第 n 时刻的量阶随 $n-1$ 时刻的量阶及码字电平而变化，因此可满足自适应的要求。

自适应预测的基本思想就是使均方预测误差为最小值，让预测系数 $a_i(n)$ 的改变与输入信号幅值相匹配，后向型自适应预测系数 $a_i(n)$ 是从重建后的 PCM 信号 $S'(n)$ (又称重建信号)中估算出来的。调整后的 $a_i(n)$ 信息也可以直接送到接收端的预测器去控制其预测系数(如图 3.23 中虚线所示)，但通常不传送 $a_i(n)$ 边信息，它可在接收端通过预测自适应系统估算出来。

对于语音信号来讲，ADPCM 系统的 $\Delta(n)$ ， $a_i(n)$ 的调整周期为一个音节周期(10～20 ms)，因此在两次估算之间，其值保持不变，由于采用了自适应措施，量化失真、预测误差均比较小，因而传送 32 kb/s(4 位码)即可获得 64 kb/s PCM 系统的通信质量，图 3.24(a) 和图 3.24(b)表示出某 ADPCM 设备的频率特性、信号/总失真比，图中也画出 PCM 特性作为比较。

图 3.24 中，dBm 为毫瓦分贝，将以 1 mW 为基准功率时所测的信号功率的电平称为绝对功率电平。如当测试点信号功率为 1 mW 时，电平显然为 0 dBm，而当信号功率为 2 mW 时，电平≈3 dBm，信号功率为 0.32 mW 时，电平≈−15 dBm。

将测试点相对于参考点所具有的增益或衰减称为相对电平，用 dBr 表示，r 是相对电平的代号。若 A 点绝对电平为−15 dBm，B 点绝对电平为−20 dBm，则 B 点对于 A 点的相对电平可为−20−(−15)＝−5 dBr。

鉴于传输系统各测试点电平的相对性，为定义和计算增益或衰减的方便，可设定某点为参考点，并规定该点绝对电平为一定值时，其相对电平为 0 dBr，即称该点为零相对电平点(0 dBr)，而该点的绝对功率电平用 dBm0 表示，0 是零相对电平点的代号。

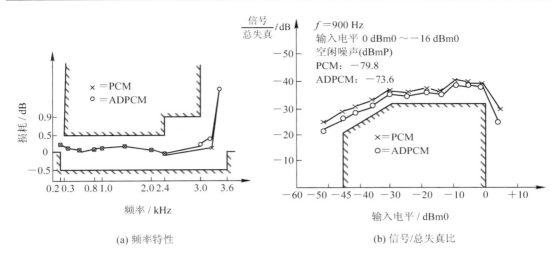

(a) 频率特性　　　　　　　　　　(b) 信号/总失真比

图 3.24　ADPCM 与 PCM 有关特性的比较

对于 PCM 系统，数模转换点定义为 0 dBr，模拟侧的正弦信号和一定的 PCM 数字系统系列相对应。图 3.24(b)中的 0 dBm0 是用正弦信号电平为 0 dBm 时的零相对电平点为测试条件；同理，—16 dBm0 是正弦信号为 —16 dBm 时的 0 dBr。从图中可以看出，当正弦信号为 3.14 dBm 时的 0 dBr 为信号的峰值点或过载电平点。

3.5　时分多路复用通信

为了提高信道利用率，使多路信号沿同一信道传输而不互相干扰，称为多路复用。

多路复用的方法最常见的有两大类，即频分多路复用和时分多路复用。频分多路用于模拟通信，例如载波通信。时分多路用于数字通信，例如 PCM 通信。

3.5.1　时分多路复用概念

时分多路复用(即 TDM)通信是指各路信号在信道上占用不同时间间隙进行通信。由抽样理论可知，抽样的一个重要特点是将时间上的连续信号变成时间上的离散信号，其在信道上占用时间的有限性，为多路信号在同一信道上传输提供了条件。具体地说，就是把时间分成均匀的时间间隙，将各路信号的传输时间分配在不同的时间间隙内，以达到互相分开、互不干扰的目的。图 3.25 所示为时分多路复用示意图。

在图 3.25(a)中，各路信号经低通滤波器将频带限制在 3400 Hz 以内，然后加到快速电子旋转开关(称分配器)K₁ 依次抽样，由图 3.25(b)所示，K₁ 开关不断重复地做匀速旋转，每旋转一周的时间等于一个抽样周期 T_s，这样就达到对每一路信号每隔 T_s 时间抽样一次的目的，由此可见，发送端分配器不仅起到抽样的作用，同时还起到复用合路的作用，所以发送端的分配器又称合路门。合路后的抽样信号送到 PCM 编码器(共用一个编码器)进行量化和编码，然后将信码送往信道。在接收端将这些从发送端送来的各路信码进行统一解码，还原后的 PCM 信号由接收端分配器旋转开关 K₂ 依次接通每路信号，再经重建信号用的低通滤波器把每路 PAM 信号恢复为原始语音信号，由此可见，接收端的分配器起到时分复用的分路作用，所以接收端分配器又叫分路门。图 3.25(c)为数字系统时分多路复用示意图。

为保证正常通信，要求K₁和K₂同频同相(其旋转速度要绝对相同)

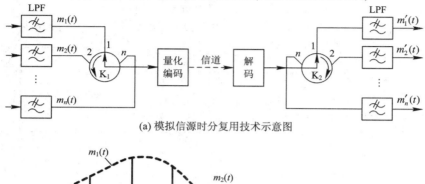

(a) 模拟信源时分复用技术示意图

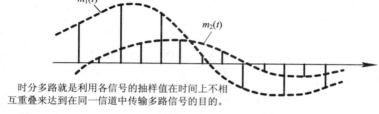

时分多路就是利用各信号的抽样值在时间上不相互重叠来达到在同一信道中传输多路信号的目的。

(b) 各路信号分时抽样示意图

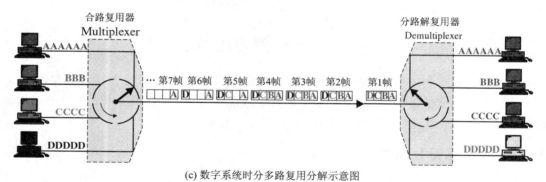

(c) 数字系统时分多路复用分解示意图

图 3.25 时分多路复用示意图

需要注意的是，为保证正常通信，收、发送端旋转开关 K_1、K_2 必须同频同相，同频是指 K_1、K_2 的旋转速度要完全相同，同相是指发送端旋转开关连接第 1 路信号时，接收端旋转开关 K_2 必定也连接第一路，否则接收端将收不到本路信号，为此要求收、发双方必须严格的同步。

为此，抽样时各路每轮一次的时间称为一帧，长度记为 T_s，它就是旋转开关旋转一周的时间，即一个抽样周期。一帧中相邻两个抽样脉冲之间的时间间隔叫作路时隙(简称为时隙)，记为 TS，即每路 PAM 信号每个样值允许占用的时间间隔。

3.5.2 帧同步

数字通信的一个特点是通过时间分割来实现多路复用。输入到 PCM 终端设备的各路信号通过抽样、编码等处理后，变成了按一定时间规律排列的数字流，即在进行多路信息传输时，需要将各路信息的码字或码组在时间上进行周期性的划分和排列，每一个这样的周期就称为一帧，每帧的路数及每一路时隙的安排都是按 ITU – T 要求规定好的。只要确定了一帧的开始，再加上正确的位同步(接收端、发送端时钟同频同相)，即在位同步的前提下，如能把每帧的首、尾辨别出来，就可解决正确区分每一条话路的问题，从接收到的信号中提取正确的信息。

帧同步的目的是要求接收端与发送端相应的话路(8 个码)在时间上要对准，就是要从收到的信码流中，分辨出哪 8 位码是一个样值的码字，以便正确解码；还要能分辨出这 8 个码字是哪一条话路，以便正确分路。

为了建立收、发系统的帧同步，需要在每一帧(或几帧)中的固定位置插入具有特定码型的帧同步码，这样，只要接收端能正确识别出这些帧同步码，就能正确辨别出每一帧的首、尾，从而就能正确区分出发送端送来的各路信号。

1. PCM 帧同步电路主要要求

1) 帧同步建立时间

一旦出现帧失步或开机后，要求整个 PCM 通信系统能很快建立帧同步。帧失步相当于通信中断，将丢失大量的信息。对于语音通信来讲，人耳不易察觉出小于 100 ms 的通信中断，所以一般认为帧同步恢复时间在几十毫秒量级是允许的，因为出现帧失步时，人耳还没有察觉到，系统已经恢复帧同步了。但在传输数据时，如果帧同步恢复时间定在几十毫秒，将丢失大量数据，因此 PCM 30/32 系统将帧同步恢复时间定为 2 ms。

2) 帧同步系统的稳定性

在信道中传输 PCM 信码时，由于信道不理想以及噪声的干扰会出现信道误码，而信道误码可能使帧同步出现误码，而产生假失步。例如 ITU – T 规定 PCM 30/32 帧同步码码型为{0011011}，由于信道误差，接收端在规定时间收到的帧同步码为{0001011}，接收端经识别后认为它不是帧同步码，要立即捕捉帧同步码，以尽快恢复帧同步。但这时系统并没有帧失步，仅仅是帧同步码在传输过程中出现个别码元的误码，这不是真失步，而是假失步，如果根据假失步进行调整的话，会使本已处于帧同步的状态变成真失步状态，即造成误调整；另外，在通道中传输的信号中有可能存在一小段恰好与帧同步码相同的码组，在同步没有建立之前，如果接收端检测到这个码组，它会被误判为同步，这种情况为假同步。无论是假失步，还是假同步，都是我们不希望看到的。为此，在帧同步系统中普遍采用帧同步的保护措施，具体来讲，解决假同步的叫作后方保护，解决假失步的叫作前方保护。

因此，帧同步电路应具有一定的抗干扰能力，即应加有相应的保护措施，具体做法：前方保护就是系统在帧同步信号丢失的时间超过一定限度时才宣布帧失步，然后开始新的同步搜索，这个时间限度称为前方保护时间；后方保护就是同步系统在一段时间内检测到一定次数的帧同步码时才进入同步状态，这个时间称为后方保护时间。

2. 帧同步码的选择

帧同步码的选择应满足：

(1) 能快速准确地识别；

(2) 假同步和假失步的概率越小越好；

(3) 帧同步码的长度应尽量短。

所以，帧同步码应有良好的相位鉴别能力，即具有很强的自相关函数特性。如 ITU - T 推荐的 PCM 30/32 时分复用的帧同步码{0011011}，是一种信息码误判为同步码的概率最小的最佳同步码。

3.5.3　帧结构

语音信号根据 ITU - T 建议采用 8 kHz 抽样，抽样周期为 125 μs。在 125 μs 时间内各路抽样值所编成的 PCM 信码顺序传送一次，这些 PCM 信息码所对应的各个数字时隙有次序的组合称为一帧。显然，PCM 帧周期就是 125 μs。

在帧中，除了传送各路 PCM 信码外，还要传送帧同步码，帧同步码通常位于第 1 路 PCM 信码之前，占一比特或几比特。

在 PCM 帧中还有可作为信令信道的时隙，信令是通信网中与接续的建立、拆除和控制以及网络管理有关的电信息（不是语音），有的书中称为标志信号。例如占用、拨号、应答、拆线等状态的信息。就信令信道位置而言，可分为时隙内信令和时隙外信令。前者，信令信道固定地或周期性地占据话路时隙内一比特或几个比特；后者，信令信道占据话路时隙外的一个比特或几个比特。就信令信道的利用方式而言，可分为共路信令和随路信令两类。把许多路有关的信令信息，以及诸如网络管理所需的其他信息，借助于地址码在单一信令信道上传送的方式称为共路信令（或称公共信道信令）。在话路内或固定附属于该话路的信令信道内，传输该路所需的各种信令的方式称为随路信令。后一种方式意味着一帧内包含有多少个话路就应设置有多少个信令信道。简言之，共路信令传送是可以将 TS_{16} 所包含的总比特率 64 kb/s 集中起来使用；随路信令传送是将 TS_{16} 中的各个比特按规定的时间顺序分配给各个话路，直接传送各路所需的信令。

综上所述，一帧码流中含有帧同步码、复帧同步码、各路信息码、信令码以及告警码等。上述各种码的数量及排列位置可用帧结构来表示。

作为时分多路复用数字电话通信，ITU - T 推荐了两种制式，即按 μ 律编码的 PCM 24 路和按 A 律编码的 PCM 30/32 路系统的帧结构。我国采用 PCM 30/32 路制式。图 3.26 为 PCM 30/32 路系统的帧结构。

从图 3.26 可以看到，由于在一帧中只有 TS_{16} 用于传送信令的时隙，且只有 8 位码，不足以传送 30 个话路的信令信号，为了合理利用帧结构，通常将 16 帧组成一个复帧，各个话路的信令分别在不同帧的信令信道中传送。既然有复帧，也相应要求在复帧中配制复帧同步码。复帧的重复频率为 8000÷16＝500 Hz，周期为 125×16＝2.0 ms。简而言之，在 PCM 30/32 路的制式中，一个复帧由 16 帧组成，一帧由 32 个时隙组成，一个时隙有 8 个比特（bit）。

对于 300～3400 Hz 的语音信号，ITU - T 规定的抽样频率 f_s＝8000 Hz，即抽样间隔 T_s＝1/8000＝125 μs。PCM 30/32 路系统是将 T_s＝125 μs 的时间分成 32 个时隙（TS），每一路信号每隔 125 μs（帧周期 T_s）传送一次。一帧内要时分复用 32 路，每路占时隙 TS＝125/32＝3.9 μs（称为路时隙），每路时隙包含 8 位折叠二进制码，位时隙占 488 ns。

从传输速率来讲，每秒钟能传送 8000 帧，而每帧包含 32(TS)×8(bit)＝256 bit，因此，信息速率 R_b＝256(bit)×8000 次/s ＝ 2.048 Mb/s，由于信息传送为二进制，因此传码率 R_B 也为 2.048 MBaud。

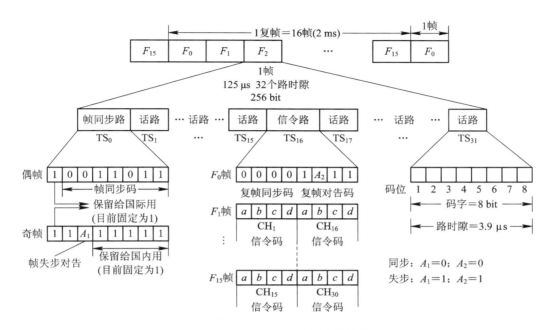

图 3.26　PCM 30/32 路制式帧结构

在 32 个时隙中，TS_0 为帧同步码、监视码时隙；TS_{16} 为信令时隙。其余 $TS_1 \sim TS_{15}$ 和 $TS_{17} \sim TS_{31}$ 为话路时隙（CH_i）。因此，每帧只有 30 个时隙用于通话，故称为 PCM 30/32 路制式。

路时隙 $TS_1 \sim TS_{15}$，$TS_{17} \sim TS_{31}$ 传送 30 路（CH_i）信码，偶帧 TS_0 时隙传送帧同步码，其码型为 $\{\times 0011011\}$，奇帧 TS_0 时隙码型为 $\{\times 1A_1SSSSS\}$，其中 A_1 是对端告警码。$A_1 = 0$ 表示帧同步；$A_1 = 1$ 表示帧失步。S 为备用比特，可用来传送业务码。× 为国际备用比特码或传送循环冗余校验码（CRC 码），可用于监视误码。F_0 帧 TS_{16} 时隙前 4 位码为复帧同步码，其码型为 0000。A_2 为复帧失步对告码，$F_1 \sim F_{15}$ 帧 TS_{16} 时隙用来传送 30 条话路的信令码，F_1 帧 TS_{16} 时隙前 4 位码用来传送第 1 路信号的信令码，后 4 位码用来传送第 16 路信号的信令码，……，直至 F_{15} 帧 TS_{16} 时隙前、后各 4 位码分别传送第 15 路和第 30 路信号的信令码。这样，一个复帧中各路分别轮流传送信令码一次。

例 3.7　计算 PCM 30/32 路系统（$l = 8$）1 路的速率。

解　因为基群的速率为 2048 kb/s（或 kbps），故 1 路的速率为 2048/32 = 64 kb/s（或 kbps）。

例 3.8　PCM 30/32 路系统中，第 25 话路在哪一时隙中传输？第 25 路信令码的传输位置在什么地方？

解　第 25 话路在帧结构中的传输时隙为 TS_{26}，第 25 路信令码在帧结构中的传输位置为 F_{10} 帧 TS_{16} 后 4 位码。

例 3.9　GSM 系统每帧包括 8 个时隙的帧结构，每时隙包括 156.25 比特，数据发送速率为 270.833 kb/s，求：（1）比特周期 T_B；（2）时隙周期 TS；（3）帧长 T_f；（4）收、发时间间隔。

解
$$T_B = \frac{1}{270.833} \text{ kb/s} = 3.692 \text{ （}\mu s\text{）}$$

$$TS = T_B \times 156.25 = 0.577 (ms)$$
$$T_f = TS \times 8 = 4.615 (ms)$$

收发间隔为帧长。

例 3.10 五个信源通过同步 TDM 复用在一起。每个信源每秒产生 100 个字符，每个字符为 8 位。假设采用字符交错技术，而且每帧需要一个比特同步。帧速率是多少？复用线路上的比特率是多少？并求出该系统的传输效率。

解 （1）已知每个信源每秒产生 100 个字符，而每一帧容纳每个信源的一个字符，由此可知该系统的帧速率是 100 帧/秒。

（2）如果假设每个字符为 8 位，因此每帧有 8×5＝40 位，再加上每帧有一位帧定位比特，所以每帧的长度为 41 位。由此可计算出通路上的比特率是 41 位/帧×100 帧/秒＝4100 b/s。

（3）要想计算传输效率，已知通路上的比特率为＝4100 b/s，而各通道上传输有用数据的总和为 8×100×5＝4000 b/s。由此可计算出该系统的效率为 97.6%。

由该例题可以看出，同步 TDM 缺点是浪费资源。这是因为，帧中的时间片(TS)与用户一一对应，用户没有数据发送时也占用这个时间片，因而浪费资源。

图 3.27 所示为 PCM 24 制式帧结构，帧首编号为 1 个比特(称 F 比特)交替用于传送帧同步码和复帧同步码，还可复用传送 CRC 码(循环冗余校验)，并提供 64 kb/s 数据链路，图 3.27 中分别给出了以 12 帧为复帧的 F 比特和以 24 帧为复帧的 F 比特，PCM 24 制式采用语音时隙内信令，每第 6 帧和第 12 帧指定作为信令帧。在每个信令帧中，各路时隙的第 8 比特(即 PCM 码中的最低位)用来传送该路信令，也就是说，每 6 帧中有 5 帧的样值按 8 比特编码，而有 1 帧按 7 比特编码，平均为 $7\frac{5}{6}$ 比特编码。

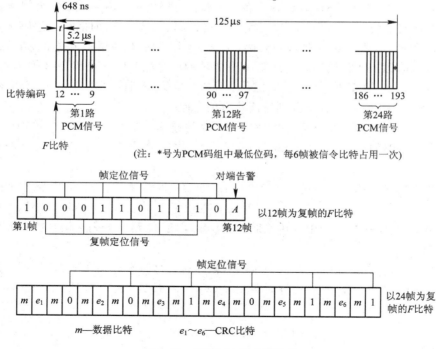

图 3.27 PCM 24 制式帧结构

由此可见，帧同步码的插入方式分为集中插入（如 PCM 30/32）和间接插入（如 PCM 24）两种。显然，集中插入法一旦失步后能迅速恢复，即只要收到下一帧同步码组就能恢复同步；而分散插入法在失步后，必须逐步调整本地帧同步码的相位，即同步恢复时间较长，这不符合现代通信的要求，故目前的通信系统中，普遍采用集中插入法来实现帧同步。

3.5.4　定时系统

PCM 系统是时分制多路复用通信系统。各话路信号在不同的时间进行抽样、编码，然后送到接收端依次解码、分路，再恢复成原始语音信号。就是说，在 PCM 通信中，信号的处理和传输都是在规定的时间内进行的。为了使整个 PCM 通信系统正常工作，需要设置一个"指挥部"，由它来指挥各部件的工作程序。定时系统就是完成这项任务的。由定时系统提供给抽样、分路、编码、解码、标志信号系统以及汇总、分离等部件准确的指令脉冲，以保证各部件在规定时间内准确、协调地工作。

1. 发送端定时系统

定时系统主要要产生供抽样与分路用的抽样脉冲、供编码与解码用的位脉冲、供标志信号用的复帧脉冲等，发送端定时系统方框图如图 3.28 所示，它主要由时钟脉冲发生器、位脉冲发生器、路脉冲（抽样脉冲）发生器、TS_0、TS_{16} 时隙脉冲发生器以及复帧脉冲发生器等部分组成。

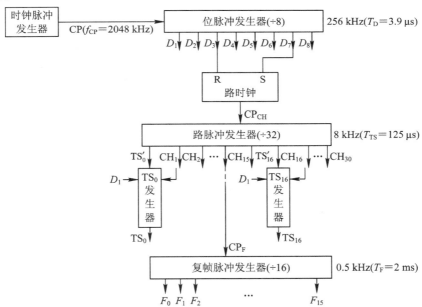

图 3.28　PCM 30/32 制式发端定时系统一种方案

（1）时钟脉冲。时钟脉冲发生器提供高稳定的时钟信号。时钟频率 $f_{CP} = f_s \cdot n \cdot l$，其中 f_s 为抽样频率，n 为路时隙数，l 为编码位数。PCM 30/32 系统的时钟频率 $f_{CP} = 8000 \times 32 \times 8 = 2048$ kHz。时钟频率稳定度一般要求小于 50×10^{-6}，即容许时钟频率的误差在 2048 kHz $\pm$ 100 Hz 以内。其占空比为 50%，为满足上述要求，通常采用由晶体振荡器与分频器组成的时钟脉冲发生器，不用恒温措施即可达到指标。

（2）位脉冲。位脉冲用于编码、解码。在 PCM 30/32 制式中，位脉冲的频率为 $8000\times32=256$ kHz。若每个样值均为 8 位编码，则需相位各不相同而频率相同的 8 个位脉冲，如 D_1、D_2、D_3、…、D_8。位脉冲的宽度为 488 ns，位脉冲的周期为 $T_B=3.906\ \mu s$。图 3.29 所示为由一个 8 级移位寄存器组成的位脉冲发生器及其输出波。

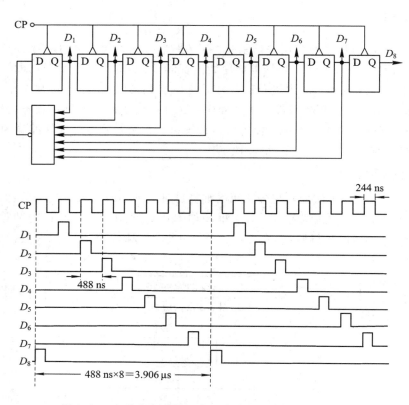

图 3.29　由移位寄存器组成的位脉冲发生器及其输出波

（3）路脉冲。路脉冲用于各路话路信号的抽样或分路以及 TS_0、TS_{16} 路时隙的形成。PCM 30/32 制式中共有 32 个路时隙，故有 32 相。即 TS_0'、CH_1、CH_2、CH_3、…、CH_{15}、TS_{16}'、CH_{16}、CH_{17}、…、CH_{30} 共 32 相。两次抽样方案中，为了减少串话，规定路脉冲的宽度为 4 位码位，并用码 7、8、1、2 的位置，让两个相邻时隙的交界处正好对准脉宽的中点，要脉宽的中线对准每个时隙的开始，所以选用 D_7 和 D_3 作为交替输入信号，波形如图 3.30(c) 所示，路脉冲频率为 256 kHz，占空比为 50%，即路脉冲的宽度 $\tau_{CH}=0.488\ \mu s\times4=1.95\ \mu s$（即为 D_7、D_8、D_1、D_2 四位码时间），路时隙 $TS_i=3.9\ \mu s$。

（4）路时隙与复帧脉冲。TS_0 路时隙用来传送帧同步码；TS_{16} 路时隙用来传送标志信号码，它们的重复频率为 8 kHz，脉宽 8 比特，即 $\tau_{TS}=0.488\ \mu s\times8=3.9\ \mu s$，波形如图 3.30(g) 所示。

复帧脉冲是用来传送复帧同步码和 30 个话路的标志信号码，其重复频率为 8 kHz÷16=0.5 kHz，脉宽 $\tau_F=125\ \mu s$，即复帧的脉冲宽度就是一个子帧的开通时间；共有 16 相，即 F_0、F_1、F_2、…、F_{15}，波形如图 3.30(h) 所示。

图 3.30 所示是 PCM 30/32 制式的一种方案下发送端定时脉冲时间波形图。

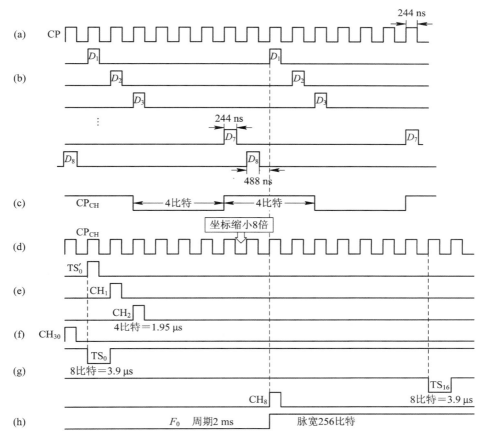

图 3.30　PCM 30/32 发送端定时脉冲时间波形图

2. 接收端定时提取

PCM 通信要求接收端的时钟频率与发送端的完全一致，即时钟同步。一般采用从接收端收到的信息码流中提取定时信息的方式来实现时钟同步。接收端定时系统的主要构成部分与发送端相似，也要产生位脉冲、路脉冲、复帧脉冲等。

3. PCM 30/32 系统方框图

现以基群 PCM 30/32 系统为例说明时分多路复用系统的基本方式，其方框图如图3.31 所示。用户的语音信号（发与收）采用二线制传输，端机的发送支路与接收支路是分开的，即发与收采用四线制传输。因此，用户的语音信号需经 2/4 变换的差动变量器 1－2 端送入 PCM 系统的发送端，经放大（调节语音电平）、低通滤波（限制语音频带，防止折叠噪声的产生），再抽样、合路及编码。语音编码后的信码、帧同步码、标志信号码、数据信号码在汇总电路按帧结构排列，最后经码型变换电路变换成适宜于信道传输的码型送往信道。接收端首先将接收到的信号进行整形再生，然后经过码型反变换电路恢复成原始编码码型，再由分离电路将话路信码、信令码或数据信号码分离，分离出的话路信码经解码，分离门恢复每一路的 PAM 信号，然后经低通滤波器重建信号，恢复出每一路语音模拟信号，经放大后由差动变量器 4－1 端送至用户。再生电路所提取的时钟，除了用于抽样判决，识别每一个码元外，还由它来控制接收端定时系统以产生接收端所需的各种脉冲。

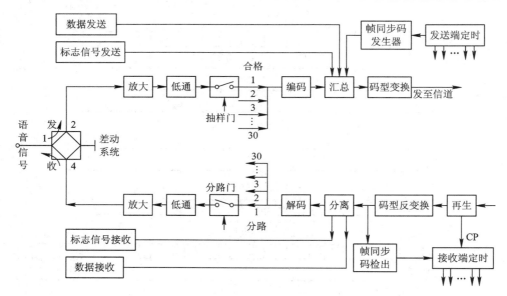

图 3.31　集中编码方式 CPM 30/32 方框

注意，在图 3.31 中，差动变量器 1－2 端(发送端)与 4－1 端(接收)的传输衰减越小越好，而 2－4 端的衰减要越大越好，以防止通路振鸣。

3.6　数据压缩技术简介

数据压缩，就是以最少的数码表示信源所发的信号，减少容纳给定消息集合或数据抽样集合的信号空间。

所谓信号空间以及被压缩对象是指：

(1) 物理空间，如存储器、磁盘、磁带等数据存储介质；

(2) 时间空间，如传输给定消息集合所需要的时间；

(3) 电磁频谱区域，如为传输给定消息集合所要求的带宽等。

采用数字技术(或系统)具有许多优越性，但也使数据量大增。表 3.9 列举了一些常见的数字语音、视频的取样频率 f_s。如果对每个取样的幅度值用 l 位二进制编码表示，就得到数字信号的传输速率或比特率 R_b，即

$$R_b = f_s \times l \quad (\text{bit/s 或 b/s})$$

此即为该信号在通信线路上每秒钟应传送的比特数，或者保存一秒钟信号样值所需占用的存储容量。传输速率 R_b 也可以用每秒千比特(kb/s)或每秒兆比特(Mb/s)来表示。当信号带宽给定，f_s 已知且不变时，传输速率就简单地由每样值的比特数 l(或 bit/样值)来确定。

数字电话按每一个取样用 8 bit 压扩量化，通常需要 $R_b = 8 \times 8 = 64(\text{kb/s})$ 的数码率；一路 PAL 制彩色数字电视，若用 3 倍副载频抽样，每像素 8 bit 编码，数码率为 $R_b = 4.43 \times 3 \times 8 = 106.3$ Mb/s。若实时传送，需占用上述数字话路 1660 条(即使黑白电视，也要占近 900 条数字话路)。若能将其压缩到原来的 1/3，即可同时增开 1100 路数字电话；而一路高清晰度电视 HDTV(High Definition TeleVision，又称高分辨率电视)，数码率更高，可达 $R_b = 1280 \times 720 \times 60 \times 3 \times 8 = 1327$ Mb/s，相当于 13 路普通数字电视。

表 3.9　数字音像格式

数字音频格式	取样率/kHz	带宽/kHz	频带/Hz
电话	8	3.2	300～3400
会议电视	16	7	50～7000
紧凑盘(CD)	44.1	20	20～20 000
数字音带(DAT)	48	20	20～20 000
数字电视格式	时间×空间分辨率		取样率
通用中间格式(CIF)	352×288×30		3 MHz
国际无线电咨询委员会(CCIR)	720×480×30		13.5 MHz
	720×576×25		13.5 MHz
高清晰度电视亮度信号一例	1280×720×60		60 MHz

再从存储角度看。一幅 512×512 像素、8 bit/像素的黑白图像占 256 Kb；一幅 512×512 像素、每分量 8 bit 的彩色图像则占 3×256 Kb＝768 Kb；一幅 2291×8 b 的气象卫星红外云图占 4.90 Mb，而一颗卫星每半小时即可发回一次全波段数据(5 个波段)，每天的数据量高达 1.2 Gb。

其他非图像数据如海洋地球物理勘探遥测数据，是用 60 路传感器，每路信号按 1 kHz 频率抽样、16 位模/数转换器(A/D)量化而得，每航测 1 km 就需记录 1 盘 0.5 英寸(1 in＝2.54 cm)的计算机磁盘，而仅仅一条测量船每年就可勘测 15 000 km，数据量之大可见一斑。

由此可见，信息时代带来了"信息爆炸"。数据压缩的作用及其社会效益、经济效益将越来越明显。反之，如果不进行数据压缩，无论传输或存储都很难实用化。数据压缩的好处就在于：

(1) 较快地传输各种信源(降低信道占有费用)——时间域的压缩；

(2) 在现有通信干线上开通更多的多媒体业务(如电视、传真、电话、电报、可视图文等)——频率域的压缩；

(3) 降低发射机功率——能量域的压缩；

(4) 紧缩数据存储容量(降低存储费用)——空间域的压缩。

究竟采用什么方法、压缩哪一种信号空间，要根据实际需要与技术决定。最初，人们关心的是提高电话信号传输带宽的利用率，继而对图文传真要求提高传输速度；近几年来，则更迫切地要求减小数据存储空间，因为数字系统的成本几乎按位计算。近代信源编码的理论与方法，主要以压缩数字编码的数码率为目标。

数据压缩也称为信源压缩编码，可分为无失真压缩(Lossless Compression)和有失真压缩(Lossy Compression)两大类。从被压缩的数据中完全恢复原始数据的压缩方式称为无失真压缩，反之，称为有失真压缩。无失真压缩编码又称为可逆压缩或无噪声编码(Noiseless Coding)、冗余度压缩(Redundancy Reduction)、熵编码(Entropy Coding)、数据紧缩(Data Compaction)、信息保持编码(Lossless Bit-Preserving)等，有失真压缩编码又称为不可逆压缩、熵压缩编码。

数据压缩时为了去除数据中的冗余度，常常要考虑信源的统计特性，或建立信源的统计模型，因此许多实用的冗余度压缩技术均可归结于一大类统计编码方法。

小　　结

模拟信号数字化是数字通信技术的基础。一个声音和图像信号变换为数字信号并在数字通信系统中传输，要经历如下过程：首先对声音或图像信号进行时间上的离散化处理，这就是取样；再将取样值信号幅度进行离散化处理。量化的目的是便于编码。

模拟信号取样后其频谱将展宽，为了确保在恢复原信号时不失真，取样频率要符合取样定律的规定：即对于上限频率为 f_m 的限带连续信号 $f(t)$，在用理想冲激脉冲取样的条件下，取样频率 f_s 必须满足：$f_s \geqslant 2f_m$，才可使截止频率为 f_m 的理想低通滤波器完全恢复原模拟信号。取样定理说明两层含义：用一定密度的离散取样序列可以代替一个频带有限的连续信号，而不丢失任何信息；应用取样定理的前提条件是输入信号频带有限，取样脉冲为冲激函数，要用理想低通滤波器滤波。当满足不了这些条件时，将产生折叠干扰噪声。

量化过程中不可避免地会产生误差，是一种人为的信号数字化处理中特有的量化噪声。在临界电平 U 不变时，增加量化级数 N，可减小量化噪声，但此时码位数 l 会增加，要求系统带宽相应增大。为了解决这一矛盾，根据语音概率密度分布特性——小信号概率大，大信号概率小，从改善小信号量化信噪比着眼，提出了压缩扩张技术（非均匀量化），从而在保证通信质量的情况下，使 N，l 和 B 都相应减小。最常用的编码器是逐次比较反馈编码器，其原理是根据输入的样值脉冲编出相应的 8 位二进制码，除第一位极性码外，其他 7 位二进制代码是通过逐次比较确定的。预先规定好作为标准的权值电流（或电压）I_w，I_w 的个数与编码位数有关。当样值脉冲到来后，用逐次逼近的方法有规律地用各标准电流 I_w 去和样值脉冲比较，每比较一次出一位码，直到 I_w 和抽样值 I_s 逼近为止。这种编码器由极性判决电路、全波整流、比较形成电路和 7/11 本地解码器组成。解码是编码的逆过程，是将接收到的 PCM 信号还原成重建 PAM 信号，其中 7/12 比较变换其末尾 $\Delta_i/2$ 可弥补编码过程造成的 Δ_i 失真。

ADPCM 是在 DPCM 基础上逐步发展起来的。DPCM 是对信号相邻样值的差值（增量）进行量化并编成码组。ADPCM 主要的改进量化器与预测器均采用自适应方式，ADPCM 中的预测信号是由线性预测方法产生的，最小线性预测器是具有最小均方误差的预测器。自适应量化就是使量化器的量化电平、分层电平能自适应于输入方差的变化，使量化器始终处于或接近最佳状态。

信源编码有两大主要任务：第一是将信源的模拟信号转变成数字信号，即通常所说的模/数变换；第二是设法降低数字信号的数码率，即通常所说的数据压缩编码比特率在通信中直接影响传输所占的带宽，而传输所占的带宽又直接反映了通信的有效性。

习题与思考题

3.1　设模拟信号的频谱为 0～4000 Hz，如果抽样速率 $f_s = 6000$ Hz，画出抽样后样值序列的频谱。这会产生什么噪声？

3.2　抽样定理的内容是什么？为什么解码后采用低通滤波器可使模拟信号获得重建？

3.3　对于载波基群(60~108 kHz)信号，其抽样频率 f_s 等于多少？

3.4　量化的概念是什么？均匀量化是怎样进行的？Δ、U、N 和 l 间的相互关系如何？量化值等于何值？在量化区内，最大量化误差等于多少？过载区的量化误差等于多少？

3.5　均匀量化未过载时的量化信噪比与哪些因素有关？过载时，量化信噪比与哪些因素有关？

3.6　压缩特性是一种什么特性？压缩器和扩张器有什么作用？

3.7　非均匀量化与均匀量化有何区别？采用非均匀量化的目的是什么？

3.8　A 律压缩特性是一种什么特性？A 代表什么意义？它对压缩特性有什么影响？

3.9　用归一化单位画出 13 折线近似 $A=87.6$ 的压缩特性。为什么 $A=87.6$？

3.10　13 折线压缩特性中，各段折线的斜率以及对应的信噪比改善量或亏损量各等于多少？

3.11　画出逐次反馈法编码的方框图，并说明它的工作原理。

3.12　某抽样值为 -600Δ(Δ 为最小量化间隔)时，按 A 律 13 折线编 8 位码，写出极性码、段落码和段内电平码的编码过程。

3.13　如果 A 律 13 折线采用 7 位码编码(包括极性码)，试写出非线性码与线性码之间的关系表。

3.14　说明 11 位线性解码网络的工作原理。

3.15　如果传送的信号是 $A\sin\omega t \leqslant 10$ V，按线性 PCM 编码，分成 64 个量化级，试问：

(1) 需要多少位编码？

(2) 量化信噪比是多少？

3.16　对于 13 折线 A 律编码，接收到的码组为 01010011。若最小量化电平为 1 mV，求译码器输出电压。

3.17　设信号 $m(t)=10+\sin 2\omega t$ 被均匀量化成 40 个电平，试求：

(1) 若将输入信号放在所有量化级的中间部分，量化后的最高、最低电平是多少？

(2) 最小量化级差是何值？若用二进制编码，编码位数 l 等于多少？

3.18　采用 13 折线 A 律编码，设最小量化级为 Δ，已知抽样脉冲值为 $+635\Delta$。

(1) 试求其编码输出，并求出量化误差。

(2) 写出对应于该 7 位码的均匀量化 11 位码。

(3) 接收端解码输出信号为何值？与发送端抽样脉冲相比，量化误差为何值？

3.19　采用 13 折线 A 律编码，设最小量化级为 Δ，如编码输出码组为 00111010，问在发送端本地解码输出和接收端解码输出各代表的信号数值是多少？

3.20　DPCM 系统是通过什么途径来达到既能压缩信号频带(与 PCM 比)又能不影响通信质量的？

第4章　数字信号的基带传输

☞ **本章提要**

- 数字传输的基本理论
- PCM 信号的再生中继及传输性能分析
- 传输码型设计原则及常用码型
- 扰码与解扰原理

　　通信的根本任务是远距离传输信息,因而准确地传输数字信息是数字通信的一个重要任务。在数字传输系统中,其传输对象通常是二元数字信息,它可能来自计算机、电传打字机或其他数字设备的各种数字代码,也可能来自数字电话终端的脉冲编码信号。设计数字传输系统的基本考虑是选择一组有限的、离散的波形来表示数字信息。这些离散波形可以是未经调制的不同电平信号,也可以是调制后的信号形式。由于未经调制的电脉冲信号所占据的频带通常从直流和低频开始,因而称为数字基带信号。在某些有线信道中,特别是传输距离不太远的情况下,数字基带信号可以直接传送,称之为数字信号的基带传输。而在另外一些信道,特别是无线信道和光信道中,数字基带信号则必须经过调制,将信号频谱搬移到高频处才能在信道中传输,这种传输称为数字信号的调制传输(或频带传输)。这两种传输系统的基本结构如图 4.1 和图 4.2 所示。

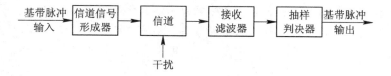

图 4.1　基带传输系统的基本结构

图 4.2　频带传输系统的基本结构

　　目前,虽然在实际使用的数字通信系统中,基带传输制不如频带传输制那样广泛,但是,对于基带传输系统的研究仍然是十分有意义的。这是因为:第一,由图 4.2 及图 4.1 可以看出,即使在频带传输制里也同样存在基带传输问题,也就是说,基带传输系统的许多问题也是频带传输系统必须考虑的问题;第二,随着数字通信技术的发展,基带传输这种方式也有迅速发展的趋势。目前,它不仅用于低速数据传输,而且还用于高速数据传输;第三,理论上也可以证明,任何一个采用线性调制的频带传输系统,总是可以由一个等效的基带传输系统所替代。

4.1 数字信号传输的基本理论

4.1.1 数字信号波形与频谱

所谓数字基带信号,就是消息代码的电波形。为了分析消息在数字基带传输系统的传输过程,先分析数字基带信号的波形及其频谱特性是十分必要的。

前已述及,凡在幅度上取有限离散数值(例如取两个数值)的电信号称数字信号,而对任一信号而言,既可用波形(时间域)表示,又可用频谱(频率域)表示,它们是一一对应的。通过傅氏变换或傅氏反变换关系,数字信号的波形和频谱可以互相变换。

讨论数字信号传输所要研究的主要问题是信号的频谱特性、信道的传输特性以及经信道传输后的数字信号波形。

数字信号波形的种类很多,其中较典型的是二进制矩形脉冲信号,它可以构成多种形式的信号序列,如图 4.3 所示。

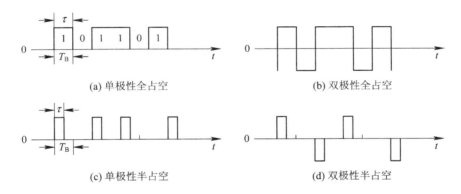

(a) 单极性全占空 　　　　　　　　　　　(b) 双极性全占空

(c) 单极性半占空 　　　　　　　　　　　(d) 双极性半占空

图 4.3　二进制数字信号序列的基本波形

图 4.3 所示的脉冲序列的基本信号单元都是矩形脉冲。在研究信号序列特性时,首先需要研究单元矩形脉冲的频谱特性。单元矩形脉冲波形如图 4.4(a)所示,其函数表示为

$$g(t) = \begin{cases} A, & |t| \leqslant \dfrac{\tau}{2} \\ 0, & |t| > \dfrac{\tau}{2} \end{cases} \tag{4.1}$$

通常可以认为 $g(t)$ 是一个非周期函数,由傅氏变换关系可求得所对应的频谱函数 $G(\omega)$ 为

$$G(\omega) = \int_{-\infty}^{\infty} g(t) e^{-j\omega t} \, dt = \int_{-\frac{\tau}{2}}^{\frac{\tau}{2}} A e^{-j\omega t} \, dt = A\tau \frac{\sin \omega \tau/2}{\omega \tau/2} \tag{4.2}$$

按式(4.2)画出 $G(\omega)$ 的图形，如图 4.4(b)所示。

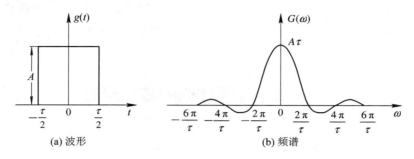

(a) 波形　　　　　　　　　　　(b) 频谱

图 4.4　单元矩形脉冲

该频谱图(见图 4.4(b))表明，矩形脉冲信号的频谱函数分布于整个频率轴上，而其主要能量集中在直流和低频段。

经研究，二进制随机脉冲序列的功率谱密度包括连续谱和离散谱两个部分(连续谱部分总是存在的，离散谱部分则与信号码元出现的概率和信号码元的宽度有关，在某些情况下可能没有离散谱分量)。图 4.5 画出了一种单极性不归零和两种单极性归零的随机二进制矩形脉冲序列的功率谱曲线，其中 $f=1/\tau$，$f_s=1/T_B$；则横坐标 $f/f_s=T_B/\tau$(或 f)，T_B 为单个码元的时长。图中箭头线表示离散谱分量；连续曲线表示连续谱分量。

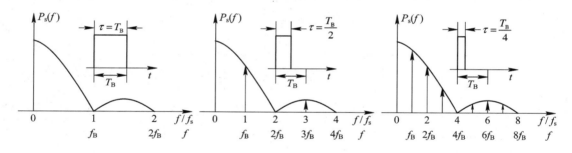

图 4.5　三种不同宽度矩形脉冲的功率谱

研究随机序列功率谱的原因：其一是根据信号频谱的特点找出最适当的传输信道特性以及选定合适的传输频带；其二是利用它的离散谱分量是否存在，判定能否从所传输序列中提取定时时钟信号，这对研究时分多路复用通信时钟同步问题十分重要。

4.1.2　带限传输对信号波形的影响

实际传输系统中，任何传输信道的带宽都不可能是无限的，这样当无限带宽的信号通过有限带宽的信道传输时对信号波形一定会产生影响，即信号出现失真。信道传输特性可用一等效理想低通特性近似表示，如图 4.6 所示。图中所示特性的传输函数可表示为

$$H(\omega)=\begin{cases} K e^{-j\omega t_d}, & |\omega|\leqslant\omega_c \\ 0, & |\omega|>\omega_c \end{cases} \tag{4.3}$$

式中，t_d 是信号通过信道传输后的延迟时间；ωt_d 表示信道的线性相移特性；ω_c 是等效理想低通信道的截止频率；K 是带通内传输系数，通常令 $K=1$。

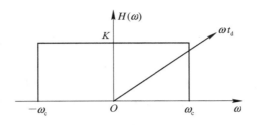

图 4.6　理想低通特性

如令单位冲激脉冲 $\delta(t)$ 通过此理想低通，其传输响应可用下述方法求得。

首先求输出响应的频谱函数 $Y(\omega)$：

$$Y(\omega) = H(\omega) = \mathrm{e}^{-\mathrm{j}\omega t_{\mathrm{d}}}, \quad |\omega| \leqslant \omega_{\mathrm{c}}$$

对上式进行傅氏反变换，可求得输出响应：

$$y(t) = h(t) = \frac{1}{2\pi} \int_{-\infty}^{\infty} Y(\omega) \mathrm{e}^{\mathrm{j}\omega t} \mathrm{d}\omega = \frac{1}{2\pi} \int_{-\omega_{\mathrm{c}}}^{\omega_{\mathrm{c}}} \mathrm{e}^{\mathrm{j}\omega(t-t_{\mathrm{d}})} \mathrm{d}\omega = \frac{\omega_{\mathrm{c}}}{\pi} \frac{\sin\omega_{\mathrm{c}}(t-t_{\mathrm{d}})}{\omega_{\mathrm{c}}(t-t_{\mathrm{d}})} \tag{4.4}$$

图 4.7 画出了时延 $t_{\mathrm{d}} = 0$ 的输出响应为

$$h(t) = \frac{\omega_{\mathrm{c}}}{\pi} \frac{\sin\omega_{\mathrm{c}}t}{\omega_{\mathrm{c}}t} = \frac{2\pi f_{\mathrm{c}}}{\pi} \frac{\sin 2\pi f_{\mathrm{c}}t}{2\pi f_{\mathrm{c}}t} = 2f_{\mathrm{c}}\mathrm{Sa}(2\pi f_{\mathrm{c}}t)$$

其波形如图 4.7 所示。

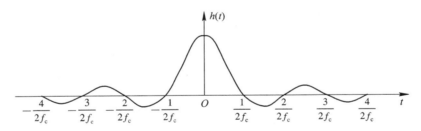

图 4.7　理想低通信道的冲激响应

从模拟通信的观点看，图 4.7 中输出波形与输入冲激脉冲相比显然出现失真。但仔细分析理想低通信道的冲激响应可看出，在 $t = 0$ 时有输出最大值，且波形出现很长的拖尾，其拖尾的幅度是随时间而逐渐衰减的。另外，其响应值在时间轴上具有很多零点，第一个零点是 $\frac{1}{2f_{\mathrm{c}}}$，且以后各相邻零点的间隔都是 $\frac{1}{2f_{\mathrm{c}}}$，其中，$f_{\mathrm{c}}$ 就是理想低通信道的截止频率，从式(4.4)可得出 $\delta(t)$ 在等效理想低通信道传输时，其输出响应仅与通带截止频率有关。

将一随机序列输入等效为理想低通信道传输，其输出响应是输入序列的各脉冲信号的响应之和，如假定等效理想低通信道的截止频率为 f_{c}，按图 4.7 所示理想信道的响应特性，并假定仅有两个脉冲，即 $a_1 = 1$，$a_2 = 1$，其他都为零时，当 $T_{\mathrm{B}} = \frac{1}{2f_{\mathrm{c}}}$（$T_{\mathrm{B}}$ 为码元周期）和 $T_{\mathrm{B}} \neq \frac{1}{2f_{\mathrm{c}}}$ 时的输出响应如图 4.8(a) 和图 4.8(b) 所示。

由图 4.8(a) 可以看出，$T_{\mathrm{B}} = \frac{1}{2f_{\mathrm{c}}}$，$t = T_{\mathrm{B}}$（即码元间隔，也称码元周期）时，$a_1$ 有最大值，而 a_2 此时的值等于零；而 $t = 2T_{\mathrm{B}}$ 时，a_2 有最大值，则 a_1 此时的值等于零，即符号间没有干

扰。而由图 4.8(b)可以看出，当 $T_B \neq \dfrac{1}{2f_c}$，$t = T_B$ 时，a_1 有较大值，但 a_2 在 T_B 的值不等于零，而 $t = 2T_B$ 时，有较大值，而 a_1 这时也不等于零，即两个输出脉冲响应总是相互影响的，这一影响叫符号间干扰又叫码间干扰。符号间干扰是由于传输频带受限而使输出信号产生拖尾所致。符号间干扰将使接收端抽样判决后出现误码，所以希望符号间干扰越小越好。为使数字脉冲序列在信道中正确传输，要分析研究在什么条件下或用什么方法可以消除或减小符号间干扰（在接下来的 4.1.3 节中分析）。

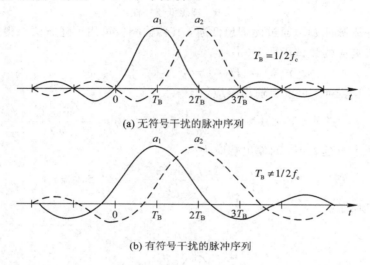

(a) 无符号干扰的脉冲序列

(b) 有符号干扰的脉冲序列

图 4.8　脉冲序列

4.1.3　数字信号传输的基本准则

1. 理想低通信号

数字信号（二进制）只有离散的两个幅度，其中低电平以"0"表示，而高电平则以"1"表示。因此对数字信号传输的检测只需识别所传输数字信号的离散时刻点的幅度值的大小，而不需要识别其他时间是何种波形。因此，对于数字信号传输可采用在规定时刻抽样判决的方法对传输信号进行检测判决。通过适当地选择信号传输速率与传输频带，并采用抽样判决的方式消除符号间干扰，即为最小的数字信号传输。

从图 4.7 可以看出，当传输的脉冲序列满足 $T_B = \dfrac{1}{2f_c}$ 的条件，或者说以 $2f_c$ 的速率发送脉冲序列时（f_c 是等效理想低通滤波器的截止频率），则在输出响应的最大点处的数值就仅由本码元所决定，即相邻码元在本码元输出最大值时刻的输出响应恰为最小值 0。因此，在最大值点处进行抽样判决就可以消除符号间干扰。图 4.9 所示就是以 $T_B = \dfrac{1}{2f_c}$ 的速率发送脉冲序列…1101001…时的情况。由图 4.9 可以看出，在传输速率和信道带宽满足上述关系时就可以得到没有符号间干扰的传输，这一关系就是数字信号传输的一个重要准则——奈奎斯特第一准则。其含义是：当数字信号序列通过某一信道传输时，码元响应的最大值处不产生符号间干扰的极限速率是 $2f_c$（f_c 是理想低通截止频率），这时的传输效率是 2 bit/(Hz·s)。

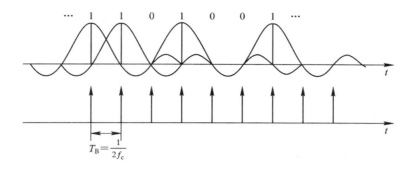

图 4.9　最大值点处抽样判决示意图

根据奈奎斯特第一准则，在理想情况下传输数字信号所要求的带宽是所传数字信号速率的一半。例如传输速率为 2.048 Mb/s 的数字信号，理想情况下要求最小的通路带宽是 1.024 MHz，即 $B=0.5R_b$。

从图 4.6 和图 4.7 中可以看出，码元周期为 T_B，故速码率 $R_b=1/T_B$，又因为

$$T_B = \frac{1}{2f_c}$$

故有

$$f_c = \frac{1}{2} \cdot \frac{1}{T_B} = \frac{1}{2}R_b$$

上述采用理想低通传输特性传输信号是一种理想极限情况，而实际传输网络的理想特性因系统中器件的非理想因素在物理上是不能实现绝对矩形形状的传输特性曲线，其传输特性曲线往往都会在高低端截止区间有一定的滚降过渡带，即使能设法实现接近于理想特性，也会因为具有理想特性的冲激响应 $h(t)$（见图 4.7）中有着衰减型振荡起伏较大的拖尾，虽然抽样时刻无码间串扰，但接收端的抽样定时脉冲必须准确无误，若稍有偏差，或外界条件对传输特性稍加影响，信号频率发生漂移等因素都有可能引入码间串扰。因此上面所说的无串扰传输条件的奈奎斯特第一准则只有理论上的意义，不过它给出了基带传输系统传输能力的极限值。

2. 升余弦滚降信号

在实际中，一般采用传输特性满足奇对称条件的滚降特性的低通滤波器来等效理想低通滤波器。如图 4.10 所示，图 4.10(a) 所示的虚线特性就是与理想特性等效的升余弦滚降传输特性。等效滚降传输特性的条件是在 $H(f)=1/2$ 点处构成一奇对称特性。

滚降系数 α 不同，滚降特性就不同，滚降系数 α 的定义是

$$\alpha = \frac{(f_c + f_a) - f_c}{f_c} \tag{4.5}$$

式中，$(f_c + f_a)$ 表示滚降特性的截止频率，即滚降特性信道的带宽。由图 4.10(a) 可以看出，满足奇对称条件时的 f_a 的最大值等于 f_c，由式(4.5)可以看出，这时的滚降系数 $\alpha=1=100\%$，这样的滚降特性称为滚降系数为 100% 的滚降特性。如果取 $f_a=0.5f_c$，则可构成滚降系数为 50% 的滚降特性。

用滚降特性实现信道特性的特效时，实际占用的频带展宽了，这样传输效率就降低了，当 $\alpha=1$ 时，传输效率只有 1 b/(Hz·s)。

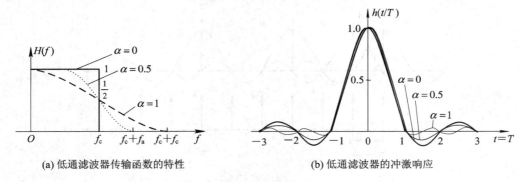

(a) 低通滤波器传输函数的特性　　　　(b) 低通滤波器的冲激响应

图 4.10　升余弦滚降系统的传输函数和冲激响应

在图 4.10 中给出了滚降系数 $\alpha=0$，$\alpha=0.5$，$\alpha=1$ 时的传输函数和冲激响应，其中给出的是归一化图形。根据信号与系统的关系，不难确定可传递的信号频谱特性应该与系统的传输特性相吻合，我们将这种可传输信号的频域过渡特性或频域衰减特性具有上述滚降特性，且函数表达式具有升余弦特性的信号称为升余弦滚降信号。注意，信号的频带和系统通频带的区别和关系，切不可在概念上混淆。

由图 4.10(b) 可知，升余弦滚降信号在前、后抽样值处的串扰始终为 0，因而满足抽样值无串扰的传输条件。随着滚降系数 α 的增加，两个零点之间的波形振荡起伏变化小，其波形的衰减与 $1/t^3$ 成正比。但随着 α 的增大，所占频带增加。$\alpha=0$ 时，就是前面所述的理想低通基带系统，所占用带宽就是滤波器的截止频率 f_c，即 $B=f_c$；$\alpha=1$ 时，所占频带的带宽最宽，是理想低通带宽的 2 倍，即 $B=2f_c$，而频带利用率只有 1 b/(Hz·s)。当 $0<\alpha<1$ 时，带宽 $B=f_c(1+\alpha)$，频带利用率 $\eta=2/(1+\alpha)$b/(Hz·s)。由于抽样的时刻不可能完全没有时间上的误差，为了减小抽样定时脉冲误差所带来的影响，滚降系数 α 不能太小，通常选择 $\alpha\geq0.2$。

4.1.4　数字信号基带传输系统

由第 2 章公式(2.10)的定义和 4.1.1 节中对数字信号频谱分析可知，数字信号所占频带非常宽，从直流一直到无限宽的频率，但其主要能量则集中在直流到频谱中的第一个零点以内的频带，我们将这一频带称之为数字信号的基本频带，简称基带信号。在某些信道中(例如在电缆中)，数字基带信号可以直接传输，称为数字信号的基带传输。数字信号基带传输系统的基本模型如图 4.11 所示。

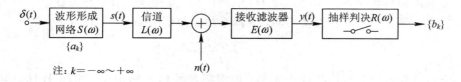

图 4.11　数字信号基带传输系统

数字信号基带传输系统的总特性可写作

$$R(\omega) = S(\omega) \cdot L(\omega) \cdot E(\omega) \tag{4.6}$$

其中，$S(\omega)$ 为形成网络特性，也叫发送滤波器，其作用是将信源输出的信号形成适合于在信道中传输的信号波形，以使在判决检测之前的总特性，即包括 $S(\omega)$、$L(\omega)$ 和 $E(\omega)$ 在内的总特性，可以成为与理想低通特性等效的升余弦滚降特性。另外，为了方便分析问题，可认为 $s(t)$ 波形是由单位冲激函数 $\delta(t)$ 通过传输函数为 $S(\omega)$ 网络所形成。$L(\omega)$ 为信道传输函数，$E(\omega)$ 为接收滤波器传输函数。根据奈奎斯特第一准则，式 (4.6) 中，$R(\omega)$ 应满足极限传输速率条件下的理想低通特性或者是其等效的升余弦滚降特性。接收滤波器的作用是限制带外噪声进入接收系统以提高判决点的信噪比，此外，$E(\omega)$ 还参与信号的波形形成，在考虑白噪声干扰时，为获得最大判决信噪比，对 $E(\omega)$ 的选择还应满足：

$$S(\omega) \cdot L(\omega) = E(\omega) \tag{4.7}$$

由式 (4.6) 和式 (4.7) 应有

$$S(\omega) \cdot L(\omega) = E(\omega) = \sqrt{R(\omega)} \tag{4.8}$$

式中，$R(\omega)$ 为所要求的等效升余弦滚降特性，在满足上述条件时可做到无符号间干扰，并在判决点处有最大的信噪比，但实际上由于综合形成特性很难做得十分理想，往往接收波形与理想波形有一定的失真，因此判决点的抽样值是有符号间干扰的。

4.2　PCM 信号的再生中继传输

4.2.1　信道特性和噪声

传输信道系统必不可少的组成部分，而信道中又不可避免地存在噪声干扰。因此 PCM 信号在信道中传输将受到衰减和噪声干扰的影响，随着信道长度的增加，接收信噪比将下降，误码增加，通信质量下降。因此，研究信道特性及噪声干扰特性是通信系统设计的重要问题。

信道是指信号的传输通道，目前通常有两种定义方法：

狭义信道：信号的传输媒介，其范围是从发送设备到接收设备之间的媒质，如架空明线、电缆、光导纤维以及传输电磁波的自由空间等。

广义信道：消息的传输媒介，除包括上述信号的传输媒介外，还包括信号的转换设备，如发送、接收设备，调制、解调设备等。

事实表明，通信效果的好坏在很大程度上依赖于信道的特性。如果把信道特性等效为一个传输网络，信号通过信道的传输可用图 4.12 所示模型表示。

该等效模型的数学表示式可写成

$$y(t) = x(t) * h(t) + n(t) \tag{4.9}$$

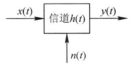

图 4.12　信道等效模型

式中，$y(t)$ 为信道输出信号；$x(t)$ 为信道输入信号；$n(t)$ 为信道引入的加性干扰噪声；$h(t)$ 为以冲激响应表示的信道特性；* 为卷积符号。

式 (4.9) 是求传输响应的一般表示式。如果信道特性 $h(t)$ 和噪声特性 $n(t)$ 是已知的，在给定某一发送信号条件下，就可以求得经过信道传输后的接收信号。从传输基本理论可知，传输线衰减频率特性的基本关系是与 $\sqrt{f}$ 成比例变化的，f 是指传输信号频率，也就是说，实际信道的衰减特性与频率有关。数字信号通过传输后不仅产生幅度衰减，还要引起相位畸变，其综合影响是脉冲幅度减小，脉冲底部展宽，产生拖尾，造成信号序列间的码间干扰，传输距离越长，波形失真将越严重。

由于输出信号 $y(t)$ 是输入信号 $x(t)$ 对信道冲激响应 $h(t)$ 的卷积,所以前些时刻已过去的脉冲的拖尾和下一时刻就要到来的脉冲波形的延伸都会叠加在本次抽样判决值上,对本次判决产生不利影响。

图 4.13 所示为一个脉宽为 $0.4~\mu s$,幅度为 1 的矩形脉冲通过不同长度的市话电缆后的波形示意图。这种数字传输波形的失真主要是反映在脉冲波形底部展宽,产生拖尾。从理论上讲,这一拖尾失真的产生就是带限传输对传输波形的影响。

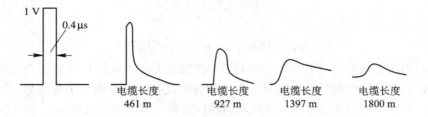

图 4.13　经电缆传输后脉冲波形失真示意图

上述拖尾失真将会造成信号序列的符号间干扰。一个双极性半占空数字脉冲序列及其经过电缆传输后的波形如图 4.14 所示。

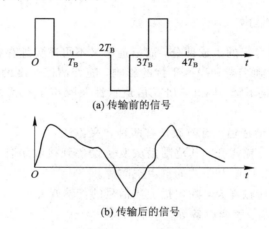

图 4.14　经电缆传输后数字序列波形

在同一电缆管中有许多线对同时传送信号,由于电磁感应,这些线对之间的信号会互相串扰。串音干扰对传输信号是一种相加性噪声,信号的高频成分越多,这种串扰越严重。因此在选择传输码型时应尽量减少高频成分。

在同轴电缆内的干扰主要是热噪声,它服从正态分布,也叫高斯噪声。热噪声的另一个重要特性是均匀分布的功率谱密度,通常称为白噪声。理论上的白噪声实际不存在,工程中的白噪声是指在有限频带内噪声功率谱密度是常量,在频带外噪声功率为零。这种噪声称为带限白噪声或带限高斯噪声。

可以想象,传输距离越长,波形失真越严重。当传输距离增加到某一长度时,接收到的信号将很难识别。为此,PCM 数字信号传输距离将受到限制,为了延长通信距离,在传输通路的适当距离应设置再生中继装置,使已失真的信号经过整形后再向更远的距离传送,这就是 PCM 信号的再生中继传输。

4.2.2　再生中继

PCM 数字信号在实际信道中以基带方式传输时，由于信道的不理想，以及噪声的干扰，传输波形受到衰减、失真以及各种干扰，使信码的幅度变小，波形变坏。随着传输距离的加长，这种影响也更加显著，当传输达到一定距离后，接收端就可能无法识别出收到的信码是"1"码还是"0"码，这样通信就失去了意义。为了延长通信距离，在信码传输中，如同模拟通信加增音站一样，也在沿线每隔一定的距离加入一个再生中继器，如图 4.15 所示。

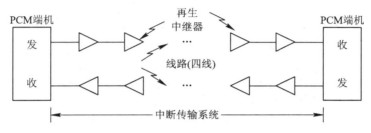

图 4.15　基带传输的再生中继系统

可见再生中继的目的是：经过一段距离后，当信道信噪比变得不太大时，及时识别判决以防止信道误码。只要不误判，经过再生中继后的输出脉冲，会完全恢复成和原来一样的标准脉冲波形。

再生中继器的结构方框图如图 4.16 所示，它由三个基本电路组成，即均衡放大、定时提取和判决再生，它的主要功能是：

（1）均衡放大：将接收的输入信号予以放大和均衡。均衡器就是前述的接收滤波器，它参与波形形成。

（2）定时提取：从接收到的信码流中提取时钟频率，得到和发送端同频同相的时钟，以获得再生判决电路的定时脉冲（简称再生时钟）。

（3）判决再生：对经过均衡放大的接收信号，进行抽样判决，并进行脉冲形成，形成与发送端一样形状的脉冲。

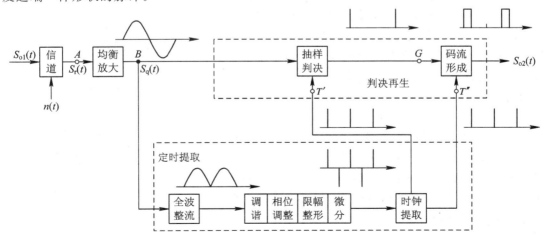

图 4.16　再生中继器结构方框图

在图 4.16 中，$S_{o1}(t)$ 是前一站的输出信号；$S_r(t)$ 为再生中继器中均衡放大的输入信号；$S_q(t)$ 为均衡放大的输出信号；T' 为判决时钟，确定生成波形的前沿时刻；T'' 为形成时钟，确定生成波形的后沿时刻。为了减少码间干扰的影响以形成准确的信号，采用以码元周期 T_B 为步长的特定时刻的抽样判决方式，因此需要有一个时钟提取电路用来提取码流中的时钟信号。前站来的信号经均衡放大后按 T' 时钟进行抽样。G 是判决电路的输出信号。当样值信号超过门限时，$G=1$，否则，$G=0$。T'' 相对于 T' 延迟了 $T_B/2$，用来形成占空比为 50% 的数字信号码。图 4.16 中各点的波形如图 4.17 所示。

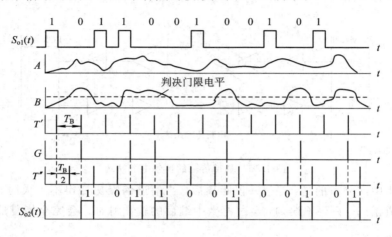

图 4.17   再生中继器各点对应波形

4.2.3   信号波形的均衡

1. 波形均衡的目的与要求

前已述及，数字信号经过具有理想低通特性或升余弦等效滚降特性的网络传输时，若信号序列速率与传输网络截止频率满足奈奎斯特第一准则时就可做到无符号间干扰的传输。但实际传输系统(包括均衡放大)并不一定能做到最佳，即系统的缺陷会使传输序列中相邻码元产生一定量的符号间干扰，如图 4.18 所示。

图 4.18(a) 为单个"1"符号的响应对相邻两侧的干扰；图 4.18(b) 是随机信号序列符号间干扰；图 4.18(c) 为示波器观测时在两个码元周期内不同传输符号扫描的叠加结果。由于其形状像人的"眼睛"所以称为眼图。

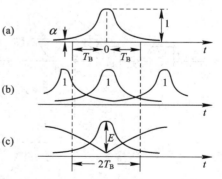

图 4.18   符号间干扰及眼图

由图 4.18 可以看出，由于符号间的干扰，使"1"码和"0"码的判决差值减小。由于"1"码相应延伸到两侧相邻码元判决时刻还有 α 值，若仅考虑左、右两侧紧邻码元对本码元的影响，左侧后延一个 α，右侧前伸一个 α，本码若为"0"时，此时已有 2α；本码若为"1"时，判决差值降为

$$E = 1 - 2\alpha \tag{4.10}$$

实际随机序列的多个码元间都有符号间干扰。波形均衡的目的就是要使钟形脉冲的拖尾尽快收敛，因此对均衡放大器的要求是：

（1）必须做到符号间干扰较小；

（2）能有较好的抗串话和抗干扰能力；

（3）均衡电路简单，容易实现。

综合以上三点，其中心思想是均衡电路在不太复杂、易于实现的条件下，在判决点处得到最佳信噪比 S/σ（S 指信号功率，σ 指包括串话、噪声和符号间干扰等各种干扰的均方和）。

2. 升余弦均衡与中继线路合成衰减特性

前面已经阐述，在不具备理想低通滤波器条件下，采用升余弦波形均衡法可以做到无符号间干扰，如图 4.19 所示。升余弦波（时域）的特点是波峰变化较慢，不会因为定时抖动而引起误判而造成误码，而且没有码间干扰，常为首选的一种均衡波形。

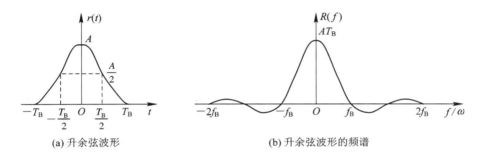

(a) 升余弦波形　　　　　　　　(b) 升余弦波形的频谱

图 4.19　升余弦波形及其频谱

升余弦波 $r(t)$ 可表示为

$$r(t) = \begin{cases} \dfrac{A}{2}\left(1 + \cos\dfrac{\pi t}{T_\mathrm{B}}\right), & |t| \leqslant T_\mathrm{B} \\ 0, & |t| > T_\mathrm{B} \end{cases} \tag{4.11}$$

其频谱 $R(\omega)$ 可表示为

$$R(\omega) = AT_\mathrm{B}\,\frac{\sin(\omega T_\mathrm{B})}{\omega T_\mathrm{B}} \cdot \frac{1}{1 - (2T_\mathrm{B}f)^2} \tag{4.12}$$

$R(\omega)$ 频谱特性如图 4.19(b) 所示。由于 $r(t)$ 仅限制在有限时间（$-T_\mathrm{B} \sim T_\mathrm{B}$）内，因此其频谱 $R(\omega)$ 的频带为无限宽，但当 $(2T_\mathrm{B}f)^2 \gg 1$ 时，$R(\omega)$ 频谱是以 $(1/f)^3$ 减少的，高频分量很小，且 $r(\pm T_\mathrm{B}) = 0$，因此有效地消除了码元符号间的干扰。由升余弦波形构成的无码元符号间干扰序列如图 4.20 所示。

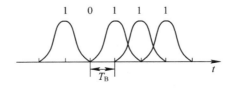

图 4.20　升余弦波形的无码元符号间干扰序列

根据图 4.16 所示再生中继器构成方框图可画出如图 4.21 所示的再生中继基带传输系统模型。

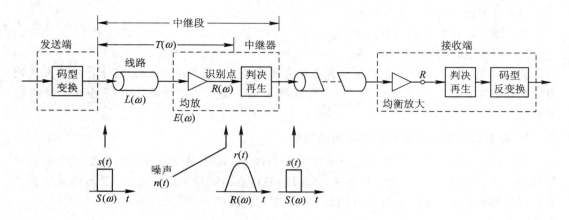

图 4.21　再生中继基带传输系统模型

图 4.21 中，假定发送信码单个脉冲 $s(t)$ 的占空比为 50％的矩形脉冲，识别点的均衡波形 $r(t)$ 是升余弦波形。根据信号分析理论，$s(t)$ 的频谱 $S(\omega)$ 为

$$S(\omega) = \frac{AT_B}{2} \cdot \frac{\sin\left(\omega\dfrac{T_B}{4}\right)}{\omega\dfrac{T_B}{4}} = AT_B \frac{\sin\left(\pi f\dfrac{T_B}{2}\right)}{\pi fT_B}$$

根据式(4.12)，可得图 4.21 中 $r(t)$ 的频谱 $R(\omega)$ 为

$$R(\omega) = CT_B \frac{\sin(2\pi fT_B)}{2\pi fT_B(1 - 4T_B^2 f^2)}$$

因此，由图 4.21 可得

$$T(\omega) = \frac{R(\omega)}{S(\omega)} = L(\omega) \cdot E(\omega) \tag{4.13}$$

式中，$T(\omega)$ 是从前一个中继器的输出端到下一个中继器输入端的识别点之间的总传递函数(这里是总传输衰减)。

将 $R(\omega)$、$S(\omega)$ 代入式(4.13)，经计算、化简后得

$$T(\omega) = \frac{2C[\cos(\pi fT_B)\,\cos(\pi fT_B/2)]}{A[1 - 4(T_B f)^2]} \tag{4.14}$$

为了使 $f \ll f_B$ 时的 $T(\omega)$ 趋近于 1，即总传输衰减趋近于零，显然应使 $2C/A = 1$，因此，总衰减 α_T 的频率响应为

$$\alpha_T = 20\lg\left|\frac{1}{T(\omega)}\right| = 20\lg\left|\frac{1}{L(\omega)}\right| + 20\lg\left|\frac{1}{E(\omega)}\right|$$

$$= 20\lg\left|\frac{1 - 4(f/f_B)^2}{\cos(\pi f/f_B)\,\cos(\pi f/2f_B)}\right| \tag{4.15}$$

图 4.22 是总衰减 α_T 与线路衰减随频率不同时的情况。图中曲线①为中继段长度等于 1.6 km、线径等于 0.7 mm 时的市话电缆的衰减特性。曲线②是总衰减 α_T 特性，其特点是，在大部分低频范围内的衰减为零，随着频率的升高，衰减逐渐增大，之后在几个频率处出现衰减峰。两个衰减特性之差，就是所要求的均放增益频率特性，如图中曲线③所示。

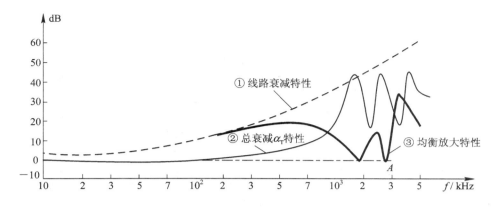

图 4.22　总衰减与线路衰减随频率不同时的情况

由上述分析可知，只要设计一个如曲线③所示频率特性的均衡放大器，那么在识别点处就能获得升余弦波形 $r(t)$，这样在识别点抽样判决时就不会有符号间干扰。但是仔细观察曲线③以后看出，要设计一个在高频范围内多次波动的均放特性，其电路是相当复杂的，实现起来是不容易的，同时其高频增益相当高，这不仅容易产生自激振荡，而且均放在高频部分增益太高，这样会使串话和干扰的影响增加，从而使判决点处的信噪比下降。从实现难易和信噪比这两点来考虑，在实际中多采用近似升余弦波形的有理函数均衡方案，限于篇幅这里不再赘述。

4.2.4　时钟提取

在再生中继器中采用抽样判决方式对信号进行检测时需要定时时钟，该时钟的周期应与 PCM 信号中的码元周期完全一样，并有固定的相位关系。因此，要从 PCM 码流中直接提取时钟信号，并使其相位关系对准已均衡后的信号的峰值时刻，以便获得最大判决信噪比。

在具体讨论时钟提取之前，先对码型作简要说明。在以前的讨论中，经常用到不归零码和单极性归零码。不归零码中无时钟信息，且含有直流分量；单极性归零码虽含有时钟信息，但也含有直流分量。这两种码型均不适于传输，所以在 PCM 信号进入信道之前，对它的码型要作变换。最常用的是一种双极性伪三进制码型，即双极性归零码。该码型由于脉冲极性交变，几乎没有直流分量，太高频率成分也很少，整流后可变为二进制单极性归零脉冲，含有丰富的时钟信息。有关码型的具体变换留在后面讨论，现在以伪三进制码序列为例来讨论时钟提取。

图 4.23 是发送的 PCM 序列为双极性归零码的时钟提取和形成的方框图。图中，PCM 信码（随机性）经过均放输出的波形具有升余弦特性且仍保留双极性特征，经过全波整流电路输出将前面的输出波形转换为单极性全波电流，再通过谐振电路将单极性全波电流中基波成分（最大分量）选出，即输出周期为 T_B 的正弦波形，再通过限幅电路将送入的正弦波切割为周期和码元周期 T_B 相同的方波信号，经过微分电路后得到两个周期均为 T_B 的尖脉冲信号，即抽样判决脉冲 CP，也可以看成两个相位相差 $T_B/2$ 的时钟信号。

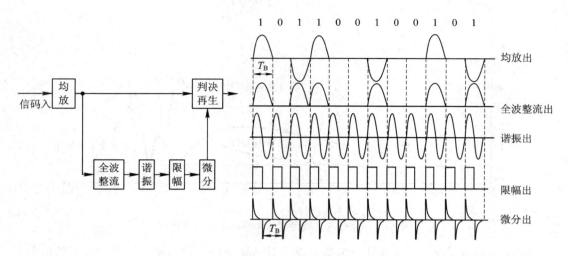

图 4.23 时钟提取、形成方块图及对应波形

4.2.5 判决再生

判决再生又称识别再生电路,其电路原理图如图 4.24 所示。识别是指从已经均衡好的均衡波形中识别出"1"码还是"0"码。当然在识别时要有一个依据,就是判决门限电平 V_d,通常取判决门限电平为均衡波形峰值的一半。

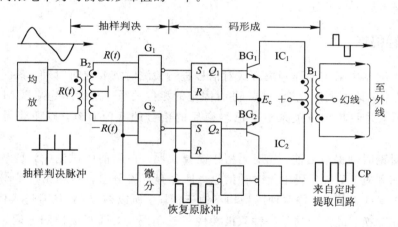

图 4.24 判决再生电路原理图

图 4.24 中,变压器 B_2 起到正、负脉冲的分离作用,B_2 输出波形如图 4.25 所示,识别门由与非门 G_1 和 G_2 构成,正、负信码分别由 G_1、G_2 来识别。识别门输出为负时才能触发 $\overline{SR}$ 触发器(负脉冲触发),因此可以认为识别门的两个输入端均为正值时才工作(即翻转),由于与非门(TTL 集成元件)具有门限值(开启电平),因此这一门限值可作为识别门的判决门限电平。

为达到抽样判决的目的,由时钟 CP 经微分得到抽样判决的窄脉冲,微分后的窄脉冲有正、负两种脉冲,即图 4.25 中复原脉冲前沿和后沿,可利用脉冲前沿进行识别,利用脉冲后沿对 $\overline{SR}$ 触发器复位,$\overline{SR}$ 触发器输出的 Q_1 和 Q_2 都是单极性码,经过单双变换电路变换成双极性半占空码,由变压器 B_1 输出。

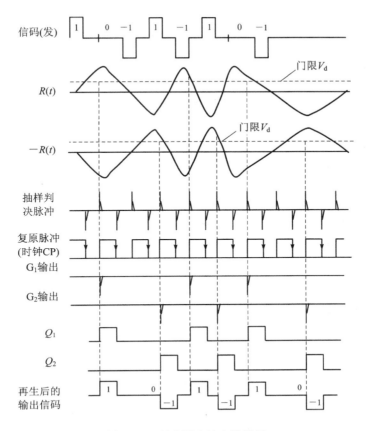

图 4.25　判决再生输出波形图

　　前面分析、介绍了由分立元器件组装的再生中继器,它的缺点是体积大,工作欠稳定,调测较困难。目前已经广泛利用集成化再生中继器芯片生产集成化再生中继器,其体积小,工作稳定,便于批量生产。

　　由图 4.25 可以看出,接收端判决规则为

$$\begin{cases} \pm R(t) > V_d, & \text{判为 1 码} \\ \pm R(t) < V_d, & \text{判为 0 码} \end{cases}$$

显然,根据判决规则将会出现以下几种情况:

对 1 码	当 $\pm R(t) > V_d$,判为 ± 1 码(判决正确)
	当 $\pm R(t) < V_d$,判为 0 码(判决错误)
对 0 码	当 $\pm R(t) < V_d$,判为 0 码(判决正确)
	当 $\pm R(t) > V_d$,判为 ± 1 码(判决错误)

　　可见,在二进制基带信号传输过程中,若噪声的干扰使得接收信号 $R(t)$ 变形严重时,会导致判决再生出现误判,造成误码,影响中继传输性能,其分析在 4.3 节中阐述。

4.3　中继传输性能的分析

　　数字信号传输系统中反映传输质量的指标是误码率和时钟抖动,这两者是由数字信号

传输时信道特性不理想以及信道中噪声干扰造成的。关于信道特性已在前面讨论过，这里要讨论的是信道噪声和干扰特性及其传输性能的影响。

4.3.1　信道噪声及干扰

电缆信道中的传输噪声和干扰主要有两方面：一是信道噪声；二是电缆线对间的相互串扰(串音干扰)。

信道噪声指的是对物理系统中的信号传输与处理起扰乱作用，而又不能完全控制的一种客观存在的不需要的波形。实际上，噪声源分为系统内部的与系统外部的两大类。系统外部的噪声如大气噪声、天电干扰及人为噪声等，这一类噪声随机性很强，强度也大，又称脉冲噪声，很难以某一统计规律来描述。系统内部的噪声是电路系统中的电流或电压的起伏所产生的，最常见的起伏噪声是散粒噪声与热噪声，又称随机噪声。

散粒噪声是由器件电流的离散性引起的，如半导体器件中的电子发射频率的变化等都可引起这种噪声。热噪声是指导体中电子的随机运动所产生的一种电噪声。这两种噪声的特点是时间上分布较平稳，频谱也较均匀。这两种噪声都是传输系统内部噪声，可以用统计特性来描述，它的幅度分布特性是均值为零的高斯分布(或叫正态分布)，其数学表示式为

$$P(u) = \frac{1}{\sqrt{2\pi} \cdot \sigma} \cdot e^{-\frac{u^2}{2\sigma^2}} \qquad (4.16)$$

式中，σ 为噪声均方值，它表示噪声的功率；$P(u)$ 是噪声幅度概率分布，其分布曲线如图4.26(a)所示。

热噪声的另一个重要特性是它具有均匀分布的功率谱密度，及噪声的功率谱密度是一个与频率无关的常量，因此这种噪声通常称为白噪声，"白"的含义是比拟白色光中光谱是均匀的。工程中，白噪声的概念是指有限的白噪声，它的功率谱分布是在某一频率区间$(-f_0 \sim f_0)$是常量，而其余区间为零。这种噪声称为带限噪声或带限高斯噪声，其功率谱密度特性如图4.26(b)所示。

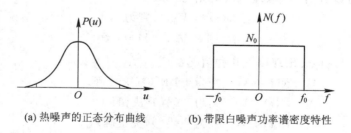

(a) 热噪声的正态分布曲线　　　(b) 带限白噪声功率谱密度特性

图4.26　噪声特性

电缆信道中引起信号传输损害的另一主要因素是由于电磁感应耦合引起线对之间信号的相互串扰，这叫串音干扰。在同一电缆管内多线对之间的串音干扰示意图如图4.27所示。线对间的串音分近端串音(NCT)和远端串音(FCT)。近端串音表示本系统或邻系统的发送端感应到本系统本侧接收端的干扰；远端串音表示邻系统对侧发送端对本系统本侧接收端的干扰。串音干扰与电缆质量、线对间位置以及信号频率有关。

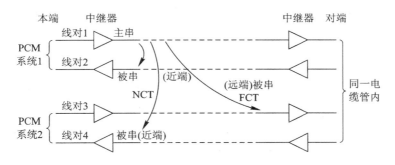

图 4.27 电缆线对间串音干扰示意图

如果考虑串音源较多，并近似认为多个串音源都是互相统计独立的，则按中心极限定理可以推知，串音干扰也可近似认为是符合正态分布的。

4.3.2 误码率及误码率的累积

PCM 系统中的误码（"1"码误判为"0"码或"0"码误判为"1"码）主要发生在传输信道（包括中继器）中。产生误码的原因是多方面的，例如噪声、串音以及码间干扰等，当总干扰幅度超过再生判决门限电平，将会产生误判而误码。这些误码被解码后形成"喀呖"噪声，因此对信道必须提出误码率方面的要求。

1. 误码率 P_e

产生误码的原因是多方面的，现仅考虑由噪声所形成的误码，以便求出信道误码率的理论界限值。

为了分析方便，假设接收的单极性码是矩形脉冲，其幅度为 A，判决门电平为 $A/2$；随机噪声叠加在信码脉冲上，如图 4.28(a)所示。从图中可见，在判决时刻，当噪声电压小于 $A/2$ 时，将使"1"码误判为"0"码，即产生漏码；当噪声电压大于 $A/2$ 时，将使"0"码误判为"1"码，即产生增码。

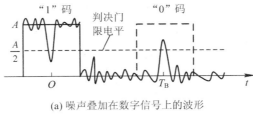

(a) 噪声叠加在数字信号上的波形

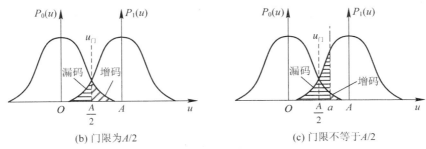

(b) 门限为 $A/2$ (c) 门限不等于 $A/2$

图 4.28 单极性码误码情况

误码率除与接收脉冲幅度 A 有关外，还与热噪声的概率密度 $p(u)$ 有关。

经过计算后单极性码的 P_e 为

$$P_e \cong \sqrt{\frac{2}{\pi}} \left(\frac{\sigma}{A}\right) e^{-\frac{1}{8}\left(\frac{A}{\sigma}\right)^2} \qquad 单极性码(A/\sigma \gg 1) \tag{4.17}$$

由上式可知：误码率与信噪比 A/σ 有关，如图 4.29 所示，从图中可看出信噪比 (A/σ)dB 越大，则误码率 P_e 也越小，当 P_e 较小时，信噪比对误码率的影响也越灵敏。

双极性码实际上是一种伪三进码（+1，0，−1），其中传号码"1"码的峰值是交替采用 A、$-A$ 值，"0"码则取零值。经过计算后双极性码的误码率 P_e 为

$$P_e(双极性) \approx \frac{3}{2}\sqrt{\frac{2}{\pi}}\left(\frac{\sigma}{A}\right)e^{-\frac{1}{8}\left(\frac{A}{\sigma}\right)^2} = \frac{3}{2}P_e(单极性) \tag{4.18}$$

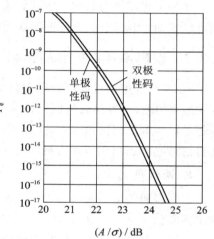

因为随机噪声电压的正、负值都可能使"0"码误成"+1"码或"−1"码，使双极性码的增码机会多，因此双极性码的误码率为单极性码的 1.5 倍，致使双极性码抗噪声能力稍差。但在相同的 P_e 条件下，两种码型所要求的信噪比（A/σ）却相差极微，如图 4.29 所示，因此考虑到双极性码的其他优点而仍然被广泛采用。

在实际的再生中继系统中，除了信道热噪声外，还存在其他因素使误码率变坏，如码间干扰、抖动等，因此实际的误码率比理想再生中继时要大得多，所以说式（4.18）的误码率是信道误码率的理论界限值。

图 4.29　理想再生中继系统的 P_e 与 A/σ 的关系

2. 误码率的累积

在实际通信系统中，两个端机之间有许多个再生中继器，每一段中继线路都有发生误码的可能，这些误码会累积起来。因此，对于系统设计者而言，最关心的是总误码率。对 PCM 通信系统来说，要求总的误码率 $P_m < 10^{-6}$。因此，要根据对总误码率 P_m 的要求来确定各中继段误码率指标的分配。

PCM 传输链路已在图 4.15 中绘出，是双向的，但就传输质量而言，特别是误码率的积累只需考虑单向，其传输链路示意图如图 4.30 所示。

图 4.30　PCM 传输链路示意图

如果每个中继站的误码率为 P_e，而且各中继站误码率之间相互独立，两终端之间的中继站数目为 m 个，则总误码率为

$$P_m = mP_e \tag{4.19}$$

即传输链路的总误码率是按再生中继站数目成线性关系累积的。

例如，PCM 通信系统要求总误码率 $P_m \leqslant 10^{-6}$，中继站数目 $m=100$，则每站的误码率

P_e 不得超过 10^{-8}。

3. 信道误码对 PCM 信号解调信噪比的影响

PCM 信号的一个码组表示模拟信号的一个样值，每一位码对应一定的量化级数，所以码组中若有一个码位发生误码，就会使代表值的量发生错误，产生样值失真。这种失真会引起误码噪声。由于这种误码是随机的，造成的误差可正可负，因此应以均方误差也就是噪声功率 σ_e^2 来估算。

1) 线性编码时误码噪声功率的估算

若量化电平级为 Δ，码序为 $B_{l-1}B_{l-2}\cdots B_0$，相应的码位、权值如表 4.1 所示。

表 4.1　码序及相应的码位、权值

码序	B_{l-1}	B_{l-2}	B_{l-3}	$\cdots$	B_{l-i}	$\cdots$	B_1	B_0
码位	l	$l-1$	$l-2$	$\cdots$	$l-i$	$\cdots$	2	1
权值	2^{l-1}	2^{l-2}	2^{l-3}	$\cdots$	2^{l-i}	$\cdots$	2^1	2^0

由表 4.1 可知，最大权值的误码所产生的误差最大，为 $2^{l-1}\Delta$，最小权值码位误码所产生的误差最小，为 Δ。设每个出错码组中只有一位误码，码元误码概率为 P_e，由不同码位所产生的最大均方误差为

$$\sigma_e^2 = \left[(2^{l-1})^2 + (2^{l-2})^2 + \cdots + (2^2)^2 + 2^2 + 1\right]\Delta^2 P_e$$
$$= \left[4^{l-1} + 4^{l-2} + \cdots + 4^2 + 4 + 1\right]\Delta^2 P_e$$
$$= \frac{4^l - 1}{3}\Delta^2 P_e \tag{4.20}$$

因 $4^l \gg 1$，故

$$\sigma_e^2 = \frac{4^l}{3}\Delta^2 P_e \tag{4.21}$$

由于 $\Delta = 2U/2^l$，代入式(4.21)可得

$$\sigma_e^2 = \frac{4}{3}P_e U^2 \tag{4.22}$$

2) 非线性编码情况下误码噪声功率的估算

对非线性编码而言，各码为"1"、"0"出现的概率基本相同，各码位的误码概率彼此相等，且互相独立。由于按 13 折线律非线性编码，不同的码位分别代表不同的含义：第 1 位码 a_1 为极性码，第 2～4 位 $a_2 a_3 a_4$ 表示段落码，第 5～8 位 $a_5 a_6 a_7 a_8$ 为电平码（段内码）。

假设只考虑有一位误码的情况：设 σ_p^2 为极性误码所造成的噪声功率，σ_s^2 为段落误码所造成的噪声功率，σ_l^2 为电平(线性码)误码所造成的噪声功率，则误码噪声功率为

$$\sigma_e^2 = \sigma_p^2 + \sigma_s^2 + \sigma_l^2 \tag{4.23}$$

分别求出 σ_p^2、σ_s^2、σ_l^2 后即可求出 σ_e^2。经计算其结果分别为

$$\sigma_p^2 \approx 1.57 \times 10^6 P_e \Delta^2$$
$$\sigma_s^2 \approx 1.26 \times 10^6 P_e \Delta^2$$
$$\sigma_l^2 \approx 0.06 \times 10^6 P_e \Delta^2$$

故

$$\sigma_e^2 = \sigma_p^2 + \sigma_s^2 + \sigma_l^2 \approx 2.89 P_e \Delta^2 \tag{4.24}$$

对于 A 律 13 折线编码，$\Delta = U/2048$，代入式(4.24)可得

$$\sigma_e^2 = 0.69 P_e U^2 \tag{4.25}$$

比较式(4.25)和式(4.22)，A 律 13 折线编码的信道误码噪声比采用线性编码的信道误码噪声小 1.94 倍，即噪声电平要低 2.88 dB。

由于信道误码引起的误码噪声加在量化噪声功率上，使总的噪声功率增大，信噪比变差。要削弱这种不良影响，减小信道误码率 P_e 和适当控制信号的临界电平 U 至关重要。

4.3.3　相位抖动

PCM 信号的脉冲码流经过信道传输，各中继站和终端站接收的脉冲在时间上不再是等间隔的，而是随时间变动的，这种现象称为相位抖动，又称定时抖动。如图 4.31(a)所示，相位抖动不仅使再生判决时刻的时钟偏离信号的最大值而产生误码，同时由于解码后的 PAM 信号脉冲发生相位抖动，使重建后的信号产生失真，如图 4.31(b)和图 4.31(c)所示。图 4.31(a)中的抖动函数 $j(t)$ 的绘制方法：在 $j(t)$ 的 t 轴上对准发送端时钟的前沿按 nT 取点，该点的函数值就是相应接收端时钟脉冲对于发送端时钟脉冲的偏移量。

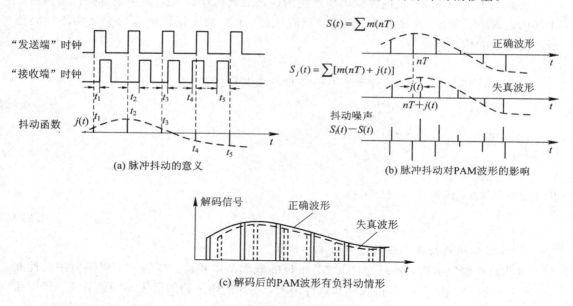

(a) 脉冲抖动的意义

(b) 脉冲抖动对PAM波形的影响

(c) 解码后的PAM波形有负抖动情形

图 4.31　脉冲的相位抖动

抖动的大小可以用相位弧度、时间或者比特来表示。一个比特周期的抖动称为 1 比特抖动，常用"100%UI"表示，UI 即"单位间隔"。100%UI 也相当于 2π 弧度或 360°。对于数码率为 f_b 的信号，100%UI 也相当于 $1/f_b$ 秒。

1. 引起抖动的原因

引起抖动的原因：热噪声和冲击噪声、时钟提取调谐电路的失谐、符号间干扰及符号组合图案的变化等，这些因素的影响对于一个中继器来说是不大的，但当多个中继器链接时这些抖动因素会有累积作用，致使对整个系统的传输性能产生不良影响。

2. 抖动的累积特性

对于有多个中继站的中继链路而言，抖动产生的不良影响是不可忽视的。这种影响的大小随抖动性质不同而异。热噪声和冲击噪声引起的抖动对各中继站而言是相互独立互不相关的，称为非系统抖动；由符号图案的变化引起的抖动在多个站中有一定的相关性，称为系统性抖动。

因为非系统抖动是由白噪声源引起的，人们已通过分析得知，白噪声引起的抖动噪声功率按 $N^{1/2}$ 关系累加，其中 N 为中继站个数。

因为系统抖动是由符号组合图案的变化引起的，在中继站链路中的各中继系统中总是以相同的倾向有规律地产生，所以其积累效果显著，因此称为系统性抖动。理论分析表明：系统性抖动引起的抖动噪声功率按站数 N 累加。由于定时调谐电路对于抖动的传输函数等效于单一极点的低通滤波器，能抑制高频抖动，但对低频抖动就无能为力了。所以影响严重的是低频抖动，最坏情况是发生在低速度转换重复图案的情况。

4.4　基带传输的常用码型

4.4.1　数字基带信号的码型设计原则

如前所示，数字基带信号是数字信息的电脉冲表示，不同形式的数字基带信号（又称为码型）具有不同的频谱结构，合理地设计数字基带信号以使数字信息变换为适合于给定信道传输特性的频谱结构，是基带传输首先要考虑的问题。通常又把数字信息的电脉冲表示过程称为码型变换，在有线信道中传输的数字基带信号又称为线路传输码型。

事实上，在数字设备内部用导线连接起来的各器件之间就是用一些最简单的数字基带信号来传送定时和信息的。这些最简单的数字基带信号的频谱中含有丰富的低频分量乃至直流分量。由于传输距离很近，高频分量衰减也不大；但是数字设备之间长距离有线传输时，高频分量衰减随距离的增加而增大，同时信道中往往还存在隔直流电容或耦合变压器，因而传输频带的高频和低频部分均受限。此时必须考虑码型选择问题。

归纳起来，在设计数字基带信号码型时应考虑以下原则：

（1）对于传输频带低端受限的信道，一般来讲，线路传输码型的频谱中应不含直流分量。

（2）码型变换（或叫码型编译码）过程应对任何信源具有透明性，即与信源的统计特性无关。所谓信源的统计特性，是指信源产生各种数字信息的概率分布。

编、译码过程的透明性通常不难做到，但应注意线路传输码型的频谱与信源的统计特性有关。

（3）便于从基带信号中提取位定时信息。在基带传输系统中，位定时信息是接收端再生原始信息所必需的。在某些应用中，位定时信息可以用单独的信道与基带信号同时传输，但在远距离传输系统中这常常是不经济的。因而需要从基带信号中提取位定时信息，这就要求基带信号经简单的非线性变换后能产生位定时线谱。

（4）便于实时监测传输系统信号传输质量，即应能监测出基带信号码流中错误的信号状态。这就要求基带传输信号具有内在检错能力，对于基带传输的维护与使用，这一能力是有实际意义的。

（5）对于某些基带传输码型，信道中产生的单个误码会扰乱一段译码过程，从而导致译码输出信息中出现多个错误，这种现象称为误码扩散（或误码增殖）。显然，我们希望误码增殖越少越好。

（6）当采用分组形式的传输码型时，在接收端不但要从基带信号中提取位定时信息，而且要恢复出分组同步信息，以便将收到的信号正确地划分成固定长度的码组。

（7）尽量减少基带信号频谱中的高频分量。这样可以节省传输频带，提高信道的频谱利用率，还可以减小串扰。串扰是指同一电缆内不同线对之间的相互干扰，基带信号的高频分量越大，则对邻近线对产生的干扰就越严重。

（8）编、译码设备应尽量简单。

上述各项原则并不是任何基带传输码型均能完全满足，往往是依照实际要求满足其中的若干项。

4.4.2　常用的几种码型

满足或部分满足以上特性的传输码型种类繁多，这里只介绍目前常见的几种。

1. AMI 码

AMI 码的全称是传号交替反转码。这是一种在归零码（RZ）的基础上将消息代码 0（空号）和 1（传号）按如下规则进行编码的码：代码中的 0 仍变换为传输码的 0，而把代码中的 1 交替地变换为传输码的 +1，-1，+1，-1，… 例如：

消息代码：　100　　　1　　　1000　　　1　　　1　　　1…

AMI 码：　+100　　-1　　+1000　　-1　　+1　　-1…

由于 AMI 码的传号交替反转，故由它决定的基带信号将出现正、负脉冲交替，而 0 电位保持不变的规律。由此看出，这种基带信号无直流成分，且只有很小的低频成分，因而它特别适宜在不允许这些成分通过的信道中传输。

由 AMI 码的编码规则看出，它已从一个二进制符号序列变成了一个三进制符号序列，而且也是一个二进制符号变换成一个三进制符号。我们把一个二进制符号变换成一个三进制所构成的码称为 1B1T 码型。

AMI 码除有上述特点外，还有编、译码电路简单及便于观察误码情况等优点，它是一种基本的线路码，并得到了广泛采用。

但是，AMI 码有一个重要缺点，即当它用来获取定时信息时，由于它可能出现长的连 0 串，因而会造成提取定时信号困难。

2. HDB$_3$ 码

为了保持 AMI 码的优点而克服其缺点，人们提出了许多种类的改进 AMI 码，HDB$_3$ 码就是其中有代表性的码。

HDB$_3$ 码的全称是三阶高密度双极性码。它的编码原理：先把消息代码变换成 AMI 码，然后去检查 AMI 码的连 0 串情况，当没有 4 个以上连 0 串时，则这时的 AMI 码就是 HDB$_3$ 码；当出现 4 个以上连 0 串时，则将每 4 个连 0 小段的第 4 个 0 变换成与其前一非 0 符号（+1 或 -1）同极性的符号。显然，这样做可能破坏"极性交替反转"的规律，这个符号就称为破坏符号，用 V 符号表示（即 +1 记为 +V，-1 记为 -V）。为使附加 V 符号后的序列不破坏"极性交替反转"造成的无直流特性，还必须保证相邻 V 符号也应极性交替。这一点，当相邻 V 符号之间有奇数个非 0 符号时，则是能得到保证的；当有偶数个非 0 符号时，则就得不到保证，这时再将该小段的第 1 个 0 变换成 +B 或 -B，B 符号的极性与前一非 0 符号的相反，并让后面的非 0 符号从 V 符号开始再交替变化。例如：

代码：　　　　1000　　　0　　　1000　　　0　　1　　1　　000　　　0　　1　　1

AMI 码：　　-1000　　　0　　+1000　　　0　　-1　+1　　000　　　0　　-1　+1

HDB$_3$ 码：-1000　　-V　　+1000　　+V　　-1　+1　-B00　-V　+1　-1

虽然 HDB$_3$ 码的编码规则比较复杂，但译码却比较简单。从上述原理看出，每一个破坏符号 V 总是与前一非 0 符号同极性（包括 B 在内）。这就是说，从收到的符号序列中可以很容易地找到破坏点 V，于是也断定 V 符号及其前面的 3 个符号必是连 0 符号，从而恢复 4 个连 0 码，再将所有 -1 变成 +1 后便得到原消息代码。

归纳：HDB$_3$ 码的编码规则是在 AMI 码的基础上，对 4 个连 0 码根据上述情况采用 000V 或 B00V 两种取代节替换，两种取代节选取原则是使任意两个相邻 V 脉冲间的 B 脉冲数目为奇数（可利用此性质作线路差错的宏观检测）。为了在接收端识别出取代节，人为地在取代节中设置"破坏点"，在这些"破坏点"处传号的极性交替规律受到破坏（V 为破坏点）。相邻 V 脉冲和 B 脉冲都符合极性交替的规则，因此无直流分量，解决了 AMI 码遇连 0 串不能提取定时信号的问题。图 4.32 给出某二进制信号转换为 AMI 码和 HDB$_3$ 码的波形。

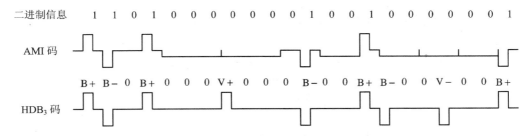

图 4.32　AMI 和 HDB$_3$ 码波形

HDB$_3$ 码的特点是明显的，它除了保持 AMI 码的优点外，还增加了使连 0 串减少到至多 3 个的优点，而不管信息源的统计特性如何，这对于定时信号的恢复是十分有利的。HDB$_3$ 码是 ITU - T 推荐使用码之一。

3. Manchester 码

Manchester 码又称双相码。它是对每个二进制代码利用两个具有不同相位的二进制新码去取代的码。其编码规则之一是：

$$0 \rightarrow 01（零相位的一个周期的方波）$$

$$1 \rightarrow 10（\pi \text{ 相位的一个周期的方波}）$$

例如：

代码：　　1　1　0　0　1　0　1

双相码：10　10　01　01　10　01　10

双相码的特点是只使用两个电平，而不像前面的三种码具有三个电平（伪三元码）。这种码既能提供足够的定时分量，又无直流漂移，编码过程简单，但这种码的带宽要宽些（与前面的码相比）。

4. 密勒码

密勒（Millier）码又称延迟调制码，它可看成是双相码的一种变形。其编码规则如下。"1"码用码元持续时间中心出现跃变来表示，即用"10"或"01"表示。"0"码分两种情况处理：对于单个"0"时，在码元持续时间内不出现电平跃变，且与相邻码元的边界处也不跃变；对于连"0"时，在两个"0"码的边界处出现电平，即"00"与"11"交替。为了便于理解，图4.33(a)和图4.33(b)示出了代码序列为11010010时，双相码和密勒码的波形。图4.33(a)是双相码的波形，图4.33(b)为密勒码的波形。由图4.33(b)可见，若两个"1"码中间有一个"0"码，密勒码流中出现最大宽度为$2T_B$的波形，即两个码元周期，这一性质可用来进行误码检测。

比较图4.33中的(a)和(b)两个波形可以看出，双相码的下降沿正好对应于密勒码的跃变沿。因此，用双相码的下降沿去触发双稳电路，即可输出密勒码。密勒码最初用于气象卫星和磁记录，现在也用于低速基带数传机中。

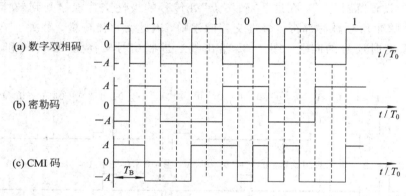

图4.33 双相码、密勒码及CMI码的波形

5. CMI 码

CMI码是传号反转码的简称，其编码规则："1"码交替用"11"和"00"表示；"0"码用"01"表示。其波形图如图4.33(c)所示。这种码型有较多的电平跃变，因此含有丰富的定时信息，该码已被ITU－T推荐为PCM四次群的接口码型，在光缆传输系统中有时也用作线路传输码型。

6. nBmB 码

这是一类分组码，它把原始信息码流的n位二进制码作为一组，变换为m位二进制码作为新的码组。由于$m>n$，新码组可能有2^m种组合，故多出(2^m-2^n)种组合，其余为禁用码组，以获得好的特性。前面介绍的双相码、密勒码和CMI码都可看做是1B2B码。

在光纤数字传输系统中，通常选择$m=n+1$，取1B2B码、2B3B码以及5B6B码等，其中，5B6B码型已实用化，用作三次群和四次群的线路传输码型。

4.5　扰　码　与　解　扰

在前面已指出，减少连"0"码以保证位定时恢复质量是数字基带信号传输中的一个重要问题。将二进制数字信息先作"随机化"处理，变为伪随机序列，也能限制连"0"码的长度。这种"随机化"处理常称为"扰码"。

从更广泛的意义上说，扰码能使数字传输系统(无论是基带或频带传输)对各种数字信息具有透明性。这不但因为扰码能改善位定时恢复的质量，而且还因为它能使信号频谱弥散而保持稳恒，能改善帧同步和自适应时域等子系统的性能。

扰码虽然"扰乱"了数字信息的原有形式，但这种"扰乱"是人为的、规律的，因而也是可以解除的。在接收端解除这种"扰码"的过程称为"解扰"。完成"扰码"和"解扰"的电路相应地称为扰码器和解扰器。

在实际应用中，通常是用一个长周期的伪随机序列叠加在输入的信源数字序列上，使信道传输的信码随机化，而且希望叠加序列的周期越长越好。常用的伪随机序列为 m 序列。

4.5.1　m 序列的产生

m 序列是最常用的一种伪随机序列。它是最长线性反馈移位寄存器序列的简称。正如它的全名所表达的那样，m 序列是由带线性反馈的移位寄存器产生的序列，并且具有最长周期。

带线性反馈逻辑的移位设定各级寄存器的初始状态后，在时钟触发下，每次移位后各级寄存器状态会发生变化。观察其中一级寄存器(通常为末级)的输出，随着移位时钟节拍的推移会产生一个序列，称为移位寄存器序列。可以发现，移位寄存器序列是一种周期序列，其周期不但与移位寄存器的级数有关，而且与线性反馈逻辑有关。在相同级数情况下，采用不同的线性反馈逻辑所得到的周期长度不同。此外，周期还与移位寄存器的状态有关。

这里，仅通过实例说明上述结论，而避免运用太多的数学理论去作严格论述。以图 4.34 所示的 4 级移位寄存器为例，图中线性反馈逻辑遵从如下递归关系式：

$$a_4 = a_1 \oplus a_0 \tag{4.26}$$

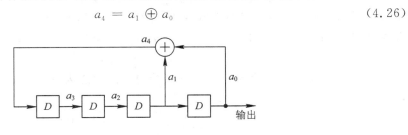

图 4.34　遵从式(4.26)的 4 级 m 序列发生器

将第 3 级与第 4 级输出的模 2 和运算结果反馈到第 1 级去。所谓的模 2 和，是指数字逻辑电路中遵循二进制的加法规则；若遵循四进制的加法规则就称模 4 加或模 4 和；可依次类推。假设这 4 级移位寄存器的初始状态为 0001，即第 4 级为"1"，其余 3 级均为"0"状态,那么随着移位时钟节拍,这个移位寄存器各级相继出现的状态如表 4.2 所示。

表 4.2　m 序列发生器状态转移举例

移位脉冲节拍	第 4 级 a_0	第 3 级 a_1	第 2 级 a_2	第 1 级 a_3	反馈值 $a_4 = a_1 \oplus a_0$
0	1	0	0	0	1
1	0	0	0	1	0
2	0	0	1	0	0
3	0	1	0	0	1
4	1	0	0	1	1
5	0	0	1	1	0
6	0	1	1	0	1
7	1	1	0	1	0
8	0	1	1	1	1
9	1	1	1	1	0
10	1	1	1	1	0
11	1	1	1	1	0
12	1	1	1	0	0
13	1	1	0	0	0
14	1	0	0	0	0
15	1	0	0	0	1

　　由表可知,在第 15 个时钟节拍时,移位寄存器的状态与第 0 个状态(即初始状态)相同,因而从第 16 节拍开始必定重复第 1～15 节拍的过程。这说明该移位寄存器的状态具有周期性,其周期长度为 15。如果从末级输出,便可得到如下线性反馈移位寄存器序列:

$$\{a_{n-4} = \underbrace{100010011010111}_{\text{周期}=15}1000100110101111\}$$

4 级移位寄存器共有 $2^4 = 16$ 种可能出现的不同状态。上述序列中出现了除全 0(0000)以外的所有状态,因此是可能得到的最长周期的序列。事实上,全 0 状态在生产线性反馈移位寄存器序列时是禁止出现的,一旦出现全 0 状态,则以后的序列将恒为 0,由式(4.26)所表达的线性反馈逻辑关系式不难看出这一点。因此上述移位寄存器的初始状态只要不是全 0,就能得到周期长度为 15 的序列;而且由表 4.2 可知,从任何一级寄存器所得到的序列都是周期为 15 的序列。末级以外的其他序列都是表 4.2 中所示末级输出序列向前或向后移若干节拍后的结果,这些序列都称为线性反馈移位寄存器序列,而且是最长线性反馈移位寄存器序列。将图 4.34 中的线性反馈逻辑改为

$$a_4 = a_2 \oplus a_0$$

如图 4.35 所示,如果仍令 4 级移位寄存器的初始状态为 0001,根据同样原理可得末级输出序列为

$$\underbrace{1 0 0 0 1 0}_{\text{周期}=6}1 0 0 0 1 0 1 0 0 0 1 0$$

其周期为 6。如果将初始状态改为 1111 或 1011,则可得到另外两个完全不同的序列:

初始状态为 1111 时　　111100 111100 …

初始状态为 1011 时　　110 110 110 110 …

它们的周期分别为 6 和 3。

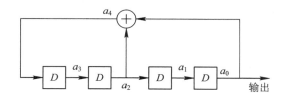

图 4.35　另一种反馈逻辑的 4 级移位寄存器序列

上述例子说明线性反馈移位寄存器序列的周期不但与线性反馈逻辑有关，而且与初始状态有关。但在产生最长线性反馈移位寄存器序列时，初始状态并不影响序列的周期长度，关键在于得到合适的线性反馈逻辑。

一般情况下，n 级线性反馈移位寄存器如图 4.36 所示。图中 $C_i(i=0,1,\cdots,n)$ 表示反馈线的连接状态，$C_i=1$ 表示连接线通，第 $n-i$ 级输出加入反馈中；$C_i=0$ 表示连接线断开，第 $n-i$ 级输出末级参加反馈。因此，一般形式的线性反馈逻辑表达式为

$$a_n = C_1 a_{n-1} \oplus C_2 a_{n-2} \oplus C_3 a_{n-3} \oplus \cdots \oplus C_n a_0 = \sum_{i=1}^{n} C_i a_{n-i}(\text{模 } 2 \text{ 加}) \qquad (4.27)$$

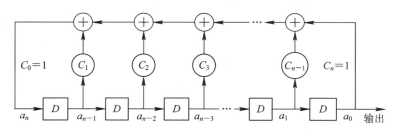

图 4.36　n 级线性反馈移位寄存器

式(4.27)称为递推方程，它给出了移位输入 a_n 与移位前各级状态的关系。将等式左边的 a_n 移至右边，并将 $a_n=C_0 a_n(C_0=1)$ 代入上式，则上式可改写为

$$0 = \sum_{i=0}^{n} C_i a_{n-i} \qquad (4.28)$$

通常定义一个与上式相对应的多项式：

$$f(x) = \sum_{i=0}^{n} C_i x^i \qquad (4.29)$$

并称之为线性反馈移位寄存器的特征多项式。式(4.29)中，x^i 仅指明其系数(1 或 0)代表 C_i 的值，x 本身的取值并无实际意义，也不需要去计算 x 的值，例如，特征多项式为 $f(x)=1+x+x^4$，则它仅表示 x^0、x^1 和 x^4 的系数 $C_0=C_1=C_4=1$，其余的 C_i 为零($C_2=C_3=0$)。理论分析表明，特征多项式与输出序列的周期有密切关系，即一个产生最长线性反馈移位寄存器序列(即 m 序列)的 n 级移位寄存器，其特征多项式必须是 n 次的本原多项式。

一个 n 次多项式 $f(x)$ 若满足下列条件，则称为本原多项式：

(1) $f(x)$ 是既约的，即不能再分解因式；

(2) $f(x)$ 可整除 x^m+1，这里 $m=2^n-1$；

(3) $f(x)$ 不能整除 x^q+1，这里 $q<m$。

仍以前面提到的 4 级移位寄存器为例。4 级移位寄存器所能产生的 m 序列其周期为

$m=2^4-1=15$，其特征多项式 $f(x)$ 应能整除 $x^{15}+1$。因而可以将 $x^{15}+1$ 进行因式分解，从因式中寻找 $f(x)$。

$$x^{15}+1 = (x^4+x+1)(x^4+x^3+1)(x^4+x^3+x^2+x+1)(x^2+x+1)(x+1)$$

$f(x)$ 不仅是 $x^{15}+1$ 的因式，而且还应该是一个 $n=4$ 次本原多项式。根据本原多项式定义可以找到 x^4+x+1 及 x^4+x^3+1 是本原多项式；而 $x^4+x^3+x^2+x+1$ 不是本原多项式，因为 $(x^4+x^3+x^2+x+1)(x+1)=x^5+1$，即它能整除 x^5+1。这里所谓的乘法和除法都是"模 2 和"意义上的乘法和除法。这里的两个本原多项式都可以作为特征多项式构成 4 级线性反馈移位寄存器，从而产生 m 序列。图 4.34 所示的移位寄存器就是用 x^4+x^3+1 作为特征多项式而构成的。注意，由于本原多项式的逆多项式也是本原多项式，如 (x^4+x+1) 与 (x^4+x^3+1) 为互逆多项式，即 10011 与 11001 互为逆码。

由上述可知，只要找到本原多项式，就能由它构成 m 序列发生器。但是寻找本原多项式并不是很简单的，经过前人大量的计算，已将计算得到本原多项式列成表。表 4.3 中给出其中部分结果，每个 n 只给出一个本原多项式，由于本原多项式的逆多项式也是本原多项式，表 4.3 中每一个本原多项式可以组成互为逆码的两种 m 序列产生器。在制作 m 序列产生器时，移位寄存器反馈线（及模 2 加法电路）的数目直接决定于本原多项式的项数，在实际使用中希望 m 序列发生器尽量简单，因此常用只有 3 项的本原多项式，此时发生器中只需要一个模 2 和加法器。为了简便起见，表 4.3 中采用常用的八进制数字记载本原多项式的系数表示法。例如 $n=4$ 时，本原多项式系数的八进制表示为 23，与其"2"和"3"对应的二进制码分别为 010 与 011。即给出的"23"，它表示：

	八进制为	2	3
二进制为	010	011
对应系数为	$C_5 C_4 C_3$	$C_2 C_1 C_0$

因此，$C_0=C_1=C_4=1$，$C_2=C_3=C_5=0$，故本原多项式为 x^4+x+1。又如，$n=9$ 时，本原多项式系数的八进制表示为 1021，与其对应的二进制码为 001，000，010，001。因此 $C_0=C_4=C_9=1$，$C_1=C_2=C_3=C_5=C_6=C_7=C_{10}=C_{11}=0$。本原多项式为 x^9+x^4+1。

表 4.3　部分本原多项式系数

n	本原多项式系数的八进制表示	代数式
2	7	x^2+x+1
3	13	x^3+x+1
4	23	x^4+x+1
5	45	x^5+x^2+1
6	103	x^6+x+1
7	211	x^7+x^3+1
8	435	$x^8+x^4+x^3+x^2+1$
9	1021	x^9+x^4+1
10	2011	$x^{10}+x^3+1$

由此可以看出：由 n 级移位寄存器产生的 m 序列，其周期为 2^n-1；除全 0 状态外，n 级移位寄存器可能出现的各种不同状态都在 m 序列的一个周期内出现，而且只出现一次。由此可知，m 序列中 1 和 0 的出现概率大致相同，"1"码只比"0"码多一个。

另外，有一种特殊情况，当输入序列为全 0、移位寄存器各级的初始状态也是全 0 时，m 序列发生器将进入"闭锁"状态，信道序列也全变成 0；当输入序列为全 1、移位寄存器各级的初始状态恰好也是全 1 时，信道序列也全为 1，这种情况必须设法防止。为此，在实际电路中，可以引入扰码监视器，用来监测输入序列和改变移位寄存器的初始状态。

4.5.2　扰码和解扰原理

扰码原理是以线性反馈移位寄存器理论作为基础的，在图 4.36 线性反馈移位寄存器的反馈逻辑输出与第一级寄存器输入之间引入一个模 2 和相加电路，以输入数据作为模 2 和的另一个输入端，即可得到图 4.37 所示的扰码器一般形式。

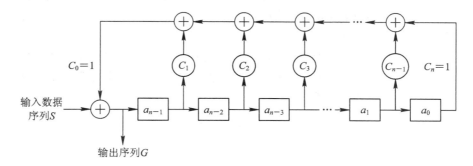

图 4.37　扰码器的一般形式

分析扰码器的工作原理时引入一个运算符号"D"，表示将序列延时一位，$D^k S$ 表示将序列延时 k 位。采用延时算符后，可得以下表达式：

$$G = S \oplus \sum_{i=1}^{n} C_i D^i G \qquad (4.30)$$

这里，求和号 $\sum$ 也是模 2 和运算；C_i 是线性反馈移位寄存器的特征多项式的系数，由式 (4.30) 有

$$S = G \oplus \sum_{i=1}^{n} C_i D^i G = G \left[1 \oplus \sum_{i=1}^{n} C_i D^i \right] = G \cdot \left[\sum_{i=0}^{n} C_i D^i \right]$$

所以式 (4.30) 也可表达为

$$G = \frac{S}{\sum_{i=0}^{n} C_i D^i} \qquad (4.31)$$

以 4 级移位寄存器构成的扰码器为例，在图 4.34 基础上可得到图 4.38(a) 结构形式的扰码器。假设各级移位寄存器的初始状态为全 0，输入序列为周期性的 101010…，则输出序列各级反馈抽头处的序列如下所示：

输入序列 S	10101010101010
$D^3 G$	00010110111001
$D^4 G$	00001011011100
输出序列 G	10110111001111

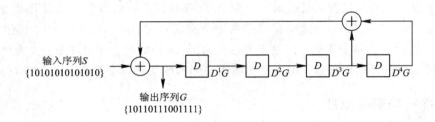

图 4.38　4 级移位寄存器构成的扰码器

　　由上例可知，输入周期性序列经扰码器后变为周期较长的伪随机序列。不难验证，输入序列中有连 1 或连 0 串时，输出序列也将会呈现出伪随机性。显然，只要移位寄存器初始状不全为 0 时（即无数据输入）扰码器就是一个线性反馈移位寄存器序列发生器，选择合适反馈逻辑即可得到 m 序列伪随机码。

　　在接收端可以采用图 4.39 所示的解扰器。这是一种线性反馈移位寄存器结构，采用这种结构可以自动地将扰码后序列恢复为原始的数据序列。我们仍采用延时算符"D"来说明这一点。由图 4.39 可得如下关系式：

$$R = G \oplus \sum_{i=1}^{n} C_i D^i G$$

或

$$R = G \oplus \sum_{i=1}^{n} C_i D^i G = G\Big[1 \oplus \sum_{i=1}^{n} C_i D^i\Big]$$

$$= G\Big[C_0 D^0 \oplus \sum_{i=1}^{n} C_i D^i\Big] = G \cdot \Big(\sum_{i=0}^{n} C_i D^i\Big) \tag{4.32}$$

将式（4.31）代入式（4.32）即可得

$$R = S \tag{4.33}$$

因此解扰器输出序列与扰码器输入序列完全相同。

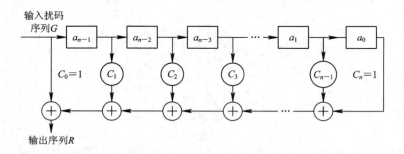

图 4.39　相应解扰器的一般形式

　　由于扰码器能使包括连 0 码（或连 1 码）在内的任何输入序列变为伪随机码，因而可以在基带传输系统中代替旨在限制连 0 码的各种复杂的码型变换。

　　采用扰码方法的主要缺点是对系统的误码性能有影响；另一个缺点是当输入序列为某些伪随机码形式时，扰码器的输出可能是全 0 码或全 1 码。但对于实际的输入数据序列，出现这种码组的可能性很小。

4.6 眼   图

在数字通信系统中,特别是基带传输系统中,码间干扰是不可能完全避免的。从前面的讨论中可以看出,码间干扰与发送滤波器特性、信道特性、接收滤波器特性等因素有关,码间干扰和噪声同时存在时,系统的性能就很难定量分析。目前人们是通过"眼图"来估计码间串扰的大小及噪声的影响,并借助眼图对电路进行调整。

"眼图"是用示波器观察接收滤波器输出波形时,示波器荧光屏上显示的波形。在传输二进制信号波形时,示波器显示的图形很像人的眼睛,故名"眼图"。观察眼图的方法:用一个示波器跨接在接收滤波器的输出端,调整示波器的水平扫描周期,使其与接收码元的周期同步(即要求示波器的扫描周期为信号码元周期的整数倍)。此时,可以从示波器显示的图形上观察出码间干扰和噪声的影响,从而估计系统性能的优劣程度。图 4.40 画出了没有叠加噪声的双极性脉冲波形和与之对应的眼图,其中一个波形有失真(既有码间串扰),一个无失真。

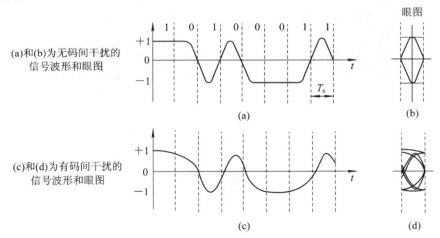

图 4.40 基带信号的波形及眼图

为了说明眼图和系统性能之间的关系,把眼图简化为一个模型,如图 4.41 所示。

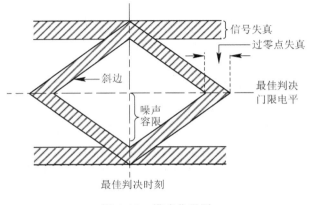

图 4.41 模式化眼图

从图 4.41 中可以获得以下信息：

（1）最佳抽样时刻应是"眼睛"张开最大的时刻；

（2）眼图斜边的斜率决定了系统对抽样定时误差的灵敏程度；斜率越大，对抽样定时越灵敏；

（3）图的斜线区的垂直高度表示信号的畸变范围；

（4）图中央的横轴位置对应于判决门限电平；

（5）抽样时刻上，上、下斜线区的间隔距离之半为噪声容限，噪声瞬时值超过它就可能发生错误判决；

（6）图中倾斜的斜线带与横轴相交的区间表示接收波形零点位置的变化范围，即过零点失真，它对于利用信号零交点的平均位置来提取定时信息的接收系统有很大影响。

图 4.42 中给出了两种不同进制情况下所看到的眼图。

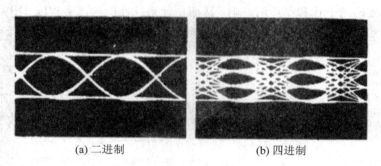

(a) 二进制   (b) 四进制

图 4.42　二进制和四进制情况下所看到的眼图

4.7　PCM 中继传输系统的测量

4.7.1　误码率的测量

误码率是衡量 PCM 中继传输系统质量的重要指标，它对于数字系统的设计和日常维护都是很必要的。

PCM 中继传输系统传输的是 PCM 信码，它是一个随机的数字信号，通常采用 m 序列码（伪随机码）作为测试信号。m 越大，则 m 序列码越逼近 PCM 信码的随机性，这种测量较为精确。

测量仪器采用专用的误码率测试仪，它由码发生器和误码检测器两部分组成。码发生器产生的伪随机码图案，每一周期具有 $2^{15}-1=32\ 767$ 比特，在一个周期内能提供连续 15 个"1"码和连续 14 个"0"码，它能较好地模拟 PCM 信号。误码检测器产生与码发生器相同的伪随机码，且与发送端同步。图 4.43 为全程误码测试图，图 4.43(a)是测试单程传输信道误码率，图 4.43(b)是测试往返双程传输信道误码率。单向测试是将码发生器加于发送端 PCM 端机的单/双码型变换的输入端，而将误码检测器置于接收端 PCM 端机再生电路输出端，它准确反映了单程信道的误码性能。

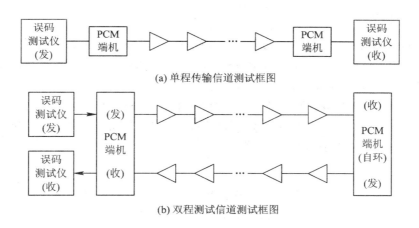

(a) 单程传输信道测试框图

(b) 双程测试信道测试框图

图 4.43 全程误码测试图

环路测试法是将误码检测仪都置于一地,所测得的结果是两个传输方向上误码性能的叠加,在估计平均误码率值时取其一半,即可得一个传输方向上的指标,但它不能区分出哪一个传输方向上误码分布情况,对于这种测试方法,误码测试仪的发、收都在一端,操作方便,因此主要用来对设备及线路的工作状态进行检查。

误码率的计算公式为

$$P_e = \frac{n_i}{n_0} \tag{4.34}$$

即在某段时间 T_L 内,错误比特数 n_i 与总比特数 n_0 之比称误码率。

对于一个高斯分布的噪声系统,统计时间越长,越接近期望值(平均值),统计时间越短,距期望值越远,应强调的是,误码率不可能是绝对平均的,如 $P_e = 10^{-3}$,不是每隔 1000 个比特就错 1 个比特。而一些测试仪表上所规定的 10^{-3} 或 10^{-6} 误码率却是绝对平均误码。

长时间的平均误码率,只能用于误码性能的研究,而不能用于设备误码性能的监视与测试,设备制造者往往忽略这一问题。

测试时,以码发生器产生的伪随机码为基准与输入的外来的伪随机码进行比较,以检测外来的信号在传输信道中所产生的误码的情况,得出全程误码率是否符合要求。

4.7.2 误码率的指标

1984 年,ITU - T 建议了 64 kb/s、27 500 km 最长国际电话和数据连接的误码指标。用一个相当长的时间 T_L 内,误码率超过某一门限误码率的各个时间间隔(T_0)的平均周期百分数($X\%$)来衡量误码率。T_L 一般为一个月。

1. 严重误码秒时间百分数

每次测量时间 $T_0 = 1$ 秒,门限误码率 $P_e = 10^{-3}$,当秒平均误码率劣于这一门限值时,称为严重误码秒。当在数字连接中出现连续 10 个或 12 个以上的严重误码秒时,则称连接处于不可用时间之内。连续严重误码秒少于 10 个,则连接处于可用时间之内,这时要求严重误码秒出现的平均时间百分数应少于 0.2%。

2. 劣化分钟的时间百分数

每次测量时间为 $T_0 = 1$ 分钟，门限平均误码率 $P_e = 10^{-6}$，当分钟平均误码率劣于这一门限值时，称为劣化分钟。在计算劣化分钟时，要扣除测量期间出现的全部严重误码秒，然后将其余所有秒测量间隔，每 60 个分成一组，形成分钟测量间隔。其中分钟平均误码率劣于 1×10^{-6} 的称为劣化分钟数。ITU - T 建议要求劣化分钟的平均时间百分数小于 10%。

由于电话业务一次呼叫大约为 1 分钟的时间，故对电话来说，取 1 分钟间隔能直观地反映电话呼叫处于劣化状态的概率。

3. 误码秒

每次测量时间为 1 秒，门限平均误码率 $P_e = 0$，即在每个测量秒内只要出现误码就称为误码秒；在每个测量秒内，未出现误码的就称为无误码秒。同样在计算无误码秒时间百分数时，也要在总量统计时间内，扣除不可用时间，但是误码秒包括了所有连续不到 10 个误码的严重误码秒。ITU - T 建议要求误码秒的平均百分数不超过 8%，与之对应的无误码秒的平均时间百分数不少于 92%。

无误码秒的指标适用于数据业务。如有一速率为 2400 b/s 的数据，字长也是 2400 比特，若 1 秒钟刚好有 1 个误码未被纠正，则所有数据均不可用。如这些误码刚好集中于 1 秒（又正好是一个字长），那么可用数据占 $(2400-1)/2400 = 99.96\%$，从这一极端例子看出，平均误码不能反映数据业务的传输效率。数据业务传送一个字长或一个抽样值通常不超过 1 秒。所以对数据业务，有、无误码是主要的，而具体误几个码则是次要的。

4.7.3　PCM 中继系统故障位置的测定

PCM 再生中继传输系统中再生中继器的数目很多，且都采用无人值守方式，一旦再生中继器发生故障，必须立即判断出故障点的具体所在位置，以便迅速采取措施，使传输系统恢复正常工作。

通常对再生中继系统的故障位置的测定是在终端局进行远距离测试，再生中继器发生的故障可分两种，一种是全中继，中继无输出；另一种是由于部件变质或接触不良，虽然还未到全中继的程度，但误码已大增，通常质量明显下降。

为了测定再生中继器的故障位置，设置一对专用监测线，并用配套的专用仪器——中继故障定位仪进行测试，定位仪的发送部分可产生专用三脉冲信号，它随地址频率作周期性极性反转，地址频率可选。定位仪的接收部分由带通滤波器和电平表组成。测试时，将定位仪的发送端接于 PCM 传输线上，代替 PCM 端机的输出，定位仪发送部分输出阻抗是 110 Ω，要把它接到终端中继器阻抗为 110 Ω 的发送塞孔上（三芯）。定位仪接收部分则接在端机机架中部的测量盘的"中继监测"塞孔上，接收返回的音频信号。对端终端中继器盘上的接收塞孔接 110 Ω 电阻，构成一个监测环路。

各中继站的"地址频率"一般在 14 Hz～3 kHz 范围内，可提供 24 个参考频率，如 1008、1051、1097、1151、1206、1273、1340、1505、1579、1651、1723、1789、1856、1933、2101、2173、2339、2413、2591、2681、2772、3016（单位为 Hz）。若中继站少于 24 个，可以从上百频率中选出所需的频率。若中继站多于 24 个，也可以 1008 Hz 向下延伸。窄带滤波器的带宽一般为中心频率的 0.05 左右。

　　测试时发送端发送监测信号，由 3 个极性交替反转的脉冲和几个"0"脉冲构成一个监测码，码组的长度(即三脉冲和无脉冲的比特数)可在 11、10、9、8、7、6、5、4 比特中变更，重复的监测码组构成一个波形，这个波形受一个重复频率为地址频率的方波所控制，从而定位仪输出的监测信号是一个受地址频率控制的极性反转信号。监测信号受两个因素影响而变化：一个是监测码组的长度；另一个是控制码组极性反转的重复频率，即中继站的地址频率可以在上面所说的 24 个频率中任意选择。如果要对某个中继站进行监测，就选择该站的地址频率。

　　中继站是否出故障，可由中继故障位置测定仪接收端上的电平表来指示。如果某个中继站出现故障，相应的地址频率成分就为零，电平表没有反应。另外当这个中继站出现故障后，它以后的中继站也会有输出，但这些中继站并不一定就有故障。然而出故障的这个中继站总是可以找到的，因而它是最先出故障的站，电平表没有反应首先在它的地址频率上表现出来，为了确定它以后的中继站是否中断，得先修好该中继站的故障，再来测定后面各站有无故障。

　　如果中继站的故障不是中断性的，而是判决富余度减少而引起误码率增大，则相应的地址频率成分回到定位仪的电平就达不到规定的数值，一般回收电平低于规定电平 0.5 dB 以上，便认为中继站判决富余度下降了，确定这种故障位置的方法也是需要一个一个地测试。

小　　结

　　数字信号传输方式按它是否需要载波可分为数字信号基带传输和数字频带传输。由于可以把对载波进行调制的调制器和从载波中将信号解调出来的解调器划归广义信道，因此，许多数字信号传输的共性问题均可划归数字信号基带传输中讨论，由此而得出的结论具有通用性。

　　信道有限带宽对数字信号波形的影响。有限时间函数的频谱是无限的，而信道的带宽是有限的，无限带宽的信号通过有限带宽的信道来传输，会使波形间产生很长的拖尾，引起码间的符号干扰，导致抽样判决时可能出错。为恢复原信号，可根据数字信号的特点把波形不失真放宽到抽样值不失真，这也是数字信号传输明显优于模拟信号传输之处。若以 $2f_c$ 的速率发送脉冲序列，则输出的最大值仅由本码元所决定，与其他码元拖尾长短无关。实际的传输系统不能完全消除码间干扰，常采用升余弦函数均衡，增强判决点的样值，削弱拖尾。

　　滚降特性是理想低通特性的等效，它是以增加频带宽度、降低单位频带内的传输速率为代价来等效理想低通特性。

　　数字信号基带传输系统模型指出传输系统不仅包含信道 $L(\omega)$，还包含发送端的波形形成网络 $S(\omega)$ 和接收滤波器 $R(\omega)$，形成网络 $S(\omega)$ 中含有孔均衡特性，以抵消波形展宽的影响；接收滤波器的 $R(\omega)=S(\omega)L(\omega)$，以便在理论上做到码间为零并有最大判决信噪比。再生中继的实质是波形重建，只要判决结果正确，就能按原波形参数重建波形，这是数字波形失真不积累的原因。

　　传输码型要适合信道特性，特别是不能含有直流分量和过高的高频分量，并要便于时钟提取。对于几种重要二元码和三元码，要掌握它的构成规则，特别是要深入理解 HDB₃ 码的编码规则。大容量高速传输时，数字通信占用的频带很宽，这时提高编码效率就有重大的经济意义。再有一种方式是扰码，扰码是将传输的码变换成"0"、"1"概率近似相等，且前、后独立的随机码，扰码虽然扰乱了数字信息的原有形式，但这种扰乱是人为的、规律的，因而也是可以解除的。

习题与思考题

4.1　在数字通信系统中，对均衡波形为什么要采用时域分析方法？均衡波形为什么不需要与发送的脉冲波形完全相同？均衡波形确定后，如何确定均放特性？

4.2　带限传输对波形有没有影响？码间干扰是怎样形成的？

4.3　码率与哪些因素有关？全程误码率与每一个再生中继段的误码率有什么关系？

4.4　说明脉冲抖动对 PCM 通信的影响。抖动信噪比与什么有关？

4.5　已知二元信息序列为 01001100000100111，画出它所对应的双极性非归零码、CIM 码、数字双相码的波形。

4.6　已知二元信息序列为 101100100011，若采用四进制或八进制格雷双极性非归零码作为基带信号，分别画出它们的波形。

4.7　已知二元信息序列为 0110100011000000010，分别画出 AMI 码、HDB₃ 码的波形。

4.8　已知信息速率为 64 kb/s，若采用 $\alpha = 0.4$ 的升余弦滚降频谱信号，

(1) 求它的时域表达式；

(2) 画出它的频谱图。

4.9　频分多路基群信道的频带为 60～108 kHz，若在此信道中传输 120 kb/s 数字信号，试设计一个采用线性调制的传输系统，

(1) 用什么基带信号及调制方式？

(2) 画出发送、接收方框图。

4.10　二元双极性冲激序列 01101001 经过具有 $\alpha = 0.5$ 的升余弦滚降传输特性的信道，

(1) 画出接收端输出波形示意图，标出过零点的时刻；

(2) 画出接收波形眼图；

(3) 标出最佳再生判决时刻。

4.11　以 +A 和 −A 矩形非归零脉冲分别表示 1 和 0，若此信号通过由 R 和 C 组成的一阶低通滤波器，设比特率为 $2f_0$ b/s，画出 1 与 0 交替出现的序列的眼图。

4.12　数字系列为 1001010100001101，其基本脉冲为矩形脉冲，试画出该数字系列的单极性不归零码、数字双向码、传号反转码、密勒码的波形图。

4.13　设有一段二元码为 10110010000011100001，该段码之前已变成 HDB₃ 码，且最近的一个破坏点为 V+，试将该段二元码变为 HDB₃ 码。

4.14　设计一个周期为 1023 的 m 序列发生器，画出它的方框图。

4.15　设计一个由 5 级移位寄存器组成的扰码和解扰系统，

(1) 画出扰码器和解扰器方框图；

(2) 若输入为全 1 码，求扰码器输出序列。

第 5 章　数字调制传输

☞ **本章提要**

- 2ASK、2FSK、2PSK 的调制解调技术
- 多相调制技术 DPSK 及 QAM
- 各种调制技术的信道频带利用率和误码性能比较

5.1　引　言

上一章较详细地讨论了数字基带传输系统。由于大多数数字基带信号是低通型的，而实际信道多为带通型，因此这种信道都不能直接传送基带信号，必须用基带信号对载波波形的某些参量进行控制，使载波的这些参量随基带信号的变化而变化，即调制。也就是说，在发信端把数字基带信号频谱搬移到带通型信道的通带之内，以便信号在信道中传输。相应地，在接收端需要解调，即把已调信号还原为原基带信号。以正弦波作为载波的模拟调制系统在"高频电子线路"课程中已经有过较详细的介绍，这里只讨论以正弦波作为载波的数字调制系统，数字调制的原理方框图如图 5.1 所示。

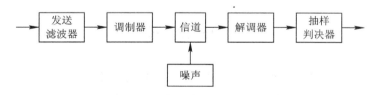

图 5.1　数字调制的原理方框图

从原理上来说，受调载波的波形可以是任意的，只要已调信号适合于信道传输就可以了。但实际上，在大多数数字通信系统中，都选择正弦信号作为载波。这是因为正弦信号形式简单，便于产生及接收。和模拟调制一样，数字调制也有调幅、调频和调相三种基本形式，并可以派生出多种其他形式。在调制原理上，数字调制与模拟调制相似，因此在高频电子线路中有关调制原理在数字调制中也适用。但是这两种调制还是有许多差别：第一，数字调制的调制信号是数字基带信号，它只能取离散的有限个值，因此数字调制产生的波形种类有限；第二，数字信号接收的任务就是要识别发送端所送出的那种数字波形是否存在；第三，在对调制性能研究中，模拟调制研究信噪比，而数字调制则讨论误码率；第四，图 5.2 画出了调制信号为二进制矩形全占空矩形脉冲序列时，数字调幅、数字调频和数字调相的波形和产生的简图，由于二进制全占空矩形脉冲序列就只有"有电"（即通）和

"无电"（即断）两种状态，它能用电键产生，故称键控信号。因此上述的数字调幅、数字调频和数字调相，分别称为幅度键控（ASK）、频移键控（FSK）和相位键控（PSK）（即调相键控，俗称移相），它们是最基本的数字调制方式。然而模拟调制无法用键控实现。本章主要研究这三类键控信号的波形、功率谱密度、带宽、产生和解调及误码分析，另外还要介绍各种多进制数字调制及现代数字调制技术。

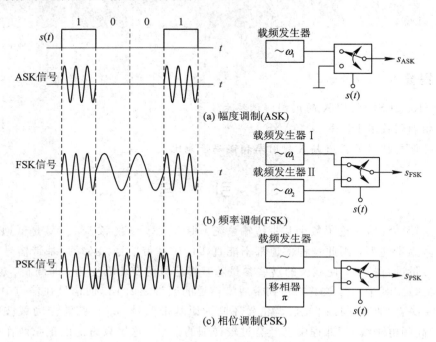

图 5.2　三种数字调制波形和产生简图

5.2　幅 度 键 控

　　幅度键控（ASK）是用数字基带信号控制载波信号的幅度，这是一种古老的调制方式。例如用电键控制一个载频振荡器的输出，使它时断时续输出，这便是一部幅度键控的发报机。由于幅度键控信号抗噪声性能不够理想，逐步被 FSK 和 PSK 代替。但近几年随着对信息速率要求的提高，要在较窄的频带内实现较高信息速率的传输，多进制的数字幅度键控（MASK）又得到了运用，特别是在信道条件较好而频带又较紧张的恒参信道，如有线信道中往往优先采用它。

5.1.1　调制与解调原理

　　数字调幅是用数字信号去控制载波的幅度变化，即信息完全载荷在载波的幅度上。二进制数据是两电平的"1"和"0"码，相当于载波的发送与不发送，能像开关一样控制载波的有无，所以二进制的 ASK 方式又叫通断键控（OOK）。图 5.3 表示出了单极性基带信号（矩形脉冲）对载波进行通断键控的调制、解调器简化方框图和波形图。

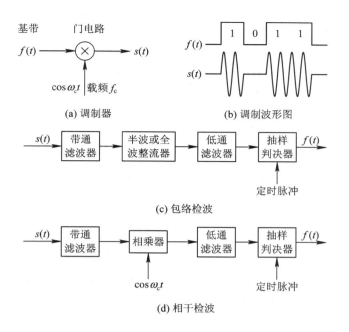

(a) 调制器　　　　　　(b) 调制波形图

(c) 包络检波

(d) 相干检波

图 5.3　幅度键控示意图

图 5.3 中的 $f(t)$ 是单极性基带码，占空比为 100%，即脉冲持续时间等于码元周期 T_B。载波由中频（如卫星通信中频 70 MHz）余弦波振荡器产生，相乘器就是 ASK 的调制器，实际上相当于一个门电路。"1"码开门，"0"码不开门。ASK 方式已调波用 $s(t)$ 表示：

$$s(t) = f(t)\cos\omega_c t \tag{5.1}$$

ASK 已调波的解调，有非相干解调和相干解调两种方法。包络检波法是常用的一种非相干解调的方法，如图 5.3(c)所示。包络检波器往往是半波或全波整流器，整流后通过低通滤波器滤波（平滑），即可获得原基带信号 $f(t)$。

相干解调又称同步解调，如图 5.3(d)所示。要实现相干解调，在接收端要有一个与发送端载波同频同相的载波信号，称为同步载波。通过相乘器（即解调器）解调出原基带信号，然后通过低通滤波器即可滤出基带信号。

设接收的已调波为

$$s(t) = f(t)\cos\omega_c t$$

通过接收端相乘器后，有

$$f(t)\,\cos\omega_c t \cdot \cos\omega_c t = \frac{1}{2}f(t)(1+\cos2\omega_c t)$$

可见，通过接收端相乘器后的输出波形中含有原基带信号 $f(t)$ 成分和 $2\omega_c$ 高频成分，显然，经低通滤波器（$2\omega_c$ 高频成分是无法通过的）后，就可滤出 $\frac{1}{2}f(t)$ 信号，就是发送端的原基带信号。

两种解调方法中，包络检波的输出噪声干扰稍大一些，这种方式的信噪比较低；但包络检波设备比较简单，不像相干解调那样，需要有稳定的本地相干载波。

5.1.2 ASK 信号与功率谱

现在，再从信号的频域上进行分析。从频谱图上可方便又清楚地表示出该信号所包含的各频率分量和各分量幅值的大小。由频谱图可看出信号能量在频率轴上的分布，确定信号所占的频带，估计对邻近波道的干扰等。

在第 2 章中已经介绍过单个矩形脉冲的频谱函数曲线，如图 5.4 所示。图 5.4(a) 是矩形脉冲电压 $u(t)$ 的波形，常用符号 $f(t)$ 表示。这个时间变化的波形可表示为

$$f(t) = \begin{cases} A & (-\tau/2 < t < \tau/2) \\ 0 & (t < -\tau/2 \text{ 及 } t > \tau/2) \end{cases} \tag{5.2}$$

根据傅氏正变换，可求出该矩形脉冲的频谱函数为

$$F(\omega) = \int_{-\infty}^{\infty} f(t) e^{-j\omega t} \, dt = A \int_{-\tau/2}^{\tau/2} e^{-j\omega t} \, dt = A\tau \frac{\sin \frac{\omega\tau}{2}}{\omega\tau/2} = A\tau \, \text{Sa}\left(\frac{\omega\tau}{2}\right) \tag{5.3}$$

根据式 (5.3) 的积分式可画出图 5.4(c) 所示的频谱，频谱图中，$F(\omega)$ 的幅度及相位随频率变化的曲线是各个频率分量幅度顶点的包络线。当然，负频率实际是不存在的。这里的负频率及其频谱，是在进行数学分析时得到的结果，用以表示一种数学形式。通常信号的频谱图只需画出 $\omega > 0$ 的部分（正频率部分）就可以了，如图 5.4(b) 所示。

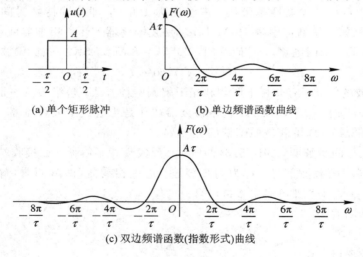

(a) 单个矩形脉冲   (b) 单边频谱函数曲线

(c) 双边频谱函数(指数形式)曲线

图 5.4　单个矩形脉冲频谱

式 (5.1) 的 $s(t)$ 是 ASK 方式已调波的电压表示式，它是两个信号相乘的结果。为了知道 $s(t)$ 所含频率成分的组成情况及已调波需要的信道传输带宽，就应该对 $s(t)$ 进行频谱分析。

由于 $s(t) = f(t)\cos\omega_c t$，且 $s(t)$ 是基带数字信号与一个余弦信号相乘，傅氏变换的移频特性表示为

若 $f(t) \leftrightarrow F(\omega)$，则

$$f(t) e^{j\omega_c t} \leftrightarrow F(\omega - \omega_c)$$

因为

$$\cos(\omega_c t) = \frac{1}{2}(e^{j\omega_c t} + e^{-j\omega_c t})$$

故
$$f(t)\cos(\omega_c t) \leftrightarrow \frac{1}{2}[F(\omega+\omega_c)+F(\omega-\omega_c)] \tag{5.4}$$

式(5.4)说明，一个信号在时域中与频率为 ω_c 的余弦信号相乘，等效于在频域中将其频谱同时向正、负方向各搬移频率 ω_c，如图 5.5 所示。

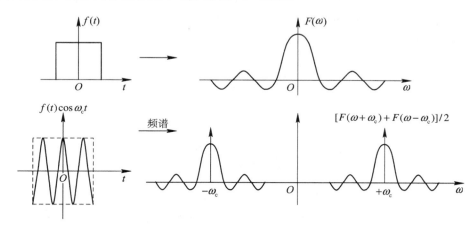

图 5.5　ASK 已调波的频谱

现在需要知道 ASK 已调波信号的功率谱，为了省掉烦琐的公式推导，下面引用帕斯瓦尔定理。令周期性信号的平均功率为 P，有
$$P = \overline{f^2(t)} = \frac{1}{T}\int_{-T/2}^{T/2}[f(t)]^2\,\mathrm{d}t = \left(\frac{A_0}{2}\right)+\frac{1}{2}\sum_{n=1}^{\infty}A_n^2$$

所以，其双边频谱可写成
$$P = \sum_{n=-\infty}^{\infty}\left(\frac{A_n}{\sqrt{2}}\right)^2 \tag{5.5}$$

式(5.5)说明，对于周期性信号，在时域中求得的信号功率与在频域中求得的信号功率应相等。在这里，频域中的信号功率表现为各次谐波分量功率之和，而每一谐波分量的功率就是该谐波的均方值（$\frac{1}{2}A_n^2$），均方值就是常说的信号分量功率的有效值。

周期性信号功率等于该信号中各分量功率之和的这一结论就是帕什瓦尔定理，即遵循能量守恒定律。

频域中的功率 $P\left[\text{即}\sum_{n=-\infty}^{\infty}\left(\frac{A_n}{\sqrt{2}}\right)^2\right]$ 与各个分量 $n\Omega$（Ω 为基波角频率）的关系就是该已调波的功率谱曲线。由此，信号功率频谱的形状与电压频谱（见图 5.5）平方后的形状相同，这是由上面定性分析得出的结论。

下面再进行定量分析。假定载波频率为 f_c，单极性二进制码元的分布为 1、0 等概率，载波幅度为 $A/2$。经公式推导（省略），可得 ASK 已调波的功率谱表示为
$$W_{\mathrm{ASK}}(f) = \frac{A^2 T_s}{16}\{[\mathrm{Sa}\pi T_s(f-f_c)]^2 + [\mathrm{Sa}\pi T_s(f+f_c)]^2\}$$
$$+\frac{A^2}{16}[\delta(f-f_c)+\delta(f+f_c)] \tag{5.6}$$

式中，f_s 为码元速率，$T_s=1/f_s$ 为码元长度。其中，在二进制数字信号中，码元速率与传信

率相等，即 $f_s = f_B$，$f_B = 1/T_B$，T_B 为码元宽度。

式(5.6)所表示的 ASK 已调波的功率谱示于图 5.6 中。其功率谱由连续谱和离散谱组成，其中，连续谱取决于单个矩形脉冲经线性调制后的双边带谱，而离散谱则由载波分量确定；其包络为抽样函数的平方 $[\mathrm{Sa}(x)^2]$，第二项是离散谱，共有两条谱线，分别在载波频率 f_c 和 $-f_c$ 处，这两个频率点是整个功率谱密度的最大点。

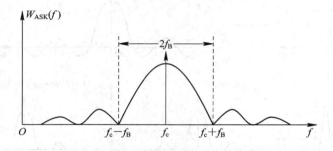

图 5.6　ASK 已调波的功率谱

图 5.6 中画出的仅是 $f > 0$ 一侧的功率谱。由图 5.6 可以看出，在 $f > 0$ 的一侧，ASK 已调波的功率谱也是分布在载波两侧的双边谱。在载波两边，第一个零点之间的频宽为 $2f_B$，所以二进制 ASK 已调波占用的最小信道带宽 $B_{2ASK} = 2f_B$。

此外，基带信号中单极性码的直流分量经 ASK 调制后变成了载波成分（频率为 f_c）。可见，ASK 方式能比较容易地传输基带信号的直流分量。

5.3　频 移 键 控

调频是将所要传输的信息载荷在载波的瞬时频率变化上，即频率变化反映出消息的变化。

5.3.1　FSK 信号和功率谱

频移键控的原理图如图 5.7(a)所示。基带信号 1、0 码控制两个载波信号 f_{c1}、f_{c2}。相乘器是一个门电路，基带信号的"1"码和"0"码（"0"码经过倒相器变换为"1"码，送给下面的相乘器）分别控制两个门电路，就可获得 FSK 已调波，如图 5.7(b)所示。

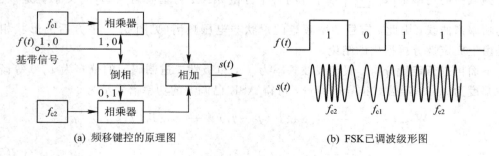

(a) 频移键控的原理图　　　　　　(b) FSK 已调波级形图

图 5.7　频移键控原理图

FSK 信号可认为是由两个交替的 ASK 波形合成的。设两个载波频率分别为 f_{c1} 和 f_{c2}，且 $f_{c1} > f_{c2}$，则有

$$f_{c1} = f_c + \Delta f, \qquad f_{c2} = f_c - \Delta f$$

设 $f_1(t)$ 为 $f(t)$ 中的"1"码序列；$f_2(t)$ 为 $f(t)$ 中的"0"码序列，则 FSK 已调波 $s(t)$ 可写成

$$s(t) = f_1(t)\cos(\omega_{c1}t) + f_2(t)\cos(\omega_{c2}t) \tag{5.7}$$

式(5.7)原是频移键控已调波的表示式，但其第一项相当于基带信号"1"码键控的 ASK 信号；第二项相当于基带信号"0"码键控的另一个载波频率的 ASK 信号。若"1"和"0"码出现的概率相同，则可效仿式(5.6)写出 FSK 已调波的功率谱：

$$W_{FSK}(f) = \frac{A^2 T_s}{16}\{[\text{Sa}\pi T_s(f - f_{c1})]^2 + [\text{Sa}\pi T_s(f + f_{c1})]^2$$
$$+ [\text{Sa}\pi T_s(f - f_{c2})]^2 + [\text{Sa}\pi T_s(f + f_{c2})]^2\}$$
$$+ \frac{A^2}{16}[\delta(f - f_{c1}) + \delta(f + f_{c1}) + \delta(f - f_{c2}) + \delta(f + f_{c2})] \tag{5.8}$$

根据式(5.8)可画出 FSK 已调波的功率谱，如图 5.8 所示。图中画出的只是频率为正的一侧功率谱。

图中假定两个载波频率之差 $f_{c1} - f_{c2} = f_B$，此频差较大时，功率谱会出现双峰；频差较小时，功率谱会出现单峰。图中虚线部分是两个 ASK 已调波功率谱合成的情况，整个实线的谱线包络为 FSK 的功率谱曲线。

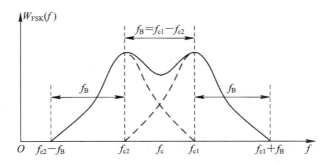

图 5.8　FSK 已调波的功率谱

显然，FSK 已调波所需的信道带宽 $B_{2FSK} = f_{c1} - f_{c2} + 2f_B$，所以 FSK 已调波占用的信道频宽较宽。

5.2.2　FSK 的产生和解调

频移键控已调波的解调一般采用非相干解调，具体实现有过零点检测法和鉴频法，这里主要介绍过零点检测法。

过零点检测法原理图如图 5.9 所示。若发送端基带信号为 1101，a 点的接收信号经限幅后产生矩形脉冲流，再经 b 点微分和 c 点整流后就形成与载波频率变化相对应的微分脉冲流，整流后的脉冲流经过 d 点脉冲展宽后，成为具有一定占空比的矩形脉冲波形。再经 e 点低通滤波器滤掉高次谐波，经判决就能得到原基带脉冲信号 f 波形输出。

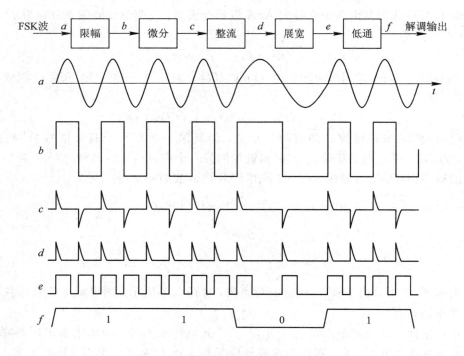

图 5.9 FSK 信号过零点检测法原理

其中，经微分整流后的脉冲流的数目就是调频波形的过零点数，故这种方法称为过零点检测法。

5.4 二相调相键控

调相是数据信号的信息载荷在载波的相位变化上，利用载波的相位变化去实现消息的传递。

相位键控是用数字基带信号控制载波的相位，使载波的相位发生相位跳变，而载波的幅度和频率维持不变的一种调制方式（尽管这种说法不够严格，因为相位跳变也可以看成是频率的跳变，不过这里强调的是相位随基带信号的跳变）。由于基带数据信号的取值是离散的，调相波相应的相位取值也是离散的，相位键控就是利用数据信号控制开关来选取与数字信号对应相位的数字调相。在恒参信道（信道的各项参数为恒定值）条件下，相位键控与幅度键控和频移键控相比，不仅具有较高的抗噪声干扰性能，并能有效地利用所给定的信道频带，即使是在有多径衰落（在通信系统中，由于通信地面站天线波束较宽，受地物、地貌和海况等诸多因素的影响，使接收机收到经折射、反射和直射等几条路径到达的电磁波，这种现象就是多径效应）的信道中也有较好的效果，所以 PSK 是一种较好的调制方式。

5.4.1 绝对调相和相对调相

相位键控分为绝对调相（2PSK）和相对调相（2DPSK）两种形式。

　　绝对调相是利用载波信号的不同相位去传输数字信号的"1"码和"0"码。图 5.10(a)是一组数字基带信号,图 5.10(b)是绝对调相信号波形。调相只改变载波信号的相位,即对应不同的基带码载波起始相位不同。在绝对调相(PSK)中,载波起始相位与基带码的关系是:

　　载波 0 相位对应基带信号的"1"码;

　　载波 π 相位对应基带信号的"0"码。

　　当然,上述的对应关系反过来也可以。总之,载波信号的起始相位与基带信号的"1"码和"0"码对应关系保持不变的调制方式称为绝对调相。

　　关于 2PSK 波形的特点,必须强调的是:2PSK 波形相位是相对于载波相位而言的。因此画 2PSK 波形时,必须先把载波画好,然后根据相位的规定,才能画出它的波形。在码元宽度不为高频载波周期的整数倍的情况下,先画载波,然后再画 2PSK 波形,这点尤为重要,否则根本无法绘制 2PSK 波形。

　　相对调相记为 DPSK,它是利用前、后码之间载波相位的变化表示数字基带信号的,这时载波信号的相位与数字信号的"1"码或"0"码之间没有固定的对应关系。所谓相位变化又有两种定义方法,这就是向量差和相位差。向量差是指前一码元的终相与本码元初相比较,是否发生相位变化。而相位差是指前、后两码元的初相位是否发生了变化,图 5.10(d)和图 5.10(e)画出了两种定义的 DPSK 的波形。图中假设码元宽度 T_B 为载波周期 T_c 的 1.5 倍,无论是向量差或相位差都假设"1"码相位发生变化,"0"码相位不变。在画 DPSK 波形时,第一个码元波形的相位可任意假设,为便于比较,我们把载波和 2PSK 波形也画在图 5.10 中。

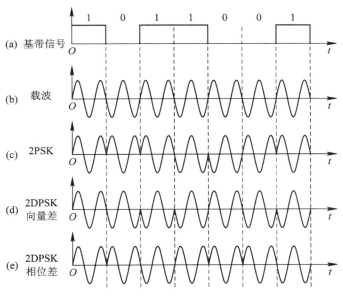

图 5.10　2PSK 和两种定义的 2DPSK 波形

　　从图 5.10 可以看出,对同一个基带信号,按向量差和相位差画出的 DPSK 波形是不同的,但是如果 T_B 为载波周期 T_c 整数倍时,读者可以按照上述规定作图,结果发现,向量差和相位差对应的 DPSK 波形完全相同。最后再说明一点,第一个码元的波形是任意假定的,若假设的码元波形与图中反相,根据定义也可画出 DPSK 波形,此波形虽然与图示波形不同,但是它们代表的基带信号却是相同的。

由以上分析可以看出，绝对调相波形规律比较简单，而相对调相波形规律比较复杂，那么为什么还要提出相对调相的概念呢？这是由于绝对调相是用已调载波的不同相位来代表基带信号的，在解调时，必须要先恢复载波，然后把载波与 2PSK 信号进行比较，才能恢复基带信号。由于接收端恢复载波常常采用二分频电路，它存在相位模糊，即用二分频电路恢复的载波有时与发送载波同相，有时反相，而且还会出现随机跳变，这样就给绝对调相信号的解调带来了困难。而相对调相，基带信号是由相邻两码元相位的变化来表示，它与载波相位无直接关系，即使采用同步解调，也不存在相位模糊问题，因此在实际设备中，相对调相得到了广泛运用。

5.4.2 调相信号的产生

1. 绝对调相信号的产生

产生调相信号的方法有直接调相法和相位选择法两种，如图 5.11 所示。

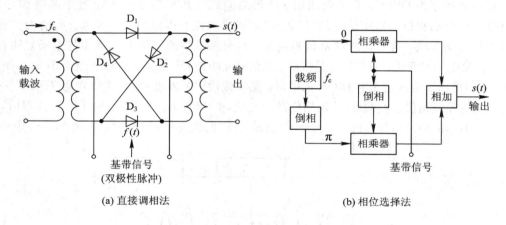

(a) 直接调相法　　　　　　　　　　(b) 相位选择法

图 5.11　二进制绝对调相信号的产生电路

直接调相法是采用环形调制器产生调制信号的方法，在图 5.11(a) 中，下端接双极性基带信号，D_1、D_2、D_3、D_4 起着倒接开关的作用。当基带信号为正时，D_1、D_3 导通，输出载波与输入同相，当基带信号为负时，D_2、D_4 导通，输出载波与输入载波反相，从而实现了 2PSK 调制。

图 5.11(b) 是相位选择法的方框图，首先由载波倒相器将载波调相 π，从而准备了具有 0 相位和 π 相位的两种载波信号。基带信号的"1"码控制（选择）0 相位载波信号输出；"0"码（通过基带码倒相器变为"1"码）控制 π 相位载波信号输出，从而获得了绝对调相的已调信号。

2. 相对调相信号的产生

相对调相信号的产生电路是在绝对调相电路的基础上发展起来的，这种电路明显地分成两个部分：码型变化部分和调相器部分。也就是说，先将要调制的单极性基带码变换成差分码，然后再对差分码进行绝对调相，其调相出来的信号就为相对调相信号。

显然，相对调相信号的产生区别于绝对调相信号产生的关键在于码型变换部分，这个过程也称差分编码。因其调相部分与绝对调相的方法相同，这里就不再赘述了。

下面着重介绍用模 2 加法进行差分编码，如图 5.12 所示。

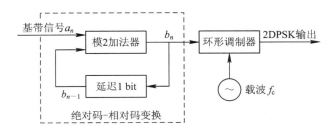

图 5.12　用模 2 加法器进行差分编码

模 2 加的法则是：

$$0 \oplus 0 = 0, \quad 1 \oplus 1 = 0$$
$$1 \oplus 0 = 1, \quad 0 \oplus 1 = 1$$

图 5.12 电路差分编码的逻辑关系是：本时刻的差分码 b_n（相对码）等于本时刻的基带码 a_n（绝对码）与本时刻差分码经延迟一比特的 b_{n-1}（相当前一时刻的差分码）进行模 2 加，即

$$b_n = a_n \oplus b_{n-1}$$

以图 5.12 所示的基带码为例，有

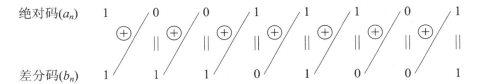

上面得出的差分码（b_n）码组的第 1 位码是假定差分码等于绝对码，从第二位开始才是按差分编码的逻辑相加得到的。

注意，如果绝对调相规律或相对调相规律有一个与上述规定不一致，则码变换电路要增加一个反相器；若两者规定均与上述规定相反，则码变换电路仍如图 5.12 所示。

5.4.3　二相调相信号的功率谱

无论是 PSK 还是 DPSK 的已调波波形，均可用两个 ASK 的已调波合成，如图 5.13 所示。

图 5.13(a) 是 PSK 信号，图 5.13(b) 和图 5.13(c) 是分解的两个 ASK 信号。由图 5.13(a) 的 PSK 波形可知，不管基带信号是"1"还是"0"，都有调相波输出，分别相当于两个幅度键控的已调波 ASK_1 和 ASK_2。在"1"、"0"等概率的条件下，因相应状态下的已调波反相，所以调相波的功率谱中没有载波成分。再从电压信号的频谱分析知道，调相波频谱是 ASK 方式的 2 倍（因为有 2 个 ASK 合成），故其功率谱应是 ASK 的 4 倍。因此根据式(5.6)，可直接写出 PSK 的功率谱 $W_{\text{PSK}}(f)$。

$$W_{\text{PSK}}(f) = \frac{A^2 T_s}{4}\{[\text{Sa}\pi T_s(f - f_c)]^2 + [\text{Sa}\pi T_s(f + f_c)]^2\} \tag{5.9}$$

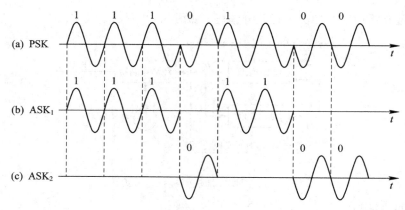

图 5.13 调相信号的分解

根据式(5.9)画出的功率谱包络线的形状与图 5.6 相似，但相应谱线的功率在数值上不应相等。调相键控已调波的功率谱只有连续谱，没有离散谱，即没有载波 f_c 成分。二相调相键控已调波所需的信道带宽 $B_{2PSK} = 2f_B$。

5.4.4 二相调相信号的解调

二相调相信号有绝对调相信号和相对调相信号两种已调波，因此，对其解调也分为如下两种情况。

1. 绝对调相信号的解调

由于 2PSK 的已调波与抑制载波的双边带信号一样，已调波中不含载波成分，所以在接收端应设法从调相波中提取原载波信号，称其为相干载波。下面介绍一种可解调 2PSK 信号的相干检测法，又称极性比较法，电路原理方框图如图 5.14(a)所示。

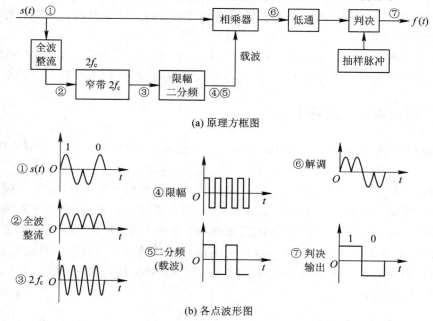

图 5.14 二相绝对调相信号的解调

载波提取电路首先将调相信号 $s(t)$ 经全波整流后，通过窄带滤波器（中心频率为 $2f_c$）将整流后得到的二次谐波成分 $2f_c$ 滤出。然后对 $2f_c$ 信号限幅、二分频，输出的就是提取出来的相干载波，其形状却为方波。2PSK 已调波 $s(t)$ 与相干载波通过相乘器进行极性比较（即解调），并获得解调输出信号，如图 5.14（b）所示，极性相同，输出为正；极性相反，输出为负，见图 5.14 中①、⑤、⑥波形。相乘器输出信号经过低通滤波和判决后，即可得到基带信号，见图 5.14 中⑦波形。在实际电路中，常用积分器代替图 5.14（a）中的低通滤波器。

2. 相对调相信号的解调

对 2DPSK 已调波的解调可用两种方法：一种是上面所讲的相干检测法，这时判决输出的是相对码，必须经过差分解码后才能恢复原基带码（即绝对码）。另一种就是延迟解调法，也叫相位比较法。这种方法是将本时刻的相对码延迟 1 比特（相当前一时刻的相对码）作为相乘器的"相干载波"。根据前面讲过的相对调相逢"1"改变相位，逢"0"相位不变的规则，组成了图 5.15（a）的解调电路原理方框图，图 5.15（b）是各点波形图。解调原理是以调相时的规则为依据的，即

本位码与前邻码异相——本位为"1"码；

本位码与前邻码同相——本位为"0"码。

这种比较相位的过程是在相乘器中进行的，由图 5.15（b）可以看到：DPSK 信号与前邻码异相（反相），相乘器输出为负值，经判决本位码为"1"码；若同相，相乘器输出为正值，经判决本位码为"0"码。因为这种解调方法是调相的逆过程，所以判决输出的基带码就是绝对码，不需要相对码变换成绝对码的过程。

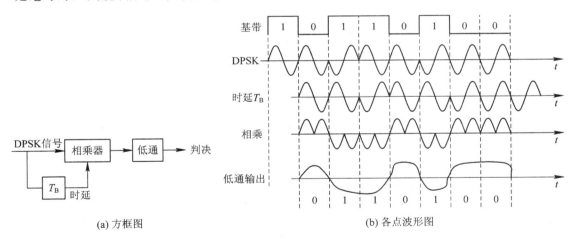

(a) 方框图　　　　　　　　　　　　(b) 各点波形图

图 5.15　延迟解调法原理图

3. 相干解调过程中的相位模糊现象

在前面引出相对调相的概念时就提到相位模糊现象，这里进一步阐述。

在图 5.14 提取相干载波的电路中，为了从调相波中提取相干载波，经过了一系列的波形变换，最后由二分频电路输出相干载波。在实际电路中，二分频器一般是由触发器构成的。由于触发器的状态不确定，故二分频器末级输出的方波相位可能随机地取 0 或 π 相位。

当分频器为某一起始状态时，相干载波的输出波形为图 5.14（b）中⑤的波形，相干载波

的起始相位为 0。而当二分频器为另一初始状态时，相干载波的输出波形可能与图 5.14(b)中⑤的波形的相位关系完全相反，即起始相位为 π。这种现象称为相干载波的"相位模糊"或称为"倒 π"现象，图 5.14 解调后经判决得到的"1"、"0"码与图中示出的结果将完全相反，会造成严重的错码。

为克服由于相干载波的相位模糊现象而造成的严重误码，目前在调相方式中，不采用绝对调相信号，而采用相对调相信号。根据相对调相信号本身的特点，相干载波发生倒 π 也不会使解调输出的基带信号发生误码，证明如下。

设发送端的绝对码序列为 $\{a_n\}$，信道传输的相对码序列为 $\{b_n\}$，则

$$b_n = a_n \oplus b_{n-1} \tag{5.10}$$

若解调之后，差分解码的逻辑为

$$c_n = b_n \oplus b_{n-1} \tag{5.11}$$

将式(5.10)代入式(5.11)，得

$$c_n = a_n \oplus b_{n-1} \oplus b_{n-1}$$

其中

$$b_{n-1} \oplus b_{n-1} = 0$$

所以

$$c_n = a_n \oplus 0 = a_n$$

上面的结果说明，采用相对调相，若不发生相干载波倒 π 时，接收端解调后经差分解码即可恢复发送端的绝对码序列。

假如相干载波存在倒 π 现象，并使解调输出 $\{b_n\}$ 变成其反码 $\{\bar{b}_n\}$ 时，则

$$c_n = \bar{b}_n \oplus \bar{b}_{n-1} \tag{5.12}$$

由式(5.10)的关系，可写成

$$c_n = \overline{a_n \oplus b_{n-1}} \oplus \bar{b}_{n-1} \tag{5.13}$$

根据模 2 加运算法则，有

$$\overline{a_n \oplus b_{n-1}} = a_n \oplus \bar{b}_{n-1}$$

代入式(5.13)得

$$c_n = a_n \oplus \bar{b}_{n-1} \oplus \bar{b}_{n-1} = a_n \oplus 0 = a_n$$

这个结果说明，即使相干载波发生了倒 π 现象，只要使用相对调相方式，接收端仍然能恢复发送端的绝对序列。相对调相的这个优点对多相调相波也适用。

必须指出，对于相对调相信号的解调及差分解码运算会使误码率增加。这是因为经过调相及模 2 加电路后，其误码经常是成对出现的。当信道造成的误码较低时，经差分解码后，其误码率近似等于信道误码率的 2 倍。

5.5　四相调相系统

5.5.1　多相调相的概念

多相调相也称多元调相或多相制。它是以载波的 M 种相位代表 M 种不同的数字信息。图 5.16 画出了 2、4、8 相制的相位矢量图。这里先讨论四相调相。

前面所讨论的二相调相是用载波的两种相位（0，π）去传输二进制的数字信息（"1"，"0"），如图 5.16(a)所示。在现代通信技术中，为了提高信息传输速率，往往利用载波的一种相位去携带一组二进制信息码，如图 5.16(b)、(c)所示。

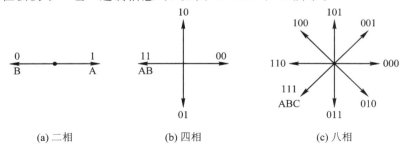

(a) 二相　　　　　(b) 四相　　　　　(c) 八相

图 5.16　多相调相的相位矢量图(π/2)系统

在四相调相中，共有四种相位状态，每种状态对应一组双比特码元，四种载波相位就表征了四种二进制码元组合（00，01，10，11）。两相邻相位之差为 $2\pi/4 = \pi/2$，在发送端的一个码元周期 T_B 内（双比特）传送了 2 位码，即码元长度 $T_s = T_B/2$，故其信息传输速率是二相调相方式的 2 倍。依次类推，对于八相调相方式，共有八种相位状态，每种状态对应一组三比特码元，八种载波相位就表征了八种二进制码元组合（000，001，101，100，110，111，011，010）。两相邻相位之差为 $2\pi/8 = \pi/4$，在发送端的一个码元时间内要传送 3 位码，即码元长度 $T_s = T_B/3$，其信息传输速率是二相调相方式的 3 倍。因此，越是多相，传输速率越高，但相邻载波之间的相位差越小，越难区分它们，增加了误码率。所以，目前在多相调相方式中，通常只采用四相调相和八相调相。

5.5.2　四相调相

1. 四相调相的两种调相系统

四相调相是用载波的四种相位（起始相位）与两位二进制信息码（AB）的组合（00，01，11，10）对应，括号内的 AB 码组称为双比特码。若在载波的一个周期（2π）内均匀地分成四种相位，可有两种方式，即（0，π/2，π，3π/2）和（π/4，3π/4，5π/4，7π/4）两种。故四相调相的电路与这两种方式对应，就有 π/2 调相系统和 π/4 调相系统之分。两个系统双比特码与已调波起始相位的对应关系如表 5.1 所示。

表 5.1　四相调制已调波相位表

π/2 系统			π/4 系统		
双比特码元		已调波	双比特码元		已调波
A	B	起始相位(φ)	A	B	起始相位(φ)
0	0	0	1	1	$\pi/4$
1	0	$\pi/2$	0	1	$3\pi/4$
1	1	π	0	0	$5\pi/4$
0	1	$3\pi/2$	1	0	$7\pi/4$

根据表 5.1 的相位关系，可画出四相调相已调波在两种调相系统中的矢量图，分别示于图 5.17(a)和图 5.17(b)。图 5.17(c)、(d)是两种调相系统已调载波起始相角对应的相

位起始点位置的示意图。

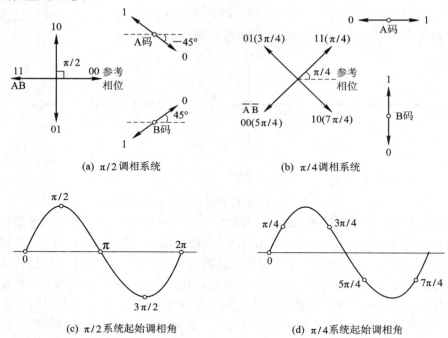

(a) π/2 调相系统　　　　　　　　　　(b) π/4 调相系统

(c) π/2 系统起始调相角　　　　　　　(d) π/4 系统起始调相角

图 5.17　两种调相系统的矢量图

由图 5.17(a)、(b)可看出：相邻已调波矢量对应的双比特码之间，仅有 1 位码不同（格雷码）。在多相调相信号进行解调时，这种码型有利于减少相邻相位角误判而造成的误码，可提高数字信号频带传输的可靠性。

2. 四相绝对调相与相对调相

四相调相也有绝对调相（4PSK）与相对调相（4DPSK）两种方式。绝对调相的载波起始相位与双比特码之间有一种固定的对应关系；但相对调相的载波起始相位与双比特之间没有固定的对应关系，它是以前一时刻双比特码对应的相对调相的载波相位为参考而确定的，其关系式为

$$\varphi_{cn} = \varphi_{cn-1} \oplus \varphi_{cn} \quad （这里为模 4 加） \tag{5.14a}$$

$$\varphi_{cn} = \varphi_{cn-1} + \varphi_n \tag{5.14b}$$

其中，φ_{cn} 为本时刻相对调相已调波起始相位；φ_{cn-1} 为前一时刻相对调相已调波起始相位；φ_n 为本时刻载波被绝对调相的相位，注意要调制的波形所考虑的系统条件，即要确定是 π/2 系统还是 π/4 系统。

5.5.3　四相调相原理及电路

1. 四相绝对调相

四相绝对调相的电路有很多种，常见的有相位选择法和正交调相法。

相位选择法的方框图如图 5.18 所示。逻辑选相电路在每 2 个二进制码输入后只能选择一种相位的载波输出。因此串/并变换及逻辑选相电路实际是一个输入为 2 位二进制数

据的译码器，或称选通门。它的工作原理非常直观。

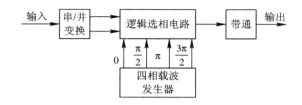

图 5.18　相位选择法四相调相方框图(π/2 系统)

　　图 5.19 是 π/4 系统的正交调相法产生 4PSK 信号的原理图及已调波矢量图。该电路由两个正交的 2 相绝对调相电路组合而成。二进制每两个码元串行输入后，并行分为 A、B 两路，各输出一个码元，其码元速率是输入速率的一半。为了实现调相，加到乘法器的调相信号必须是双极性信号，因此 A、B 两支路中都接入了单/双极性变换器，它们分别与正交的载频相乘，输出信号以向量图形式也画在图 5.19 中。

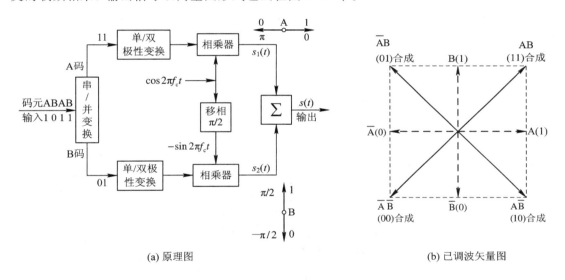

(a) 原理图　　　　　　　　　　　　　　　　　　(b) 已调波矢量图

图 5.19　正交调相法(π/4 系统)

　　图 5.19(a) 反映出其调相原理：输入的基带码首先经串/并变换，变成并行码流 A、B，分别再经过单/双极性变换使 A、B 码流都变换为双极性不归零码，它们再分别被送入上、下两个相乘器。图中的 f_c 为中频载波频率，由一个高稳定的晶体振荡器产生，而且被分为两路：一路为同相载波，另一路被调相 90°(称为正交载波)，它们也同样被分别送入上、下两个相乘器。

　　在上、下两个相乘器中，双极性(+1，−1)脉冲 A 码或 B 码分别对两个正交的载波进行抑制载波的双边带调幅。对同相支路而言，当用 +1 脉冲与载波相乘，得 $\cos(\omega_c t + 0°)$；用 −1 脉冲与载波相乘，得 $-\cos\omega_c t = \cos(\omega_c t + 180°)$。

　　对正交支路而言，同样得到 $\sin(\omega_c t + 0°)$ 和 $\sin(\omega_c t + 180°)$。

　　上、下两个相乘器的输出经合成器相加后得到已调波。已调波仍然是载波频率，其相位是同相支路与正交支路在不同相位状态下的两两合成。

对于 $\pi/4$ 调相系统合成的已调波四种相位状态是：

A	B	已调波
0	0	$\cos(\omega_c t + 5\pi/4)$
0	1	$\cos(\omega_c t + 3\pi/4)$
1	1	$\cos(\omega_c t + \pi/4)$
1	0	$\cos(\omega_c t + 7\pi/4)$

例如，AB=11 码，上面相乘器的输出 $s_1(t)$ 为 $\cos(\omega_c t + 0°)$；下面相乘器的输出 $s_2(t)$ 为 $\sin(\omega_c t + 0°)$，合成后的四相调制已调波的相位为 $\cos(\omega_c t + \pi/4)$。

2. 四相相对调相

四相相对调相，是先将需要传输的基带码流，经串/并变换成 AB 码，再经码型变换变成与相对调相波对应的双比特码元。然后根据这个变换后的双比特码元，仍利用绝对调相的电路来产生相对调相信号。

采用正交调相法产生相对调相信号的方框图如图 5.20 所示。这是一个 $\pi/2$ 调相系统。它是将双比特码元 AB 经过码变换成双比特码元 CD，再经过单双极性变换为双极性脉冲，然后送到乘法器的输入端。

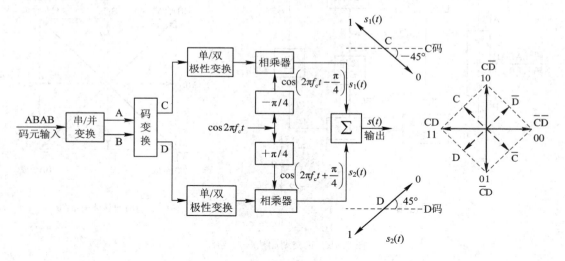

图 5.20 四相相对调相(电路)方框图($\pi/2$ 系统)

载波信号经过 $-\pi/4$、$\pi/4$ 相移后分别加到上、下两个相乘器，每个相乘器输出的已调波为 $s_1(t)$、$s_2(t)$ 已示于图中，各路相当于一个二相调相器。经合成后就获得了 $\pi/2$ 调相系统的四相调相信号。例如当 CD $=$ 00 码时，上、下两个相乘器中的互为正交载波分别被"0"码所调相，对原载波(未经调相载波)而言，此时 $s_1(t)$ 的相位为 $-45°$。$s_2(t)$ 的相位为 $+45°$；经合成后四相调相的已调波相位为 $0°$，如图 5.20 中右图所示。

在调相系统中，一般都不采用绝对调相方式。这是因为在性能较好的调相系统中，都使用相干解调方式，为了克服相干载波的倒 π 现象可能造成的严重误码，四相调相系统的实用调相方式也是相对调相，即 4DPSK。下面对图 5.20 的串/并变换和码变换分别予以介绍。

　1）串/并变换

　基带码序列送到串/并变换电路的输入端，在这里被分成两路。例如复用设备三次群的 34.368 Mb/s 的码流被分成两路 17.184 Mb/s 的码流，分别为 A 码和 B 码。

　2）差分编码

　由串/并转换电路得到两路并行绝对码 A 码和 B 码。为了得到相对码 CD，还要进行差分编码。AB 码已经是格雷码序列，因格雷码抗干扰能力较强，所以差分编码要将格雷码 AB 变成格雷码 CD。为了使这种变化容易实现，在实际电路中，常常采用如下过程：格雷码 AB 变成自然二进码 AB；自然二进码去差分编码；再将按自然码排列的 CD 变成格雷码排列的 CD。全部过程等效于格雷码 AB 变为格雷码 CD。

　表 5.2 是四相相对调相的 $\pi/2$ 系统差分码 C_nD_n 与绝对码 A_nB_n 的逻辑关系表。

表 5.2　四相相对调制码变换的逻辑关系表（π/2 系统）

前一符号状态 $C_{n-1}D_{n-1}$ 及所对应的相位 φ_{cn-1}		本时刻的 A_nB_n 及所对应的相位 φ_n		本时刻应出现的符号状态 C_nD_n 及所对应的相位 φ_{cn}	
φ_{cn-1}	$C_{n-1}D_{n-1}$	A_nB_n	φ_n	$\varphi_{cn}=\varphi_{cn-1}+\varphi_n$	C_nD_n
0	0 0	0 0	0	0	0 0
		1 0	$\pi/2$	$\pi/2$	1 0
		1 1	π	π	1 1
		0 1	$3\pi/2$	$3\pi/2$	0 1
$\pi/2$	1 0	0 0	0	$\pi/2$	1 0
		1 0	$\pi/2$	π	1 1
		1 1	π	$3\pi/2$	0 1
		0 1	$3\pi/2$	0	0 0
π	1 1	0 0	0	π	1 1
		1 0	$\pi/2$	$3\pi/2$	0 1
		1 1	π	0	0 0
		0 1	$3\pi/2$	$\pi/2$	1 0
$3\pi/2$	0 1	0 0	0	$3\pi/2$	0 1
		1 0	$\pi/2$	0	0 0
		1 1	π	$\pi/2$	1 0
		0 1	$3\pi/2$	π	1 1

　在表 5.2 中，φ_{cn} 表示本时刻相对调相已调波的相位，也就是本时刻差分码所对应的相位；φ_n 表示本时刻绝对调相已调波的相位，也就是本时刻绝对码所对应的相位；φ_{cn-1} 表示前一时刻绝对调相已调波的相位，也就是前一时刻差分码所对应的相位。

　根据 $\pi/2$ 系统双比特码与已调波相位的关系可写出前两大栏目四相调相已调波的调相角与码的对应关系。然后根据 $\varphi_{cn}=\varphi_{cn-1}+\varphi_n$，求出最后一个栏目的各 φ_{cn} 值，再根据 $\pi/2$ 系统相位与双比特的对应关系，就可写出差分码 C_nD_n。

目前四相相对调相的差分码变换，在发送端调相前常用"模 4 加"电路；在接收端解调后用"模 4 减"电路。图 5.21(a)是其方框图，图 5.21(b)是"模 4 加"的原理图，图 5.21(c)是模和双比特码的对应关系图。

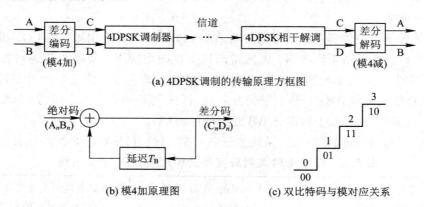

(a) 4DPSK调制的传输原理方框图

(b) 模4加原理图　　　(c) 双比特码与模对应关系

图 5.21　四相相对调相中的差分编码

模 4 加的运算法则：

相加之值<4，其和为结果值；

相加之值>4，其和减 4 为结果值；

相加之值=4，其结果值为零。

模 4 减的运算法则：

相减之值>0，其差为结果值；

相减之值<0，其差值加 4 为结果值；

相减之值=0，其结果值为零。

模 4 加运算(差分编码)举例如下：

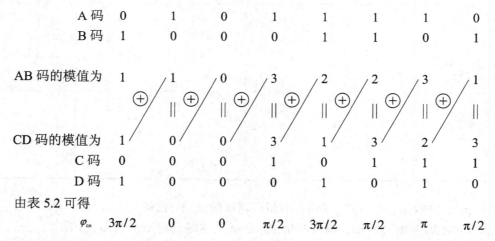

由表 5.2 可得

φ_{cn}　　$3\pi/2$　　0　　0　　$\pi/2$　　$3\pi/2$　　$\pi/2$　　π　　$\pi/2$

例 5.1　某基带信号数据流为 1001001101⋯，求其在 $\pi/4$ 系统下的绝对调相和相对调相已调波的波形。

解　将数据流 1001001101⋯分为 AB，AB，AB，AB⋯码组合，即 10，01，00，11，01⋯

A 码	1	0	0	1	0
B 码	0	1	0	1	1

AB 码的模值为　　3　　　1　　　0　　　2　　　1

CD 码的模值为　　3　　　0　　　0　　　2　　　3

C 码	1	0	0	1	1
D 码	0	0	0	1	0

据图 5.17(b)可知，$\pi/4$ 系统下，有

φ_{cn}　　$7\pi/4$　　$5\pi/4$　　$5\pi/4$　　$\pi/4$　　$7\pi/4$

再根据绝对调相原理将求得 φ_{cn} 的各相位值控制载波的初始相位，就得到 $\pi/4$ 系统下的绝对调相和相对调相已调波的波形，如图 5.22 所示。

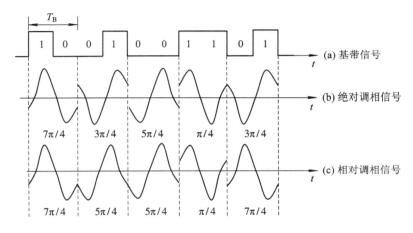

图 5.22　$\pi/4$ 系统已调波的波形图

3. 四相调相信号的解调

1）绝对调相信号的解调

一个四相调相信号可以用下式表示：

$$s(t) = g(t)\cos(\omega_c t + \varphi_k) \tag{5.15}$$

式中，$g(t)$ 是载波信号的包络，若为矩形包络，则 $g(t)$ 是常数；φ_k 是载波的调相相位，是由表 5.1 所示的双比特码元状态所决定的。

四相绝对调相信号的解调方框图如图 5.23 所示。假定传输信道无失真，接收信号 $s(t)$ 同时加到两个相乘器上，同相载波及正交载波也分别加到两个相乘器。经过相乘、积分之后，上面支路积分器的输出电压 u_A 为

$$u_A = \int_0^T g(t)\cos(\omega_c t + \varphi_k)\cos\omega_c t \, \mathrm{d}t$$

设 $g(t)=1$，根据三角函数积化和的关系：

$$\cos\alpha \cdot \cos\beta = \frac{1}{2}[\cos(\alpha+\beta) + \cos(\alpha-\beta)]$$

有

$$u_A = \int_0^T \frac{1}{2}\left[\cos(2\omega_c t + \varphi_k) + \cos\varphi_k\right] dt = \frac{1}{2}\int_0^T \cos(2\omega_c t + \varphi_k)\, dt + \frac{1}{2}\int_0^T \cos\varphi_k\, dt$$

式中，T 为双比特码元周期，如图 5.22(a) 所示。假设在 $t=T$ 时刻进行抽样判决，那么上式的第一项等于零。这是由于在持续时间 T 内有整数个余弦载波周期，其积分结果必为零。

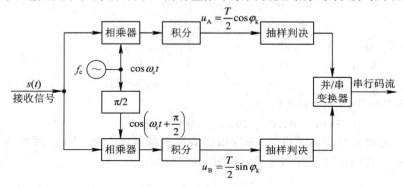

图 5.23　四相绝对调制信号的解调

故

$$u_A = \frac{T}{2}\cos\varphi_k \qquad (t = T \text{ 时}) \qquad (5.16)$$

图 5.23 中下面支路积分器的输出电压 u_B 为

$$u_B = \int_0^T \cos(\omega_c t + \varphi_k)\cos(\omega_c t + \pi/2)\, dt = -\int_0^T \cos(\omega_c t + \varphi_k)\sin\omega_c t\, dt$$

由三角函数积化和差关系：

$$\cos\alpha \cdot \sin\beta = \frac{1}{2}\left[\cos(\alpha + \beta) - \sin(\alpha - \beta)\right]$$

有

$$u_B = -\frac{1}{2}\int_0^T \sin(2\omega_c t + \varphi_k)\, dt + \frac{1}{2}\int_0^T \sin\varphi_k\, dt$$

则

$$u_B = \frac{T}{2}\sin\varphi_k \qquad (t = T \text{ 时}) \qquad (5.17)$$

式(5.16)和式(5.17)中的 $T/2$ 为正，故 u_A 和 u_B 的正、负将分别取决于 $\cos\varphi_k$ 和 $\sin\varphi_k$，而它们又取决于接收信号已调波调制角 φ_k 所在的象限。若被抽样的电压为正，则抽样判决电路判决为"1"码；若抽样的电压为负，则判决为"0"码。图 5.23 两个支路的判决结果见表 5.3。

表 5.3　判决码与抽样电压的关系

调制角 φ_k	A 支路		B 支路	
	$\cos\varphi_k$	判决	$\sin\varphi_k$	判决
$\pi/4$	＋	1	＋	1
$3\pi/4$	－	0	＋	1
$5\pi/4$	－	0	－	0
$7\pi/4$	＋	1	－	0

表 5.3 的判决结果就是 π/4 系统的双比特码与已调波调相角的关系，如图 5.19(b)所示。经抽样判决得到的 AB 码再经并/串变换，就可获得发送端调相前的基带串行码流。

2）相对调相信号的解调

四相相对调相信号的解调也可用解调绝对调相信号时使用的电路——相干检测法电路。但这时抽样判决得出的是相对码 CD，要经过差分解码才能获得绝对码 AB，再经并/串变换才能得到发送端的基带码流。

另一种解调方法是延迟解调法，其方法如图 5.24 所示。这种电路的结构比较简单，但误码性能较差。

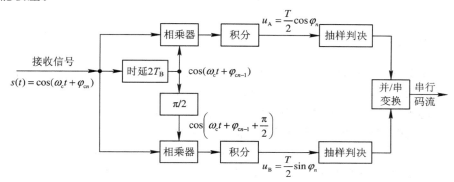

图 5.24　四相相对调相信号的延迟解调

图 5.24 与图 5.23 的相干解调法不同之处在于，它是利用前一个载波相位作为参考相位进行解调的。时延网络输出的就是前一时刻的载波相位，延迟时间 T 为双比特码元周期。所以，它是用前一时刻的载波信号代替相干载波的。

为简化起见，设本时刻接收的四相相对调相已调波的包络 $g(t)=1$，故 $s(t)$ 可写成

$$s(t) = \cos(\omega_c t + \varphi_{cn-1})$$

式中，φ_{cn} 与表 5.2 中的符号一致，表示本时刻相对调制已调波的相位。

$s(t)$ 经时延网络延迟双比特周期 $T = 2T_B$ 后，又加到上面一个相乘器。其载波相位是前一时刻的载波相位，用 φ_{cn-1} 表示，则延迟后的已调波可写成 $\cos(\omega_c t + \varphi_{cn-1})$。

因此，上面支路的 u_A 为

$$u_A = \int_0^T \cos(\omega_c t + \varphi_{cn}) \cos(\omega_c t + \varphi_{cn-1}) \, dt$$
$$= \frac{1}{2}\int_0^T \cos(2\omega_c t + \varphi_{cn} + \varphi_{cn-1}) \, dt + \frac{1}{2}\int_0^T \cos(\varphi_{cn} - \varphi_{cn-1}) \, dt$$

由表 5.2 中 φ_{cn}、φ_{cn-1} 与 φ_n 的关系可知

$$\varphi_n = \varphi_{cn} - \varphi_{cn-1} \quad （由此可以证明公式(5.14b)出处）$$

故

$$u_A = \frac{T}{2} \cos\varphi_n \tag{5.18}$$

同理，u_B 为

$$u_B = \int_0^T \cos(\omega_c t + \varphi_{cn}) \cos\left(\omega_c t + \varphi_{cn-1} + \frac{\pi}{2}\right) dt$$
$$= \frac{1}{2}\int_0^T \cos\left(2\omega_c t + \varphi_{cn} + \varphi_{cn-1} + \frac{\pi}{2}\right) dt + \frac{1}{2}\int_0^T \cos\left(\varphi_{cn} - \varphi_{cn-1} - \frac{\pi}{2}\right) dt$$

故

$$u_{\mathrm{B}} = \frac{1}{2}\int_0^T \sin(\varphi_{cn} - \varphi_{cn-1})\mathrm{d}t = \frac{T}{2}\sin\varphi_n \tag{5.19}$$

式(5.18)和式(5.19)中的 φ_n 就是式(5.16)和式(5.17)中的 φ_k。因此,图 5.24 中的 u_{A}、u_{B} 经过抽样判决后就是绝对码 AB,再经串/并变换后即可得到基带串行码流。由此可见,延迟解调无需再经过差分码到绝对码变换,就可还原成发送端的基带码流了。

5.6　其他调相方式

5.6.1　八相调相

八相调相是有效地提高频谱利用率的一种方式。它是把 $0\sim2\pi$ 分成 8 种相位已调波,相邻相位之差为 $2\pi/8=\pi/4$。二进制信码的 3 比特码组成一个八进制码元($2^3=8$),并与一个已调波的起始相位对应。所以,必须将二进制的基带信码经串/并变换,变为 3 比特码元,然后进行调相。3 比特码的组合情况不同,对应的已调波相位就不同。

八相绝对调相记为 8PSK,它有 8 种可能输出相位,解调时要对 8 种不同的相位进行解码。图 5.25 是正交法产生 8PSK 的方框图。串行输入的二进制数据被分成 3bit 一组送入串/并变换器后,分成三路同时并行输出,所以每路的速率为 $f_{\mathrm{B}}/3$。A 和 C 数据进入 A 路的 2−4 电平变换器;B 和 $\overline{\mathrm{C}}$ 数据进入 B 路的 2−4 电平变换器。两变换器输出分别对正交的载波进行双边带多电平调幅并将输出合路,这样便得到 8PSK 信号。A、B 两路 2−4 电平变换逻辑真值表及 8PSK 相位真值表如表 5.4 所示。八相的相位矢量及星座图如图 5.26 所示。

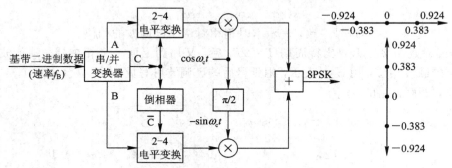

图 5.25　正交法产生 8PSK 的方框图

表 5.4　A、B 两路 2−4 电平变换及 8PSK 相位逻辑真值表

AC	输出	B$\overline{\mathrm{C}}$	输出	ABC	8PSK 相位	ABC	8PSK 相位
00	−0.3827	01	−0.9239	111	22.5°	001	−157.5°
01	−0.9239	00	−0.3827	110	67.5°	000	−112.5°
11	+0.9239	10	+0.3827	010	112.5°	100	−67.5°
10	+0.3827	11	+0.9239	011	157.5°	101	−22.5°

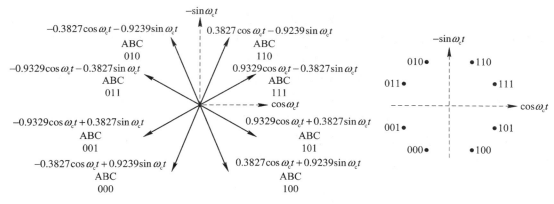

图 5.26　8PSK 相位矢量及星座图

8PSK 信号解调的框图如图 5.27 所示，解调过程正好是调相的反过程，其原理不再赘述。

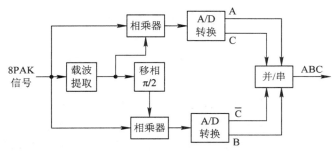

图 5.27　8PSK 信号解调的框图

综上所述，可以看出多相调相有如下特点：

（1）在码元速率相同时，多相制的带宽与二相制带宽相同，但多相制的信息速率是二相制的 lb$M$ 倍，因此多相制的频带利用率也是二相制的 lb$M$ 倍。

（2）多相制的误码率高于二相制，并且随着 M 的增大而增加。

（3）多相制属恒包络调相，发信机功率得到了充分利用。

（4）多相调相与多电平调相相比，带宽、信息速率及频带利用率相同。而多相制由于是恒包络（调制后的波形包络为恒定值，即已调波包络为恒定值），发信机功率得到充分利用，因此它的平均功率大于多电平调相，相应地，误码率也比多电平调相要小。因此，目前卫星通信、微波通信等广泛采用多相调相。

5.6.2　正交调幅

随着通信技术的发展，频带利用率一直是人们关注的焦点。由调相的原理知道，增加载波调相的相位数，可以提高信息传输速率，即增加信道的传输容量。但是，单纯靠增加相数，一会使设备复杂化，二也会使误码率随之增加，于是就提出了具有较好性能的正交调幅（QAM）方式。正交幅度调制是一种双重数字调相，它是用载波的不同幅度及不同相位表示数字信息，是一种频带利用率很高的数字调相方式，越来越受到人们的重视。

由于多相调相方法的已调波的包络是等幅（恒定）的，故限制了两个正交通道上的电平组合。由表 5.4 可以看出，当正交系数为 $\cos\varphi_k$、$\sin\varphi_k$ 时，其多相调相已调波的幅度符合

$r = \sqrt{\cos^2\varphi_k + \sin^2\varphi_k} = 1$。换句话说，已调波矢量的端点都被限制在一个圆上。正交幅度调制方法与其不同，它的已调波可由每个正交通道上的调幅信号任意组合，这样已调波的矢量端点也就不被限制在一个圆上，故正交幅度调制是既调幅又调相的一种方式，如图5.28所示。由 16PSK 和 16QAM 已调波矢量的端点的点群图可明显看出，16QAM 的 16 个已调波矢量端点不在一个圆上，点间距离较远。解调时，容易区分相邻已调波矢量，故误码率低(与相同点数的 PSK 相比)；当把坐标圆点与各矢量端点连线，可看出各已调波矢量的相位和幅度均有变化，因此说 QAM 方式的载波是既调幅又调相的。下面以 8QAM 和 16QAM 为例讲述它的基本原理。

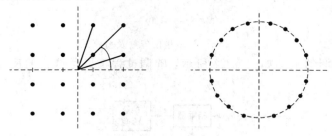

图 5.28　16PSK 和 16QAM 方式的点群图

1. 8QAM

8QAM 是 $M=8$ 的多进制数字调制技术，8QAM 调制原理方框图如图 5.29 所示，它与 8PSK 实现的框图 5.25 的唯一差别是 C 支路与 B 支路之间省略了反向器。A、B 两支路的 2 - 4 电平变换器的真值表相同。2 - 4 电平变换的真值表及合成后信号的幅度、相位真值表如表 5.5 所示。8QAM 的相移图及星座图如图 5.30 所示。

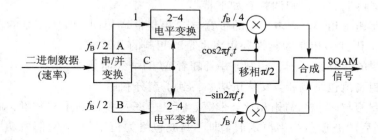

图 5.29　8QAM 调制原理方框图

表 5.5　2 - 4 电平变换及合成信号真值表

A(B)C	输出	ABC	8QAM		ABC	8QAM	
			幅度	相位		幅度	相位
0 0	−0.3827	010	0.5412	+135°	110	0.5412	+45°
0 1	−0.9239	011	1.3066	+135°	111	1.3066	+45°
1 1	+0.9239	000	0.5412	−135°	100	0.5412	−45°
1 0	+0.3827	001	1.3066	−135°	101	1.3066	−45°

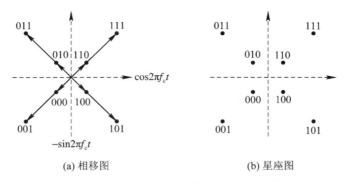

(a) 相移图　　　　　　　　　　　(b) 星座图

图 5.30　8QAM 相移图及星座图

从真值表和星座图都可以看出，8QAM 已调信号是幅度与相位均在变化的高频载波，输入的二进制码流每 3 bit 分为一组。A、B 两比特决定其相位，有四种组合，对应四种相位，即 $01 \leftrightarrow +135°$，$00 \leftrightarrow -135°$，$11 \leftrightarrow +45°$，$10 \leftrightarrow -45°$；C 比特决定幅度，有两种状态，对应两种幅度，即 $1 \leftrightarrow 1.3066$、$0 \leftrightarrow 0.5412$。

8QAM 解调方框图与 8PSK 解调完全相同，由于输入是 8QAM 信号，则下支路解调输出为 B、C，而不是 B、$\bar{C}$。

2. 16QAM

16QAM 是 $M = 16$ 的系统，其调制的方框图如图 5.31 所示。输入二进制数据经串/并变换和 2-4 电平变换后速率为 $f_B/4$。2-4 电平变换后的电平为 ± 1 V 和 ± 3 V 四种，在每个支路中，2-4 电平变换电路相当于又一次串/并变换，而每个支路具有四电平信号，故码速又降低了一半。经预滤波限带后，送入相乘器进行抑制载波的双边带调幅（DSB-SC），其相乘器输出即为抑制载波的四电平调幅信号。同相支路和正交支路的四电平调幅信号在合成器中进行矢量相加，其合成后的信号为 $A\cos 2\pi f_c t - jB \sin 2\pi f_c t$，经滤波放大后，即可输出 16QAM 已调波。由于 A、B 各有 4 种幅度，所以合成后信号有 16 个状态。这 16 个状态的星座图如图 5.32 所示。解调是上述调制的逆过程，也采用正交解调，其原理不再赘述。

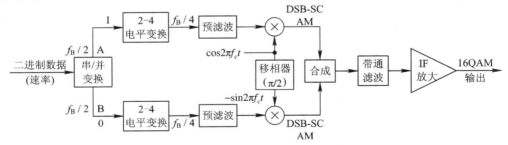

图 5.31　16QAM 调制的方框图

从图 5.32 可以看出，16QAM 的星座图呈方形，因此也称方形星座图。16QAM 的星座图也可以如图 5.33 所示，由于它呈放射形，故也称星形星座图。16QAM 星形星座图与方形比较有如下特点：星形有 8 种相位、2 种幅度，而方形有 3 种幅度、12 种相位。因此星形的幅度及相位种类少，星形比方形在抗衰落性能上要更胜一筹，故应用更为广泛。16QAM 星形实现亦很方便，我们可将输入的二进制信息每 4 比特分为一组，前 3 比特用来实现 8PSK 调相，第 4 比特控制幅度。根据这一思想，读者不难构成 16QAM 星形调相的方框图。目前为了提高频带利用率，在有线 MODEM 中已采用了 32QAM、64QAM、128QAM、256QAM 等。ITU－T 对它的星座图都有详细建议，无论是哪一种 QAM，它们都是幅度和相位双重受控的数字调制。

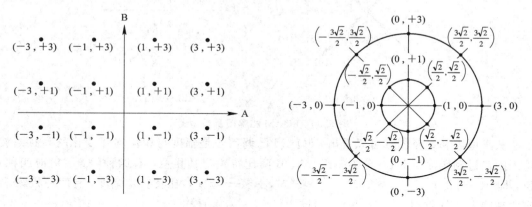

图 5.32　16QAM 相移图、星座图　　　　　图 5.33　星形星座图

5.7　各种调相方式的主要性能比较

5.7.1　各种调制方式的信道频带利用率

1. 二进制调制方式

由图 5.6 和图 5.8 的功率谱可以看出，因为频带传输有调制过程，故占用的信道带宽比基带传输宽。这是因为基带传输只要求通过数字基带方波信号的单边频谱就可以了，而频带传输必须要求信道通过已调波的双边频谱才行。这个带宽就是载波两侧第一个零点之间的带宽，它集中了已调波的主要能量，是对高频信道带宽的最低要求，因没通过的已调波副瓣的能量很少，可不予考虑(见图 5.6)。故有

2ASK 方式的高频信道利用率为

$$\frac{f_{B}}{2f_{B}} = \frac{1}{2} \quad (b/(Hz \cdot s))$$

2FSK 方式的高频信道利用率为

$$\frac{f_{B}}{(f_{c0} - f_{c1}) + 2f_{B}} \leqslant \frac{1}{2} \quad b/(Hz \cdot s)$$

2PSK 方式的功率谱形状与 ASK 方式一致，两种方式只是幅度不同，但高频信道利用率相同，即二者均为 1/2 b/(Hz・s)。

2. 多相调制方式

图 5.34 示出了 4PSK 和 2PSK 的已调波功率谱。因四相调制要对基带码进行串/并变换，故码元速率 f_{s} 是比特速率 f_{B} 的一半，四相调制已调波的双边功率谱第一个过零点间宽度为 $2f_{s} = f_{B}$，则四相调制信号的高频信道利用率为

$$\frac{f_{B}}{2f_{s}} = \frac{f_{B}}{f_{B}} = 1 \quad b/(Hz \cdot s)$$

同理，可得八相调制方式的高频信道利用率为

$$\frac{f_B}{2f_s} = \frac{f_B}{\frac{2}{3}f_B} = 1.5 \quad \text{b}/(\text{Hz} \cdot \text{s})$$

以此类推，十六相调制方式，因其码元速率 $f_s = f_B/4$，$2f_s = f_B/2$，所以其高频信道利用率为

$$\frac{f_B}{2f_s} = 2 \quad \text{b}/(\text{Hz} \cdot \text{s})$$

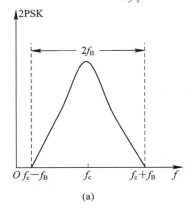 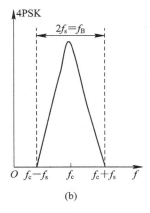

图 5.34　4PSK 与 2PSK 的已调波谱率

3. QAM 调制方式

QAM 已调波的频谱取决于两个正交通道上的基带信号频谱。因为 QAM 方式两个正交通道上的基带信号与 PSK 方式的基带有相同的结构，所以在已调波矢量点数相同时，QAM 与 PSK 已调波有相同的功率谱。也就是说，16QAM 与 16PSK 已调波的功率谱形状相同，所以它们有相同的高频信道利用率。

总之，从实际应用效果来看，在误码率相同的条件下，频带利用率从高到低依次为 MASK、MQAM、MPSK、FSK 相干解调、FSK 非相干解调，而且，M 越大，频带利用率越高。

5.7.2　误码率

按照最佳接收机准则建立起来的收信机，对其误码性能的分析，是以发送端 1、0 码等概率发送、信道噪声是高斯型白噪声为假定条件的。这时接收端的误码率决定于归一化信噪比 E/N_0 和波形相关系数 ρ。

假定发送端已调信号为 $s_1(t)$ 和 $s_2(t)$，方波脉冲的持续时间为 T_b，接收端解调器判决前用积分器在 $(0 \sim T_b)$ 时间内建立起判决电压，则归一化信号能量 E 为

$$E = \int_0^t s_1^2(t)\,\mathrm{d}t = \int_0^{T_b} s_2^2(t)\,\mathrm{d}t \tag{5.20}$$

式 E/N_0 中的分母 N_0 是信道的单边高斯型白噪声的功率谱密度，对应的工作带宽为 $0 < \omega < \infty$。

相关系数 ρ 的定义式为

$$\rho = \frac{\displaystyle\int_0^{T_b} s_1(t)s_2(t)\,\mathrm{d}t}{E} \tag{5.21}$$

在 2ASK 和 2FSK 系统中，$\rho = 0$；在 2PSK 系统中，$\rho = -1$。

由波形相关系数 ρ 可知，在二进制调相系统中，PSK 的相关系数 $\rho = -1$，说明相关性最小，其已调波的波形是最佳的，与 ASK 和 FSK 方式相比，PSK 方式的误码率是最小的。

经过推导，可得出 3 种二进制调制方式同步解调（相干解调）时的误码率公式：

$$P_{eASK} = \frac{1}{2}\ \mathrm{erfc}\left(\frac{1}{2}\sqrt{\frac{E}{N_0}}\right) \tag{5.22}$$

$$P_{eFSK} = \frac{1}{2}\ \mathrm{erfc}\left[\frac{1}{\sqrt{2}}\sqrt{\frac{E}{N_0}}\right] \tag{5.23}$$

$$P_{ePSK} = \frac{1}{2}\ \mathrm{erfc}\left(\sqrt{\frac{E}{N_0}}\right) \tag{5.24}$$

式(5.22)～(5.24)中的 $\mathrm{erfc}(x)$ 是互补误差函数，与误差函数有如下关系：

$$\mathrm{erf}(x) = 1 - \mathrm{erfc}(x) \tag{5.25}$$

误差函数也称概率积分函数，其定义为

$$\mathrm{erf}(x) = \frac{2}{\sqrt{\pi}}\int_0^x \mathrm{e}^{-z^2}\mathrm{d}z$$

根据事件所有概率取值之和为 1 的定律，即有式(5.25)关系，不难得到互补误差函数（余概率积分函数）为

$$\mathrm{erfc}(x) = \frac{2}{\sqrt{\pi}}\int_x^\infty \mathrm{e}^{-z^2}\mathrm{d}z$$

误差函数取值可通过查数学手册求得，关于误差函数深入的物理含义有兴趣的读者可查阅相关的专业资料。

根据式(5.22)～(5.24)，可作出相应的误码率 P_e 与信噪比的关系曲线，如图 5.35 所示。图中横坐标是用 dB 值 $10\lg(E/N_0)$ 标注的。为了与非同步解调比较，还画出了 PSK 延迟解调曲线。

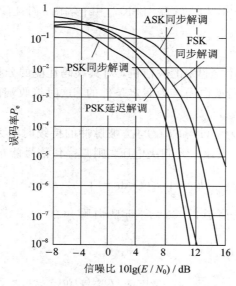

图 5.35　二进制几种调制方式的误码性能

　　由公式及曲线均可看出，为了满足同一个误码率指标，以 2PSK 为参考，要求 FSK 的信噪比应提高 3 dB，ASK 则应提高 6 dB。换句话说，2PSK 抗干扰能力最强，2FSK 次之，2ASK 最差。至于延迟解调，当要求误码率相同时，要比同步解调增加一定数量的信噪比才行。

　　对于多相调制的误码率，其公式推导较麻烦，但有一点可以肯定，在相同的归一化 E/N_0 的条件下，已调波相位的矢量点数越多，其误码率越高，反之，要得到相同的误码率，就要提高多相调相的归一化信噪比，例如加大发信功率。有时把这种情况称为多相调制的功率损失。

　　图 5.36 是在基带传输的比特速率一定时，各种 PSK 系统在接收端均采用相干解调时的误码率与 $10\lg(E/N_0)$ 的关系曲线。由曲线族可以看出，当多相调相的相位数增加时，若要求相同的误码率，必须增加信噪比。

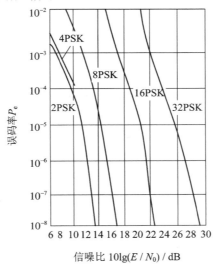

图 5.36　比特率一定时多相调制的误码性能

　　图 5.37 所示是 3 种十六进制不同调制方式的误码性能比较。由图可知，在已调波矢量点数相同，归一化信噪比一定时，QAM 方式的误码率最低，PSK 方式次之，ASK 方式误码率最高。

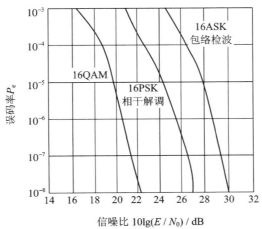

图 5.37　十六进制不同调制方式的误码性能

小　结

在数字传输系统中，调制是实现频带传输的一种重要手段，数字信号经过模拟信道传输必须调制。二进制数字调制有三种基本方式：幅度键控（ASK）、频移键控（FSK）、相位键控（PSK）。

本章首先介绍了这三种方式的调制解调原理、功率谱密度及实现的基本方法。

ASK 信号的频谱包含载频及上、下边频，载频不携带任何信息，上、下边频都含有基带信号的全部信息，频带利用率最经济，可用于高速调制解调器中。ASK 信号可由乘法器产生，其解调一般采用相干解调方法。

FSK 信号的产生有频率转换法和直接调制法，解调一般采用非相干解调，由零交点法实现。FSK 方式实现较简单，但频带较宽，一般在低速数据传输系统中使用。

PSK 信号的频谱中没有载频成分，带宽是基带信号的两倍。PSK 信号有绝对调相和相对调相两种，但在实际中常采用相对调相。为了提高传输速率，采用了多相调相，大多采用的是四相和八相，在中速调制解调器中使用。PSK 信号的解调一般采用相干解调，它具有良好的抗白噪声性能。

正交调幅（QAM）也是一种常用的调制方法，它实现了在提高传输速率的同时，简化设备，并具有较低的误码率，目前它正向更高进制的调制方式发展。

通过讨论各种二进制数字调制、多进制调制、现代调制的原理及抗噪声性能，要求熟练掌握各种二进制的波形、功能谱密度图、带宽、产生和解调方法及误码率分析的结论和公式；对多进制调制，主要了解原理、产生方框图及星座图，对现代调制技术，应了解相位路径图；通过对各种数字调制性能的对比，能掌握各种数字调制性能的优劣，能根据实际情况正确选用调制和解调的电路；对多进制数字调制，还应掌握系统的波形速率、信息速率及带宽的计算。

习题与思考题

5.1　为什么在通信系统中要采用调制技术？

5.2　调制是如何分类的，分为哪几类？

5.3　若数字消息序列为{110010101}，试画出二进制 ASK、FSK、PSK 和 DPSK 信号波形图。

5.4　画出 2ASK、2FSK 和 2PSK 已调波的功率谱，并注明信道带宽。

5.5　画出数字消息序列{10010010}的二相调相的绝对调相和相对调相信号的波形。

5.6　解释相干载波的相位模糊现象，在二相或多相调相系统中的实际电路，为什么不使用绝对调相，而是采用相对调相？

5.7　若数字基带码为{1011010110}，进行串/并变换，并按模 4 加法则，将绝对码变成相对码，画出 4DPSK 的 $\pi/2$ 调相系统已调波的波形。

5.8　在已调波矢量点数相同的情况下，为什么 QAM 调相方式的误码性能优于 PSK 方式？

5.9　某一型号的 MODEM 利用 FSK 方式在电话信道 600～3000 Hz 范围内传送低速二元数字信号，且规定 $f_1 = 2025$ Hz 代表空号(即 0 码)，$f_2 = 2225$ Hz 代表传号(即 1 码)，若信息速率 $R_b = 300$ bit/s，接收端输入信噪比要求为 6 dB，求：

(1) FSK 信号带宽；

(2) 利用相干接收时的误比特率。

5.10　设发送数字基带码为 {01011000110100}，试按照 $\pi/2$ 系统和 $\pi/4$ 系统的要求，分别画出两种情况下相应的 4PSK 和 4DPSK 信号的所有可能波形。

第 6 章　同步与数字复接

☞ **本章提要**

- 几种同步的概念和位同步技术
- 数字复接的原理及 PDH 系统
- SDH 体系及复用、映射和定位原理

在数字通信系统中传输的信号，是由一些等长度的码元构成的数字序列。这些码元在时间上按一定的顺序排列，并分别代表不同的信息。为了使数字信号在传输过程中保持完整，就必须保持这些码元在时间上所占位置（即"时隙"）的准确性。这就要求发送端和接收端都要有稳定而准确的定时脉冲，以保证系统内各种电路始终按规定的节拍工作。发、接端设备各部分电路的动作都由这些定时脉冲分别控制，这样才能保证严格正确的时间关系。这就是定时的概念。

发送端和接收端分别有自身的定时脉冲是不够的，为了保证整个传输过程准确可靠，还必须使发、收两端的定时脉冲在时间上保持一致，这就称为"同步"。同步的作用，就是要设法使接收端的时隙对准发送端的时隙，这样接收端才能将"0"、"1"构成的比特流还原成正确的信息，所以同步是数字通信系统可靠工作的一个前提；是通信系统中一个非常重要的问题。由于一般收、发双方不在一地，要使它们能步调一致地协调工作，必须要有同步系统来保证。同步系统工作的好坏，在很大程度上决定了通信系统的质量。

数字通信系统的同步，按照作用的不同一般分为载波同步、位同步（码元同步）、帧同步（群同步）。此外，随着通信技术的发展，特别是通信系统与计算机网络的结合日益紧密，出现了多点之间的通信和数据交换，构成了数字通信网。为使全网有一个统一的时间标准，还产生了一种同步方式，这就是网同步。在本章将在简述载波同步、位同步、帧同步、网同步这四种基本的同步方式的基础之上着重详细介绍位同步技术所涉及的技术问题。

随着通信技术的飞速发展，人们对通信的需求越来越大，而信道资源却始终是有限的。为了扩大传输容量和提高传输效率，常常需要将若干个低速数字信号合并成一个高速数字信号流，以便在高速信道中传输。数字复接就是解决 PCM 信号由低次群到高次群的合成的技术，将在本章后面详细讨论。

6.1　同步技术概述

1. 载波同步

载波同步是在相干解调时，接收端需要一个与所接收到信号中的调制载波同频同相的本地载波信号，这个本地载波的获取称为载波提取或载波同步。在《高频电子线路》以及第5章数字调制中，我们已学习过，无论是模拟调制信号还是数字调制信号，都必须有相干载波，才能实现相干解调。因此可以说，载波同步是实现相干解调的基础。

在研究载波同步时，必须强调两点：第一，载波同步产生的本地载波应该与接收到的信号中的调制载波同频同相，而不是与发送端调制载波同频同相。因为发送的信号经过信道传输和噪声的影响，会引起附加的频移和相移。这种频移和相移是随机的，即使收、发两端的振荡器频率绝对稳定、相位完全一致，在接收端也无法保证载波同步。第二，在接收信号中，发送端调制的载波成分可能存在，也可能不存在，这里所说的载波同步方法是指针对接收信号中不直接含有载波成分的情况。如果接收信号中包含有载波，可用窄带滤波器直接把它提取出来，这样的提取方法就很简单了。由于篇幅的限制，这里就不再赘述。

2. 位同步

位同步又称码元同步，它是数字通信系统特有的一种同步。在数字通信系统中，被传送的信号是由一系列的码元组成的，发送端每发送一个码元，接收端就应该相应地接收一个码元，两者步调一致。因每个码元占有一定的持续时间，而且码元是一个接着一个连续发送的，因此提供一个作为取样判决用的定时脉冲序列，该序列的重复频率与码元速率相同，相位与最佳取样判决时刻一致，我们把提取这种定时脉冲序列的过程称为位同步。从上面分析可以看出，只有定时脉冲正确，才谈得上正确取样判决，因此位同步是正确取样判决的基础。在6.2节中将着重探讨位同步方法。

3. 群同步

群同步也叫帧同步。对于数字信号传输来说，有了载波同步就可以利用相干解调，解调出含有载波成分的基带信号包络，有了位同步就可以从具有随机性不规则的基带信号中判决出每一码元信号，形成原始基带数字信号。然而，这些数字信号是按照一定数据格式传送的，一定数目的信息码元组成一"字"，若干"字"组成一"句"，若干"句"构成一帧，从而形成群的数字信号序列。各路信码都安排在指定的时隙内传送，形成一定的帧结构。接收端为了正确地分离各路信号，首先要识别出每帧的起始时刻，从而找出各路时隙的位置。也就是说，接收端必须产生与字、句和帧起止时间相一致的定时信号。我们称获得这些定时序列的过程为帧（字、句、群）同步。

根据上面的分析可以看出，帧同步是正确译码和分路的基础。在模拟通信中，也会遇到帧同步问题，如模拟电视信号中的帧同步及场同步等，这些同步不是建立在码元同步基础之上的，它们是用模拟的方法实现，如发送一个幅度较大或宽度较宽的脉冲信号来指示"帧"的开始或结束。有关模拟通信帧同步，读者可参考有关电视原理的专业书籍。这里所说的帧同步主要是指数字通信中的帧同步。这种帧同步建立在码元同步基础之上，即用在相隔固定多个信息码元后插入特殊的同步码或码组来实现的。帧同步技术在第3.5节已经详细阐述，这里不再重述。

4. 网同步

在一个通信网里，通信和相互传递消息的设备很多，各种设备产生及需要传送的信息码流各不相同，当实现这些信息的交换、复接时，必须要有网同步系统来统一协调，使整个网能按一定的节奏有条不紊的工作。目前，实现网同步的方法主要有两大类：一类是建立同步网，使网内各站的时钟彼此同步。建立同步网的方法又分为主从同步和相互同步。主从同步是全网设立主站，主站的时钟作为全网同步的标准，其他各站的时钟以主站时钟为标准校准，从而保证全网同步。相互同步是网时钟锁定在各站时钟的平均值上，这种方法克服了主从同步中网同步过于依赖主站的缺点，提高了网的抗毁能力，但各站设备都较复杂。另一类是异步复接，也称独立时钟法。这种方法可通过码速调整和水库法来实现。码速调整常用所谓的正码速调整，在信息流中适时地插入一些码元使其码速提高，从而实现同步。水库法则是在网的节点处设置存量较大的存储器，各支路按各自的速率存入或读取信息。只要存储器容量足够大，信息就不会"溢出"或"取空"。这就像大水库既不会灌满，也不会抽干。网同步是个复杂的问题，涉及整个通信网的状况及运营要求。有兴趣的读者可查找相关的专业资料和书籍，本章不作赘述。

5. 不同传输方式的同步

同步也是一种信息，按照传输同步的方式的不同，可分为外同步和自同步法。

（1）外同步。为了实现同步，发送端专门发送同步信息，它常常被称为导频或领示频率，接收端根据接收到的导频提取出同步信息。从这种方法可以看出，导频是为了提取同步信息特意外加的，因此插入的导频要尽可能地方便提取同步信息。另外，导频本身并不包含所要传送的信息，应尽可能地减小导频对传送信息的影响。外同步对导频的频率、功率大小，甚至相位都有一定的要求。

（2）自同步。发送端不发送专门的同步导频，同步信息是接收端从接收信息中设法提取的，这种方式效率高、干扰小，但有时接收端设备较复杂。

由于外同步法需要传输独立的同步信号，因此，要付出额外功率和频带，在实际应用中，二者都有采用。在载波同步中，采用两种同步方法，而自同步法用得较多；在位同步中大多采用自同步法，外同步法也有采用；在群同步中，一般都采用外同步法。

无论采用哪种同步方式，对正常的信息来说都是必要的，只有收、发之间建立了同步才能开始传输信息。同步误差小、相位抖动小以及同步建立时间短、保持时间长等为其主要指标，它是系统正常工作的前提，否则就会使数字通信设备的抗干扰性能下降，误码增加。如果同步丢失（或失步），将会使整个系统无法工作。

同步系统的质量在很大程度上影响着通信的质量。因此，在数字通信同步系统中，要求同步信息传输的可靠性高于信号传输的可靠性。

6.2 位 同 步

位同步又称为码元同步，它是数字通信中所特有的，且为最基本、最重要的一种同步。由于数字信号是一位码一位码地发送和接收的，因此就要求传输系统的收、发端应具有相同的码速和码元长度。由于任何传输信道都存在干扰和衰耗，因此数字信号在通过信道传输后都应当经过整形与判决。在判决时，仅仅满足收、发定时脉冲的频率相等是不够的。为克服各种干扰的影响，还要求判决应选在信噪比最大的时刻，并尽量靠近码元中央。如图 6.1 所示，在图 6.1(a)中，由于判决时刻没有选在码元中央（即信噪比最大的时刻），所以在接收端出现了判决错误；而在图 6.1(b)中，因为正确选取判决时刻，所以获得了良好的传输效果。可见，位同步是为了接收端在最佳判决时刻对接收码元进行抽样判决，从而尽可能地减少误判。

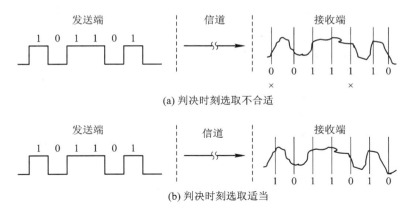

(a) 判决时刻选取不合适

(b) 判决时刻选取适当

图 6.1 判决时刻的选取

本节主要介绍传统的位同步方法：直接法（自同步法）和插入导频法（外同步法）两种。随着 DSP 技术的发展，某些与常规同步方法大不一样的新型技术，如内插同步技术也开始得到日益广泛的应用。有兴趣的读者可以查阅相关资料。

6.2.1 外同步法

外同步法是指在发送数字信息的同时，还发送位同步信号的一种同步方法。以下是两种应用较广泛的实现方式。

1. 插入位定时导频法

在无线通信中，数字基带信号一般都采用非归零（NRZ 码）的矩形脉冲，并以此对高频载波作各种调制。解调后得到的也是非归零的矩形脉冲，码元速率为 f_B。其功率谱密度中都没有 f_B 成分，也没有 $2f_B$ 成分，此时可以在基带信号频谱的零点处即 f_B 或 $2f_B$ 处插入所需要的导频信号，如图 6.2 所示。其中图 6.2(a)是双极性非归零基带信号插入导频信号的频谱，取 $f_B = 1/T_B$（T_B 为码元周期）；图 6.2(b)为经过码型变换得到改进的双二进制基带信号插入导频信号的频谱图，为 $1/2T_B = f_B/2$。

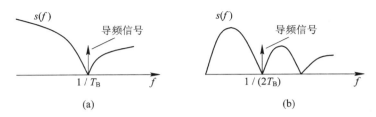

图 6.2 导频插入频谱

定时导频提取的原理如图 6.3 所示。可以看出，解调以后的基带信号用中心频率为 $f = 1/T_B$（或 $1/2T_B$）的窄带滤波器提取出导频信号，然后经移相整形，形成位定时脉冲，即位同步。这一应用从原理上说非常简单，但在实际中还需解决两个问题。

（1）接收端需注意消除或减弱定时导频对原基带信号的影响。因为位定时导频分量不是原数字信号的成分，故在加入导频后，接收端解调得到的基带信号与原来的不同，所以必须设法消除导频分量，恢复原始数字信息，否则将引起判决错误。解决这一问题的办法，一是在发送端加入位定时导频时，在相位上使信息序列的取样判决时刻正好是位定时导频信号的过零点，这样可不产生对原信号的干扰。但这样安排，在信道群时延均衡不良时也会因接收信号的判决时刻与导频信号的过零点不重合，而产生干扰。为此，另一个办法是在接收端同时采取抵消导频分量的措施，这也是图 6.3 中设减法器的目的。

（2）导频信号有可能反过来受到原数字信号的影响。图 6.3 中锁相环所起的作用就是进一步利用其跟踪和窄带的特性来提取信号，而移相电路的目的是为了抵消提取出的导频信号经窄带滤波器、限幅器和锁相环引起的相移。

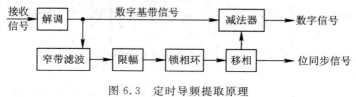

图 6.3　定时导频提取原理

2. 双重调制导频插入法

在频移键控、相移键控的数字通信系统中，PSK 信号、FSK 信号都是包络不变的等幅波（也称恒包络信号），所以导频的传送也可以采取浅调幅的方法。在发送端用位同步信号对已调信号再进行附加调幅，实现双重调制，在接收端进行包络检波，也可以取出位同步信号。

设调相信号为

$$s_{PSK}(t) = s(t) \cos[(\omega_0 t + \varphi(t)] \tag{6.1}$$

现在利用含有位同步信号的某种波形如升余弦波 $m(t) = (1 + \cos\Omega t)/2$，对调相载波进行调幅，则有

$$s'(t) = m(t)s_{PSK}(t) = \frac{1}{2}(1 + \cos\Omega t)s(t) \cos[\omega_0 t + \varphi(t)] \tag{6.2}$$

其中，$\Omega = 2\pi/T_B = 2\pi f_B$，$T_B$ 为码元宽度，f_B 为导频信号的频率。

由式（6.2）可知，$s'(t)$ 是一个既调幅又调相的复合信号。由于二者差别大，便于接收端分离。在接收端对 $s'(t)$ 进行包络解调，输出为 $(1 + \cos\Omega t)/2$，滤除直流分量后，即得到位同步信号 $\cos\Omega t$。

对于位同步信号的插入，还可以用时域插入的方法。限于篇幅这里就不赘述了。

以上讨论的两种插入导频法的优点是接收端提取位同步的电路简单；但发送导频信号要占用一部分发射功率，并且导频信号在被传输的过程中或多或少地要干扰数字信号，降低了传输信噪比，因而其应用也受到限制。

6.2.2　自同步法

自同步法也称为直接提取位同步法，是指发送端不传送专门的位同步信息，而直接从接收信号或解调后的数字基带信号中提取位同步信号。这种方法在数字通信系统中得到了广泛的应用。

1. 滤波法

在数据通信和无线信道传输的数字通信系统中，基带信号通常是不归零（NZR）脉冲信

号。这种非归零脉冲序列的频谱中并不包含位定时频率分量，因此不能直接用滤波器从中提取位同步信号。但由于这种脉冲序列遵循码元的变化规律，并按位定时的节拍而变化，因此，只要将其转化为归零二进制脉冲系列，则变化后的信号将出现码元信号的频率分量，就能够从中提取位定时信号了。图 6.4 就是用这种方法提取位定时信号的原理框图。其工作过程是：首先将经过解调得到的非归零基带信号进行放大、限幅、微分、整流等处理，由于处理后形成的脉冲信号中，含有位定时频率分量，所以可以用窄带滤波器把定时频率分量提取出来。该窄带滤波器通常由晶体材料做成，是整个电路的关键部件，它必须具有很高的选择性，才能准确地选出时钟频率分量。移相器的任务是使得到的位定时脉冲出现在信号的最佳取样时刻，这样，再经脉冲形成电路，就可得到符合要求的位同步信号输出。

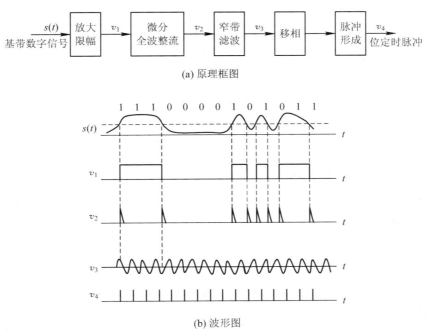

(a) 原理框图

(b) 波形图

图 6.4　滤波法提取位定时信号示意图

　　用滤波法提取位定时信号的优点是电路简单，缺点是当数字信号中有长连"0"或长连"1"码时，信号中位定时频率分量衰减会使得到的位定时信号不稳定、不可靠，而且只要发生短时间的通信中断，系统就会失去同步。不过，在现代数字通信系统中，数字信号多采用抑制长连"1"或长连"0"的传输码型（如 HDB$_3$ 码），并且很多传输系统都在发送端和接收端加入了扰码和解扰电路，进一步抑制长连"1"或长连"0"的出现。所以，滤波法在实际中的应用还是比较广泛的。

2. 包络检波法

　　在数字微波的中继通信中，常用包络检波的方法从 PSK 信号中提取位同步信号。虽然 PSK 信号是包络不变的等幅波，具有极宽的频带，但由于信道频带宽度有限，所以在信道中传输后，会在相邻码元相位突变点附近产生幅度凹陷的失真，也称平滑陷落。因此在解调 PSK 信号时，用包络检波器检出这种幅度"平滑陷落"的包络（图 6.5 中波形 a）去掉其中的直流分量(图 6.5 中波形 b)后，即可得到归零的脉冲序列(图 6.5 中波形 c)，最后用窄带滤波器提取包含于其中的位同步频谱分量，经脉冲整形即可得到位同步信号，如图 6.5 所示。

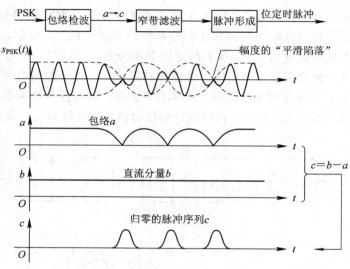

图 6.5 包络检波法提取位定时信号

6.2.3 重要的位同步锁相环

为克服滤波法在提取位同步时存在的缺点，可用锁相环来代替滤波器。这种方法称为锁相法，有脉冲锁相法和数字锁相法两种。

1. 脉冲锁相法

图 6.6 所示为脉冲锁相法的原理框图。各部分的工作原理：解调恢复出来的非归零基带信号 $u(t)$，通过过零检测和脉冲形成级，得到包含位定时频率分量的脉冲信号 u_d；这一信号反映了所接收的二进制脉冲序列的相位基准。这是因为，这些脉冲的间隔虽然是随机的，但过零点的间隔总是码元脉冲周期的整数倍，这样利用码元过零点时刻形成一个脉冲，就可作为控制锁相环的基准信号。至于过零检测的方法，可以采用放大、限幅、微分和整流等方式来实现，也可以采用幅度鉴别电路(如施密特电路)来实现。

u_c 与 u_d 同相，鉴相器 u' 输出幅度为 +1 脉冲；
u_c 与 u_d 反相，鉴相器 u' 输出幅度为 −1 脉冲；
当 u_d 不存在，无输出；
$u_c = u_d$ 时(本地定时输出周期和相位正确时)，振荡恒定且锁相

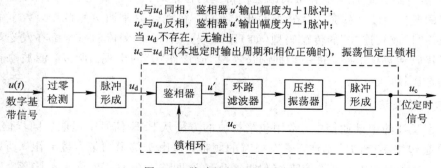

图 6.6 脉冲锁相法原理框图

鉴相器、环路滤波、压控振荡器和脉冲形成级构成了一个简单的锁相环，输出本地位定时脉冲 u_c。具体工作过程：在鉴相器中，u_d 与 u_c 进行比较，产生一个相位误差信号，即同相时输出一个幅度为 +1 的脉冲，反相时输出幅度为 -1 的脉冲，而基准脉冲 u_d 不存在时，鉴相器无输出。如果本地定时脉冲 u_c 的周期和相位正确，则误差信号中的正、负脉冲宽度相等，压控振荡器维持恒定的振荡，这时锁相环处于锁定状态。如果 u_c 的周期和相位不正确，那么在输入基准信号的各个脉冲作用期间，误差信号中的正、负脉冲宽度就要变化，其平均值自然随之变化，于是压控振荡器输出信号的周期和相位也跟随变化。这种变化的规律是逐渐向锁定状态靠近，最后达到锁定，完成锁相过程。

用锁相环来跟踪接收信号的相位变化，可以提高同步的准确性。即使是在接收信号发生短暂中断时，由于环路滤波器的时间常数很大，压控振荡器的输出基本保持不变，原来的定时信号也能得到保持，这样可以避免同步中断。

2. 数字锁相法

1）锁相原理

数字锁相法在现代数字通信的位同步系统中得到了越来越广泛的应用。它的基本原理：接收端通过一个高稳定度晶体振荡器分频得到本地位定时脉冲序列，然后输入数字信号与本地位定时脉冲在鉴相器中进行相位比较。若两者相位不一致，鉴相器输出误差信息，去控制调整可变分频器的输出脉冲相位，直到输出的位定时脉冲和输入信号在频率和相位上都保持一致时，才停止调整，从而达到获得同步信号的目的。

用于位同步的全数字锁相环的原理框图如图 6.7 所示，这是一个典型的数字锁相环电路，它由信号钟、控制器、分频器、鉴相器等组成。其中：信号钟包括一个高稳定度的晶体振荡器和整形电路。若接收码元的速率为 $f_B=1/T_B$（即位脉冲频率），那么振荡器频率就设定在 nf_B 上，经整形电路之后，a 路输出周期性脉冲序列，如图 6.8(a) 所示，其周期 $T_0 = 1/(nf_B) = T_B/n$，即信号钟输出频率为 f_0，同时 b 路输出一个相位差 $T_0/2$ 的脉冲序列，如图 6.8(b) 所示。

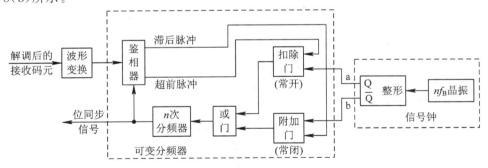

图 6.7　数字锁相环的原理框图

控制器包括图中的扣除门（常开门）、附加门（常闭门）和"或门"，它根据比相器输出的控制脉冲（"超前脉冲"或"滞后脉冲"）对信号钟输出的序列实施扣除（或添加）脉冲。

分频器是一个计数器，每当控制器输出 n 个脉冲时，它就输出一个脉冲，如图 6.8(c) 所示。控制器与分频器的共同作用的结果就调整了加至鉴相器的位同步信号的相位。这种相位前、后移的调整量取决于信号钟的周期，每次的时间跳变量为 T_0，相应的相位最小调整量为 $\Delta = 2\pi T_0 / T_B = 2\pi/n$。

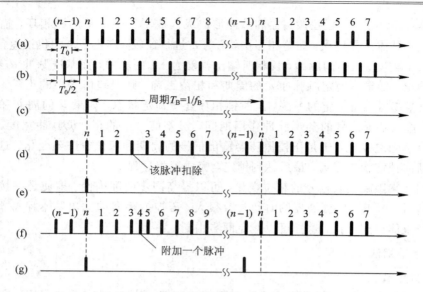

图 6.8　位同步脉冲的相位调整原理

　　鉴相器也就是相位比较器，用于将接收脉冲序列与位同步信号进行相位比较，以判别位同步信号究竟是超前还是滞后，若超前就输出超前脉冲，若滞后就输出滞后脉冲。

　　位同步数字环的工作过程简述如下：由频率为 $f_0 = nf_B$ 的高稳定度的晶振产生的正弦波经整形电路变成方波，如图 6.8(a) 所示，从 Q 端加到扣除门。因扣除门为常开，则方波正脉冲经或门加到 n 次分频器，n 次分频器有两路输出，一路作为本地位同步信号送到鉴相器，另一路则作为位同步信号。鉴相器把本地位同步信号相位与接收到的码元相位进行比较，若既不超前也不落后，这种状态就维持下去，则该 nf_B 的晶振经 n 分频后，频率为 f_B 的信号即为位同步信息。如果鉴相器检测到 n 次分频器输出信号（即位同步信号）相位超前于接收码元相位，鉴相器输出一个超前脉冲（即产生一个添加脉冲），如图 6.8(b) 所示，经反相器加到扣除门，使扣除门关闭，则 Q 端的脉冲被禁掉一个，扣除一个 a 路脉冲，如图 6.8(d) 所示，使 n 次分频器输出脉冲的相位就推后了 T_B/n，从而相位滞后 $2\pi/n$（即 $360°/n$）。到下一次鉴相器进行比相时，若分频器相位仍超前，鉴相器再输出一个超前脉冲，Q 端的脉冲再被禁掉一个，直到分频器相位不超前为止。如果鉴相器检测到分频器输出本地同步脉冲信号相位滞后于接收码元相位时，则它输出滞后脉冲（即产生一个扣除脉冲），如图 6.8(c) 所示。该脉冲加到附加门，附加门一般情况下是关闭的，它仅在收到滞后脉冲的瞬间使 $\overline{Q}$ 端的一个方波被加到或门，并送到 n 次分频器，$\overline{Q}$ 端方波正好与 Q 端方波反向，因而有两脉冲序列 a 和 b 相差半个周期，所以 b 路脉冲序列中的一个脉冲能插到"常开门"输出到 a 路脉冲序列中，如图 6.8(f) 所示，使分频器输入端附加了一个脉冲，于是分频器的输出相位就提前 T_B/n 周期。它相当于在 Q 端两个方波中间插入一个方波送入 n 次分频器，即 $\overline{Q}$ 的 $1'$ 脉冲是插在 Q 的 1、2 脉冲中间，如图 6.8(f) 和图 6.9 所示。因附加门插入一个脉冲，n 计数器将提前一个脉冲周期（T_B/n）计满 n，则相位提前 $2\pi/n$。经过若干次调整后，使分频器输出的脉冲序列与接收码元序列达到同步的目的，即实现了位同步。

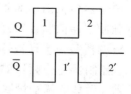

图 6.9　整形输出波形

从以上分析可见,数字锁相环相位调整是不连续的,每次相位调整 $2\pi/n$。因此,要使调整精度高,则 n 要大,这就要求晶振频率高,同时分频器分频次数相应也要高。从图 6.7 看到,数字锁相环全都可用数字电路实现,便于集成。此外,采用了数字锁相环后,位同步脉冲可直接从分频器输出,因此整个系统电路可简化。

2) 锁相法抗干扰性能的改善

在锁相法电路中,如果由于干扰的影响,使鉴相器送出超前或滞后脉冲,根据上面讲述的工作原理,锁相环立即进行调整。实际上这种调整是没有必要的,当干扰消失后,锁相环的状态又要调回来。若干扰时常存在,则锁相环常常进行不必要的来回调整,这使提取的位同步信号相位产生抖动。为了克服这个缺点,仿照模拟锁相环中鉴相器后加有环路滤波器的方法,在数字锁相环的鉴相器后加一个数字式滤波器。图 6.10 所示为这种方案的两个方框图。其中,图 6.10(a) 为 N 先于 M 滤波器,图 6.10(b) 为随机徘徊式滤波器,它们插在图 6.7 鉴相器(即相位比较器)输出之后,起抗干扰作用。

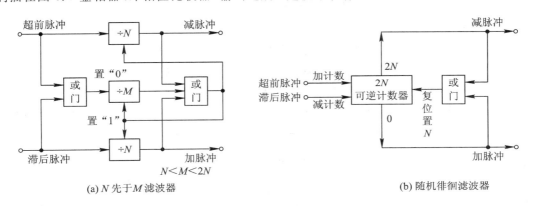

(a) N 先于 M 滤波器　　　　　　　(b) 随机徘徊滤波器

图 6.10　两种数字式滤波方案

N 先于 M 滤波器如图 6.10(a) 所示,它包括一个计超前脉冲数和一个计滞后脉冲数的 N 计数器,超前脉冲或滞后脉冲还通过或门加于一 M 计数器(所谓 N 或 M 计数器,就是当计数器置“0”后,输入 N 或 M 个脉冲,该计数器输出一个脉冲)。选择 $N<M<2N$,无论哪个计数器计满,都会使所有计数器重新置“0”。

当鉴相器送出超前脉冲或滞后脉冲时,滤波器并不马上送去进行相位调整,而是分别对输入的超前脉冲(或滞后脉冲)进行计数。如果两个 N 计数器中的一个,在 M 计数器计满的同时或未计满前就计满了,则滤波器就输出一个“减脉冲”(或“加脉冲”)控制信号去进行相位调整,同时将三个计数器都置“0”(即复位),准备再对后面的输入脉冲进行处理。如果是由于干扰的作用,使鉴相器输出零星的超前或滞后脉冲,而且这两种脉冲随机出现,那么,当两个 N 计数器的任何一个都未计满时,M 计数器就很可能已经计满了,并将三个计数器又置“0”,因此滤波器没有输出,这样就消除了随机干扰对同步信号相位的调整。

随机徘徊滤波器如图 6.10(b) 所示,它是一个既能进行加法计数又能进行减法计数的可逆计数器。当有超前脉冲(或滞后脉冲)输入时,触发器(未画出)使计数器接成加法(或减法)状态。如果超前脉冲超过滞后脉冲的数目达到计数容量 N 时,就输出一个“减脉冲”控制信号,通过控制器和分频器使位同步相位后移。反之,如果滞后脉冲超过超前脉冲的数目达到计数容量 N 时,就输出一个“加脉冲”控制信号,调整位同步信号相位前移。在进入同步之后，没有因同步误差引起的超前或滞后脉冲进入滤波器，而噪声抖动则是正、负对称的，由它引起的随机超前、滞后脉冲是零星的，不会是连续多个的。因此，随机超前与滞后脉冲之差数达到计数容量 N 的概率很小，滤波器通常无输出。这样一来就滤除了这些零星的超前、滞后脉冲，即滤除了噪声对环路的干扰作用。

上述两种数字式滤波器的加入确实能提高锁相环的抗干扰能力，但是由于它们应用了累计计数，输入 N 个脉冲才能输出一个加（或减）控制脉冲，必然使环路的同步建立过程加长。可见，提高锁相环抗干扰能力（希望 N 大）与加快相位调整速度（希望 N 小）是一对矛盾，所以选择 N 时要两者兼顾。当然，还可设计性能更好的电路以缓和两者之间的矛盾。

6.2.4 位同步的主要性能指标

1. 相位误差 $\Delta\theta$

正如本节开始所提到的，位同步的性能好坏与整个传输系统的性能密切相关。而衡量位同步性能最重要的指标就是相位误差。通信系统接收端的抽样判决时刻总是选取在接收信码的中央位置，因为在这一位置的信号能量是最大的，它可以保证当信号受到信道噪声干扰时也不至于造成判决错误。但如果相位误差过大致使判决时刻偏离信码中央过多，信道干扰的存在就很容易就引起误判。图 6.1 很清楚地说明了这个问题。可见，当同步信号的相位误差增大时，必然引起传输系统误码率 P_e 的增高。数字锁相环相位调整不是连续的，前面已说明它每次调整，相位改变 $2\pi/n$，n 是分频器的分频次数，故最大相位误差为

$$\Delta\theta = \frac{2\pi}{n} \tag{6.3}$$

若要提高精度，可增大 n。这样，每调整一步，相位改变就越精细，误差就可以减得越小。

2. 同步建立时间 t_s

同步建立时间是指开机或失去同步后重新建立同步所需的时间，记为 t_s。最差情况是对应位同步脉冲与码元相位相差 π（即 $T_B/2$），此时要达到同步需调整的次数最多，对应的最大调整次数 N 为

$$N = \frac{\pi}{\dfrac{2\pi}{n}} = \frac{n}{2} \tag{6.4}$$

由于接收码元是随机的，对二进制来说，相邻两个码元信息变化与不变化概率相等，也就是说，平均每两个码元信息改变一次。我们知道，鉴相器只有在信息变化时才比相一次（信息不变时不比相），每比一次调整一步，因此最大的建立时间为

$$t_s = 2T_B \cdot \frac{n}{2} = nT_B \quad （秒） \tag{6.5}$$

如考虑抗干扰电路作用，则

$$t_s = nNT_B \quad （秒） \tag{6.6}$$

式中，N 为抗干扰滤波器中计数器的计数次数。

从式（6.3）和式（6.5）可以看出，n 增大时精度提高，但同时同步建立时间也增大，所以它们对 n 的要求是矛盾的。

3. 同步带宽

同步带宽是指能够调整到同步状态所允许的收、发振荡器最大频差。设 $f_1 = 1/T_1$ 和 $f_2 = 1/T_2$ 分别为实际收、发两端晶体振荡器的频率，$f_0 = 1/T_0$ 为收、发振荡器频率的几何平均值，即 $f_0 = \sqrt{f_1 \cdot f_2}$；$\Delta f = |f_1 - f_2|$ 为实际收、发两端晶体振荡器的频差。由于数字锁相环平均每 2 周（$2T$）调整一次，每次调整的相位为 $2\pi/n$，而收、发由于不同频，每 2 周产生的相差为

$$2 \cdot \frac{|T_1 - T_2|}{T_0} \cdot 2\pi = 2 \frac{\Delta f}{f_0} \cdot 2\pi$$

数字锁相环要能锁定，则每次调整的相位要大于每 2 周由频差引起的相差，否则永远不能锁定。因此可得

$$\frac{2\pi}{n} \geqslant 2 \frac{\Delta f}{f_0} 2\pi$$

$$\Delta f \leqslant \frac{f_0}{2n} \tag{6.7}$$

当收、发频差大于 $f_0/2n$ 时，锁相环失锁，因此最大允许的收、发频差为 $\Delta f = \dfrac{f_0}{2n}$，即同步带宽为

$$\Delta f = B \leqslant \frac{f_0}{2n} \tag{6.8}$$

4. 同步保持时间 t_c

当同步建立后，一旦输入信号中断，或出现长连"0"、连"1"码时，锁相环就失去调整作用。由于收、发双方位定时脉冲固有振荡器的重复频率之间总存在频差 Δf，接收端同步信号的相位就会逐渐发生漂移，时间越长，相位越长，相位漂移量越大，直至漂移量达到某一准许的最大值，就算失去同步了。由同步到失步所需要的时间，称为同步保持时间，记为 t_c，且与 Δf 成反比。

同步保持时间越长，就越有利于位同步，这首先需要收、发两端振荡器的振荡频率有较高的稳定度。

5. 同步门限信噪比

在保证一定的位同步质量的前提下，接收机输入端所允许的最小信噪比，称为同步门限信噪比。这个指标规定了位同步对深衰落信道的适应能力。与这项指标对应的是接收机的同步门限电平，它是保证位同步门限信噪比所需的最小收信电平。

6.3　数字复接原理

随着通信技术的飞速发展，人们对通信的需求越来越大，而信道资源却始终是有限的，这就使多路复用成为现代通信的必要手段。

所谓复用，就是指利用一条信道同时传送多路信号的一种技术。一般说来，被传送的每一个信号所占用的带宽都远远小于信道带宽，所以如果每条信道只传送一个信号是很浪费资源的；但如果简单地将多路信号混合在一条信道中传送也是不可能的，因为那样会引

起信号间的相互干扰，使得在接收端无法恢复被传送的各路信号。复用技术就是专门用来解决在同一信道中传送互不干扰的多路信号这一问题的。

复用分为频分复用（FDM）和时分复用（TDM）。频分复用是指在同一信道中用不同的频率来传送不同的信号，比如广播电台和电视台传送的信号就是频分复用信号。这种复用方法主要用于传送模拟信号。而时分复用主要用于传送数字信号，它是指在同一信道中按一定的规律在不同的时隙中传送不同的信号。图 6.11 示出了频分复用和时分复用的基本原理，从图中可以看出，所谓频分复用，即是在同一时间内用不同的频率传送不同的信号；而时分复用则是用相同的频率在不同的时隙传送不同的支路信号。本章将要详细阐述的数字复接技术就是一种时分复用技术。

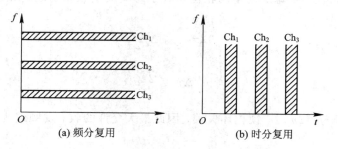

图 6.11　频分复用与时分复用

在日益发展的光纤通信、数字微波通信及数字程控交换技术中，常常需要把若干个低速数字信号合并成高速数字信号，以便更合理地利用高容量的传输信道进行传输。数字复接就是实现这种数字信号合并的专门技术。

6.3.1　数字复接的基本概念

数字复接也就是数字信号的时分复用，参与复接的信号称为支路信号，而复接以后的信号称为合路信号或群路信号。把群路信号分离成各个支路信号的过程称为数字分接。通常所说的数字复接系统既包括数字复接设备，也包括数字分接设备，其方框图如图 6.12 所示。

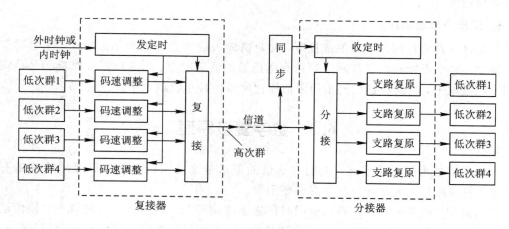

图 6.12　数字复接系统框图

数字复接器由定时、调整和复接三个基本单元组成；数字分接器则由定时、同步、分接和恢复四个部分组成。定时单元提供的时间信号是整个设备唯一的基准时间信号。复接器的时钟信号可以由内部产生，也可由外部提供；而分接器则只能从接收信号中提取时钟，这样才能使分接器和复接器保持时钟同步，这一点在前面讲述同步时已经提到。调整单元即码速调整单元，其作用是把频率不同的各支路信号调整为和定时信号同步的数字信号以便复接。而分接单元和恢复单元的工作过程则分别是复接单元和调整单元的逆过程。

数字复接方式有三种：

（1）若输入复接器的各支路信号本身就与复接器定时信号是同步的，那么调整单元就只需调整相位，有时甚至连相位也无须调整。这种复接器称为同步复接器。相应地，这种复接方式就称为同步复接方式。

（2）若输入复接器的各支路信号与本机时钟信号不同步，调整单元要对各个支路数字信号进行频率和相位调整，使之成为同步数字信号，这种复接器称为异步复接器，对应的复接方式称为异步复接方式。

（3）若输入复接器的各支路信号与复接器的时钟信号虽然由不同的时钟源提供，但码速率在一定容差范围内是相等的，我们称这两个信号是准同步的。这种复接器称为准同步复接器，对应的复接方式称为准同步复接方式。

在数字复接中，各低次群支路的数码在高次群中有三种排列方法：

（1）按位复接。这是目前最常用的一种方式，这种方式每次依次复接每一支路的一位码。即在发送端，将四个支路的数字信号以比特为单位，依次轮流发往信道；在接收端，按发送端的发送结构依次从码流中检出各支路的码元，并分送到相应的支路，使各支路恢复相应的帧结构。例如，若 4 条支路的某 5 位码分别为 10110、11011、00110、10001，则按位复接成群路的码组为 1101 0100 1010 1110 0101，如图 6.13 所示。复接后的数码率提高，而码元宽度则降低为原来的四分之一。由于支路信号是源源不断而来的，当未轮到某码元复接时，必须先存储起来等待复接，这样，在复接设备中就需要缓冲存储器。因为这种复接方式循环周期不长，故要求的存储容量很小，设备简单，比较容易实现，这是按位复接方式的一大优点。其缺点是每一支路被"分割"得过细，在接收端不易恢复，且对信号的交换处理不利。

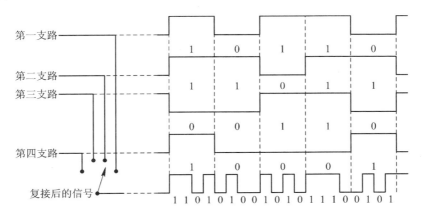

图 6.13　按位复接原理图

（2）按字复接。在 PCM 基群帧结构中，一个路时隙有 8 位码元。按码字复接就是指每次按顺序复接每一支路的一个路时隙，即 8 位码。这种方式有利于多路合成的处理与交换，但循环周期长，要求有较大的存储容量，电路也比较复杂一些。

（3）按帧复接。按帧复接就是指每次复接一个支路的一帧码元（每一帧含有 256 个码元）。这种方法不破坏原来各个支路的帧结构，有利于信息的交换处理，但其循环周期更长，要求更大的存储容量和更复杂的设备。

为了便于国际通信的发展，ITU－T 推荐了两类数率系列和数字复接等级，如表 6.1 所示。

表 6.1　ITU－T 推荐的两类数码率系列和数字复接等级

制式 群路等级	北 美、日 本		欧 洲、中 国	
	信息速率/(kb・s)$^{-1}$	路 数	信息速率/(kb・s)$^{-1}$	路 数
基　群	1544	24	2048	30
二 次 群	6312	96	8448	120
三 次 群	32 064 或 44 736	480 或 672	34 368	480
四 次 群			139 624	1920

表 6.1 中各数码率等级的基本计量单位是 64 kb/s 的 PCM 信号，每个 64 kb/s 信号称为一路，则表中"路数"一栏表示的是该等级包含有多少个 64 kb/s 信号。我国统一采用 2048 kb/s 为基群的数码率系列，既可以从 n 次群到 $n+1$ 次群逐级复接，也可以从 n 次群到 $n+2$ 次群隔级复接（也叫跳群），如图 6.14 所示。采用这种数码率和复接等级有如下一些优点：

① ITU－T 关于 2048 kb/s 系列的建议比较完善和单一；

② 数字复接技术性能比较好，比特序列独立性较好；

③ 2048 kb/s 系列的帧结构与目前数字交换用的帧结构是统一的，便于向数字传输和数字交换统一化方向发展。

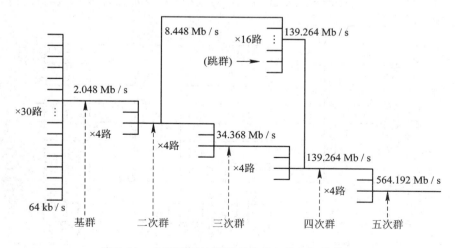

图 6.14　中国采用的数码率系列和数字复接等级

　　需要指出的是，表 6.1 中各等级的数码率并不是 64 kb/s 或上一等级数码率的整数倍，是因为复接后的码流还要插入一些特殊的帧同步码组和业务码组所致。

6.3.2　数字复接中的码速变换

　　几个低次群数字信号复接成一个高次群数字信号时，如果各个低次群（如 PCM 30/32 系统）的时钟是各自生产的，即使它们的标称数码率相同都是 2048 kb/s，但它们的瞬时数码率是不相同的，因为各个支路的晶体振荡器频率不可能完全相同（ITU－T 规定 PCM 30/32 系统的数码率为 2048 kb/s±100 b/s），这样几个低次群复接后数码就会产生重叠和错位，如图 6.15 所示。这样复接合成后的数字信号流在接收端是无法分接恢复成原来的低次群信号的。由此可见，数码率不同的低次群信号是不能直接复接的。为此，在复接前要使各低次群信号的数码率做到同步（对各低次群进行码速调整），同时使复接后的数码率符合高次群的帧结构的要求。

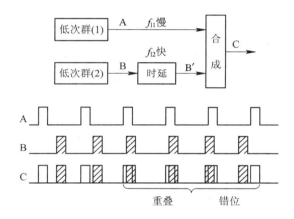

图 6.15　数码率不同的低次群复接示意图

　　由此可见，将几个低次群复接成高次群时，必须采取适当的措施以调整各低次群系统的码速使其同步，这种同步是系统与系统间的同步，也称系统同步。

　　在前面概论中已经提到的系统同步有三种的方法，无论是同步复接和异步复接还是准同步复接，都需要码速变换。虽然同步复接时各低次群的数码率完全一致，但复接后的码序列中还要加入帧同步码、告警码等码元，这样数码率就增加了，所以也需要码速变换。

　　ITU－T 规定以 2048 kb/s 为一次群的 PCM 二次群的数码率为 8448 kb/s。按理说，PCM 二次群的数码率是 4×2048 kb/s＝8192 kb/s。这是考虑到 4 个 PCM 基群在复接时插入了帧同步码、告警码以及插入码和插入标志码等码元，由于这些码元的插入，使每个基群的数码率由 2048 kb/s 调整为 2112 kb/s，因此 4×2112 kb/s＝8448 kb/s。

　　码速调整技术一般有正码速调整、负码速调整和正零负码速调整三种。其中正码速调整应用最普遍，这里仅讨论正码速调整。

　　正码速调整方框图如图 6.16 所示。每一个参与复接的数码流都必须经过一个码速调整装置，把标称数码率相同而瞬时数码率不同的数码流调整到同一个较高的数码率，然后再进行复接。

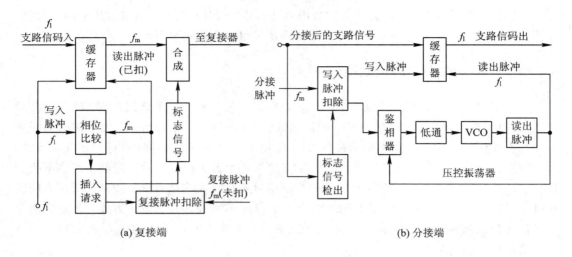

图 6.16　正码速调整方框图

　　码速调整装置的主体是个缓冲存储器，还有一些必要的控制电路，输入时钟频率即为输入支路的数码率 f_1，其输出时钟即同步复接支路时钟的频率 f_m。正码速调整技术中，输出频率 f_m 大于输入频率 f_1，所谓正码速调整，就是因为 $f_m > f_1$ 而得名的。

　　假定缓存器中的信息，原来处于半满状态，随着时间的推移，因为读出时钟 f_m 大于写入时钟 f_1，缓存器中存储的信息势必越来越少，如果不采取特别措施，终将导致将缓存器中的信息取空，再读出的信息必将是虚假的信息，这种过程与水库充水、放水过程完全类似。假设流入水库的水流量为 f_1，流出水库的水流量为 f_m，如果水库处于半满状态，当水库流入流量 f_1 大于水库流出流量 f_m 时，水库水位逐渐上升，最终导致水库溢出；当 $f_1 < f_m$ 时，水库水位将逐渐下降，最终导致水库干枯；当 $f_1 \approx f_m$ 时，水库中水位保持平衡。如果 $f_m > f_1$ 时，采用控制机构，使得水位一旦降到规定警戒水位时，就发出控制信号，将控制门关闭一个 Δt 时间，这个时间里水流只进不出，水库的水位必然迅速提高，经 Δt 时间后，控制门自动打开，又重复上述过程。如此控制，全部水流都能通过水库流走，既不会增加，也不会减少。

　　正码速调整的原理也是如此，一旦缓存器中的信息比特数降到最低，就发出控制信号将读出时钟停止一个脉冲，由于没有读出时钟，信息就不能读出，而这时信息仍往里存，因此信息就增加一个比特。如此重复下去，就可将数码流通过缓冲存储器传送出去，而输出的速率则增加为 f_m。图 6.16(a) 中某支路输入信号码频率为 f_1，在写入时钟作用下，将信码写入缓存器，读出时钟频率是码速调整后的 f_m，由于 $f_m > f_1$，所以缓存器是处于慢写快读的状态，最后将会出现取空状态。如果在设计电路时，也加一个控制门，当缓存器中的信息尚未取空而快要取空时，就让它停读一次。同时插入一个脉冲（非信息码），如图 6.17(a)、(b) 所示。由于 $f_m > f_1$，读、写时间差（相位差）越来越小，到第 6 个脉冲到来时，f_m 与 f_1 几乎同时出现或 f_1 超前出现，这将出现没有写入却要求读出信息的情况，从而造成取空现象。为了防止"取空"，这时就停读一次，同时插入一个脉冲如图中虚线所示。插入脉冲是否插入、何时插入是根据缓存器的储存状态来决定的。其可通过插入脉冲控制电路来完成。储存状态的检测可通过鉴相器来完成。

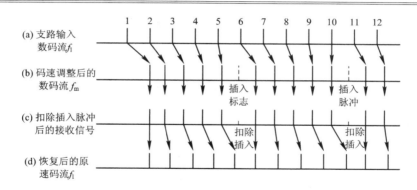

图 6.17　脉冲插入方式码速调整示意图

在接收端如图 6.16(b)所示中，分接器先将高次群信码进行分接，分接后的各支路信号分别写入各自的缓存器，为了去掉发送端因提高码速而插入的插入脉冲，首先要通过标志信号，然后决定是否要在规定位置上去掉这一脉冲，如图 6.17(c)所示，即原虚线位置没有脉冲了。扣除了插入脉冲以后，支路信码的秩序与原来的信码秩序一样，但在时间间隔上是不均匀的，中间有空隙，但从长时间来看，其平均时间间隔即平均码速与原支路信码 f_1 相同，因此，在接收端，要恢复原支路信码，必须先从图 6.17(c)波形(已扣除插入脉冲)中提取 f_1 时钟。脉冲间隔均匀化的任务由锁相环完成，锁相环电路方框图如图 6.16(b)所示。鉴相器的输入端接已扣除插入脉冲的 f_m，写入脉冲和读出脉冲(VCO 的输出脉冲)之间的相位差，由鉴相器检出并转换成电压波形经低通滤波器平滑后，再经过直流放大去控制 VCO(压控振荡器)的频率，由此获得一个频率等于时钟平均频率的读出时钟 f_1，如图 6.17(d)所示。由于读出时钟包含微量的低频抖动，它不能被低通滤掉，所以脉冲插入方式的码速调整，会产生一定的相位抖动。

6.3.3　同步复接与异步复接

1. 同步复接

前面已讲述过，将几个支路的数字流合成一个数字流称为复接，而将一个总数字流分解成几个数字信号流叫分接。如果被复接的支路的时钟都是由一个总时钟供给的，这时的复接就叫同步复接。

由于同步复接中各被复接的支路信号的时钟源是同一个，所以可保证各支路时钟频率相等。但被复接的支路信号并非来自同一地方，即各支路信号的传输距离是不相同的，各支路信号到达复接设备时，其相位是不能保证一致的。为了能按要求的时间排列各支路信号，在复接之前设置缓冲存储器以便调整各支路信号的相位，另外，为了接收端能正常接收各支路信码以及分接的需要，各支路在复接时还应插入一定数量的帧同步码、对端告警码和业务码。这样复接后的数码率就不是原来四个支路合起来的数码率了。所以每个支路在同步复接前先进行正码速调整，调整到较高的同一数码率再进行同步复接。

PCM 二次群同步复接的复接、分接方框图如图 6.18 与图 6.19 所示。

由方框图可以看出，同步复接器主要由四个部分组成：

(1) 定时时钟部分：它产生收、发送端所需要的时钟及其他各种定时脉冲，使设备按一定时序工作。

（2）码速调整和恢复部分：收、发两端各由四个缓冲存储器完成码速调整功能，在发送端把 2.048 Mb/s 的基群信码调整为 2.112 Mb/s 的信码，在接收端，把 2.112 Mb/s 的信码恢复成 2.048 Mb/s 的信码。

（3）帧同步部分：它的作用是保证收、发两端帧同步，使分接端能正确分接。

（4）业务码产生、插入和检出部分：用于业务联络和监测，以及保证发送端插入调整码、接收端消插的正常进行。

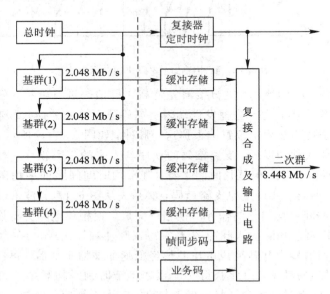

图 6.18　PCM 二次群同步复接方框图

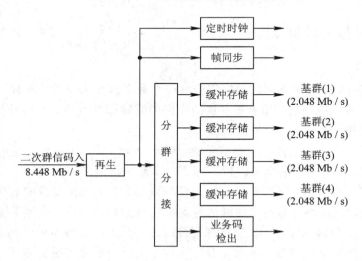

图 6.19　PCM 二次群同步分接方框图

ITU－T 对同步复接方式的帧结构提出了标准建议，即 G.744 关于 PCM 二次群同步复接的建议，如图 6.20 所示。帧周期为 125 μs（帧频为 8 kHz）。每帧含 132 个时隙（0～131 时隙），每时隙由 8 比特组成，故每帧的总比特数为 1056 比特。每个复接支路是 30 话路（不包括帧同步码和信令码），复接后的总路数为 120 个话路。从图 6.20 中看出，每帧的第 0 时隙的 8 个比特及第 66 时隙的前 6 个比特(共 14 个比特)用于传送帧同步码，其余 2 个比特留给公务，其码型为 11100110100000；第 5～32 时隙，第 34～65 时隙，第 71～98 时隙，第 100～131 时隙分配作为 120 路电话信道，编号为 1～120 路，第 67～70 时隙或者作为公务信道信令或者作为随路信令视需要而定。时隙 1～4,33 和 99 时隙为国内使用或空着，66 时隙的第 7 比特用于传送告警指示(比特 7 为 1 时表示告警，比特 7 为 0 时表示正常)。

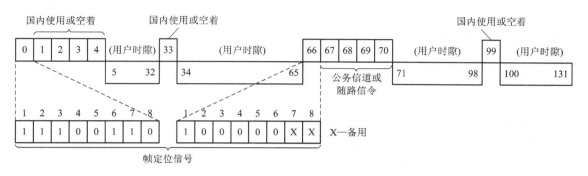

图 6.20　PCM 二次群同步复接帧结构

每个复接支路的数码率都是 2.048 Mb/s，4 条支路复接后并插入适当数量的帧同步码及业务码等使之复接为 8.448 Mb/s 的二次群，这时相当于每支路的码速率都是 2.112 Mb/s，这样就需要将 2.048 Mb/s 的码速率变换为 2.112 Mb/s 之后才能进行复接，这个码速变换的任务就是由前述的缓冲存储器来完成。

同步复接方式中，复接和分接时缓冲存储器输入和输出信码的时间关系如图 6.21 所示。图 6.21(a)是复接端的码速变换情况，这时缓存器的工作状态是慢速写入(2.048 Mb/s 速率写入)。快速读出(2.112 Mb/s 速率读出)，每隔 32 位码禁读一次，在禁读期间插入高次群所需的帧同步码等码位，这样就完成了每个基群从 2.048 Mb/s 到 2.112 Mb/s 的码速变换。分接时相反，情况亦然，如图 6.21(b)所示。

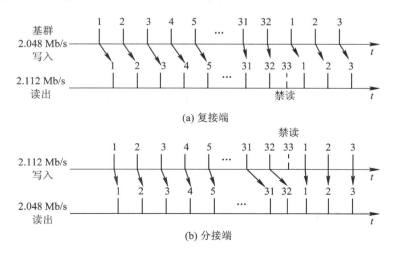

图 6.21　同步复接时码速变换的时间关系

2. 异步复接

4 条支路(PCM 一次群)进行数字复接时，由于 4 条支路各自有自己的时钟，就算它们的标称数码率都是 2.048 Mb/s，但它们的瞬时数码率为 2.048 Mb/s±100 b/s。对这样异源基群信号进行复接之前，首先要解决的问题是码速调整，通过码速调整使被复接的 4 条支路的数码率达到一致，然后再进行复接。

异步复接二次群的数码率也是 8.448 Mb/s，因此异步复接和同步复接一样，也需要每帧插入 32 个比特，异步复接帧结构中需要插入帧同步码(ITU－T 规定 PCM 异步复接二次群帧同步码码型为 1111010000)、对端告警码、业务码等，这些都是固定的插入码，其插入位置和码型都不变，除此之外，异步复接还需要插入一些插入码和插入标志码。它们的作用是调整基群的码速，以便使 4 条支路的瞬时数码率完全相等。

复接器中插入的码元，在分接器中要去掉，这叫作"消插"。为使分接器中消插方便，通常采用的方法是在复接器中固定位置上插入用于调整码速的码元。即如果需要调整码速时，就在规定的位置插入；如果不需要调整码速时，则这个位置仍用于传输信息码。这样分接器只需要知道发送端的复接器是否有插入的指令即可。如果有插入，就进行消插；如果无插入，就当作信息处理。这样的指令就是插入标志码。在复接器中，在固定的位置插入一组"插入标志码"，作为分接器是否进行消插的指令。

由于码速调整是分别对每一个基群支路进行的，所以每个支路都应设有规定的"插入码"V 和"插入标志码"C 的位置。为确保插入标志码的正确接收，防止因插入标志码的误码而造成消插错误，故对插入标志码的传输采用"大数判决"的方法。即用三个插入标志码"111"来表示有插入脉冲；用"000"表示无插入脉冲。在接收端分接器中以"三中取二"的方式来判决是否有插入脉冲。即检出的三个码中有两个或三个为"0"时，则判定复接器无插入脉冲，那么在分接器中就不进行消插。这样做的结果，插入标志码正确接收率应为

$$3P_e(1-P_e)^2 + (1-P_e)^3 = 1 - 3P_e^2 + 2P_e^3$$

当 $P_e = 10^{-3}$(最坏情况)时，正确接收率为 $1-3\times10^{-6}+2\times10^{-9}=0.999\,997$。

每条被复接的基群支路的复接帧同步码、业务码、插入码(作调整码速用)、插入标志码以及信息码的安排如图 6.22 所示。

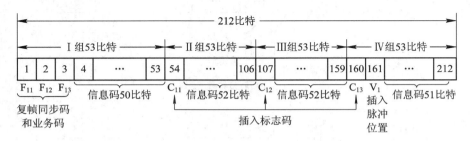

图 6.22　基群支路插入码及信息码等的分配示意图

图 6.22 中，F_{11}、F_{12}、F_{13} 是第一支路中安排的复接帧同步码和业务码；V_1 是第一支路作码速调整用的插入码；C_{11}、C_{12} 和 C_{13} 是第一支路的插入标志码；信息码排序分别和原第一支路中信息码排序一样。在 1 帧的 212 个比特中插入的总码元数是 7 比特，其中 V 比特有时是作为调整码速而插入的，有时则作为传输信息用，所以在 212 个比特中传输信息的

码元共有 205 比特或 206 比特，因此经插入脉冲同步后，每秒传输的比特率是由 2048 kb/s 变成 2112 kb/s，如下式所示：

$$2048 \text{ kb/s} \times 212/(205 \sim 206)(取 64 \text{ kb/s} 的整数倍) = 2112(\text{kb/s})$$

因此，4 条基群支路复接成的二次群的数码率就是 2112 kb/s × 4 = 8448 kb/s。

按前面所叙述的，每条基群支路 212 比特的分配方案，复接成的异步复接二次群的帧结构如图 6.23 所示，其帧周期约为 100 μs，帧周期内共 848 比特，图 6.23 中，F_{11}、F_{21}、F_{31}、…、F_{13}、F_{23} 共 10 个比特作帧同步码，其码型为 1111010000；F_{33}、F_{43} 作为对端告警和备用码；$C_{11} \sim C_{41}$、$C_{12} \sim C_{42}$、$C_{13} \sim C_{43}$ 分别表示四个基群支路的插入标志码，如果标志码发送"1"表示有插入，发送"0"表示无插入。V_1、V_2、V_3、V_4 是为码速调整用的插入脉冲，如不需要插入时，可用来传输信息。

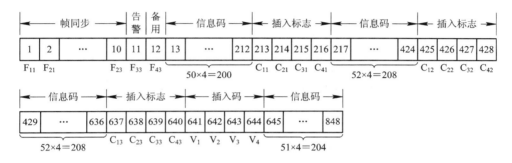

图 6.23　异步复接二次群的帧结构

关于异步复接二次群复接与分接电路，限于篇幅不再赘述，有兴趣的读者可参考相关的专业技术书籍。

3. 复接相位抖动

相位抖动指的是数字信号的各有效瞬间相对于其理想位置的瞬时偏离。也就是说，抖动使实际的数字信号的有效触发边沿相对于无抖动的理想数字信号的边沿产生了一个超前或滞后的相位差值。由于这个差值是随时变化的，所以它可以表示为一个时间的函数 $p(t)$，如图 6.24 所示为具有正弦波形的抖动，称为正弦抖动。在实际系统中，相位抖动的分布具有一定的随机性。

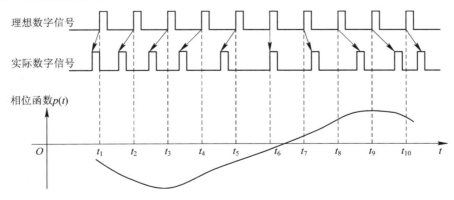

图 6.24　正弦抖动波形示意图

表示抖动大小的单位是 UI，即"单位间隔"。在第 4 章中已经介绍过这个单位的概念，每个 UI 相当于 1 比特所占用的时间。比如，说某一时刻的抖动为 100UI%，则表示这一时刻信号边沿偏离理想位置 1 比特。

在数字复接系统中，产生相位抖动的主要原因是码速调整。由码速调整引起的相位抖动有以下三种。

（1）结构格式引入的抖动。在数字复接时，复接后的信息流中不仅仅是各支路的信息，还插入了帧同步码和业务码等附加信息，如图 6.25(b) 所示。在分接端，这些附加信息要被扣除。这样就会在插入附加信息的位置上留下一些空隙，如图 6.25(c) 所示。这样一来，在接收端的 A、B、C、D 等信码相位就和理想位置产生了若干码位的偏移，也就是说，产生了若干比特的抖动。

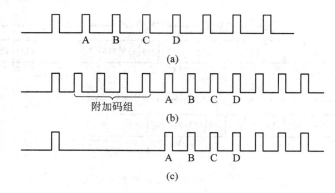

图 6.25　由附加信息位置引起的抖动

（2）由塞入脉冲引起的基本抖动。在码速调整中，当鉴相器检测到调整前后的相位差达到一比特时，将插入或扣除一位信码。这样，每塞入或扣除一位信码，码流相位就超前或滞后一个码位。只要有脉冲塞入或扣除，这个抖动就肯定存在，所以称这种抖动为基本抖动。在图 6.26 中，门限值 b 即代表一个比特的相位差，当鉴相器检测到的相位差 $j(t)$ 累积到该门限时，就产生一次基本抖动。

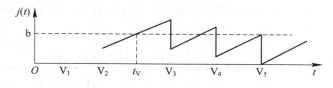

图 6.26　基本抖动和等候时间抖动累加示意图

（3）脉冲塞入等候时间抖动。在码速调整过程中，每一个码速调整段的塞入码位和标志码位都是固定的，如图 6.26 中的从 V_1 到 V_5。所以，在系统判断出某一码速调整段需要塞入脉冲时，塞入脉冲并不能马上加入到码流之中，它必须等到固定的塞入码位到来之时才能塞入。也就是说，当码速调整前后相位差达到一比特时，码流产生一比特的抖动；此后，塞入脉冲在等待塞入码位的到来，则相位抖动幅度在这个等待时间内继续增大，直到塞入脉冲加入到信息码流中为止。比如，相位抖动在 t_V 时刻就已经达到一比特，但此时并不能马上塞入脉冲，而必须等到下一个脉冲塞入位 V_3 到来时才能塞入。这时总的抖动幅度实际上是在基本抖动的基础上叠加了等候塞入码位到来所引起的抖动。我们称这种由等候塞入码位到来所引起的抖动为脉冲塞入等候时间抖动，在图中即为超过门限 b 的这一幅度，从 t_V 时刻到 V_3 这段时间就是等候时间。值得注意的是，由于被复接的支路的数码率并不相等，所以复接系统判断出何时应该塞入脉冲的时刻是随机的，所以这种等待时间有可能长也有可能短，即具有随机性。

（4）相位抖动的处理方法。在目前的光纤或无线传输系统中，2～4 次群数字复接均采用正码速调整。根据 ITU－T 建议 G.742、G.751、G.922，其输出抖动在 15～20UI。如此大的抖动在现代通信中有时是不能满足通信要求的，近几年世界各国都在设法减小复接抖动。一般来讲，处理复接抖动可以从两个方面入手，一是在接收端消除或减小抖动，二是在发送端就设法减小复接抖动。

在信号接收端，通常用锁相环来去除抖动。由于锁相环对相位噪声具有低通特性，因此高频的抖动分量将被锁相环滤除，通过锁相环后的剩余抖动仅为低频抖动分量。根据三种抖动的成因来分析，由帧结构格式引起的抖动频率较高，锁相环可将其彻底去除；脉冲塞入基本抖动特性简单，其峰-峰值为一比特，而基频就是脉冲塞入的频率，当脉冲塞入频率较高时，基本抖动也能被锁相环消减，而当脉冲塞入频率较低时，则不能被锁相环消减；最不易消除的是塞入等候时间抖动，由于等候时间具有随机特性，其抖动频率从高频到极低频不等，锁相环对其分量尤其是极低频分量无法完全滤除。

由上述可知，在分接端只能对高频的抖动分量进行处理，而低频抖动只能从其产生的机理上加以抑制。目前比较常用的有：① 相位跟踪法，其原理是抖动分量相互抵消；② 模型法，其方式是将低频抖动移到较高频段；③ 插入门限调制法，其做法是在固定调整门限上加上调制，目的也是提高抖动频谱。

6.3.4　同步数字体系 SDH 简介

光纤通信自 20 世纪 80 年代以来已经得到大规模的应用。而随着电信技术的不断发展和用户要求的逐渐提高，前面所谈到的那种基于点对点传输的传统的准同步数字系列（PDH）暴露出越来越多的缺陷，已经很难满足现代数字通信的需要了。PDH 所暴露出的一些固有的弱点主要表现在如下几个方面：

（1）从 20 世纪 70 年代初期至今，全世界数字通信领域里存在两个基本系列，以 2.048 Mb/s 为基础的称为一个系列，以 1.544 Mb/s 为基础的称为一个系列。随着数字通信技术的发展，这两种系列的兼容问题日益突出，造成国际间互通的困难。

（2）没有世界性的标准光接口规范，各个厂家自行开发的专用光接口（包括码型）大量出现，导致不同厂家生产的设备只有通过光/电变换转换成标准电接口（G.703 建议）才能互通，而在光路上无法实现互通和调配电路，限制了联网应用的灵活性，增加了网络运营成本。

（3）PDH 准同步系统多数采用异步复接，大多数为正码速调整。这种复接方式很难从高速信号中识别和提取低速支路信号，信号的上行和下行，必须要逐级逐级地复接为高速信号或逐级逐级地分接为低速信号，这就导致结构复杂，硬件数量大，上、下业务费用高。

（4）复接方式大多数采用比特复接方式，这种复接方式不利于现代信息交换，如语音编码是采用 8 比特为一字节，这就要求以字节为单位进行复接。目前大规模存储器的容量已能满足 PCM 3 次群以上的复接的需要。

(5) 传统的 PCM 系统的帧中可供网络管理、业务通信、监控等的比特数太少，在开通多路业务包括传输宽带数字流、需要传输网络管理信息时，这样的帧就没法用。传统的 PCM 2~4 次群数字流进入光端机时一般还需要重新编帧或编码，这样做不仅是考虑到光传输对码型的要求，也是为了传输更多的管理信息比特。

(6) 随着用户和网络技术的不断发展，现代通信网正向着高度灵活、动态和智能化的方向发展，实现以图像业务为主的宽带业务，要求网络能经济地提供大容量信息的传输，能顺利地向 B – ISDN(宽带综合业务)过渡。

同步数字系列（即 SDH）正是在这样的背景下被提出的。它的前身是同步光纤网（SONET），其技术标准最早由美国提出，后来经过不断的修改、演变和发展，形成了全世界统一的同步数字系列等级的通用标准。

1. SDH 的基本概念

从 SDH 的产生背景可以看出，SDH 概念的核心是从统一的国家信息网和国际互通的高度来组建数字通信网，并构成 BIP – ISDN(宽带 IP 综合业务)的传送网络。

SDH 网络是由一些 SDH 网元(NE)组成，可以在光纤、微波以及卫星上进行同步信息传输、复用、分插和交叉连接的网络，它具有世界统一的网络节点接口(NNI)，从而简化了信号互通及传输、复用和交叉连接过程，同时它有标准的信息结构等级，被称为同步传输模块(STM – N)，其中最基本、最重要的传输模块为 STM – 1。

1) 同步传输模块 STM – 1 的帧结构

由于要求 SDH 网能够支持支路信号(2/34/140 Mb/s)在网中进行同步数字复用、交叉连接和交换，因而其帧结构必须具备下述功能：

(1) 支路信号在帧内的分布是均匀的、有规律的，便于接入、取出。

(2) 对 PDH 各大系列信号，都具有同样的方便性和实用性。

为了满足上述要求，STM – 1 的帧结构为一种以字节为基础的矩形块状帧结构，STM – N的帧结构如图 6.27 所示。

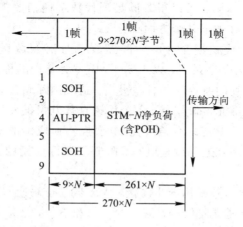

图 6.27 STM – N 的帧结构

(1) 基帧速率。由于基本帧结构是由 9 行、270 列构成，每帧的传送周期为 125 μs，故其传输速率为 155.520 Mb/s。

(2) 功能区。整个帧结构大体分为三个功能区：

　　① 段开销(SOH)区。它是指 STM 帧结构中，为了保证信息正常传送而供网络运行、管理和维护所使用的附加字节，如图 6.28 所示。这些段开销包括再生段开销(RSOH)和复用段开销(MSOH)。

　　② 净负荷区。它存放的是有效传输信息，也称为信息净负荷。它是由有效传输信息加上部分用于通道监视、管理和控制的通道开销(POH)组成。通常 POH 被视为净负荷的一部分，并与之一起传输，直到在接收端该净负荷被分接。

　　③ 管理单元指针(AU-PTR)。这实际上是一组数码，其值代表净负荷中信息的起始字节的位置，这样在接收端可以根据指针所指的位置正确地分解出有效传输信息。

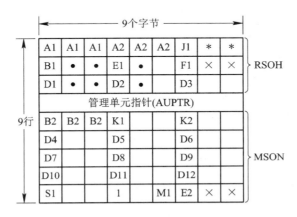

　　×—国内使用字节；*—不扰码国内使用字节；
　　●—与传输媒质有关字节(暂用)；空白—等待国际标准确定

图 6.28　STM-1 段开销字节的安排

　　2) 同步传输模块 STM-N

　　STM-1 是同步数字体系中最基本的模块信号，其传输速率为 155.520 Mb/s，而更高等级的 STM-N 可以认为是由 N 个基本模块信号 STM-1，经字节间同步复用而成，N 可取 1、4、16、64、… 这样 4 个 STM-1 同步信号按字节复接成一个 STM-4，而 4 个同步 STM-4 信号，又可以复接为一个 STM-16，各同步模块速率等级如下：STM-1：155.520 Mb/s；STM-4：622.080 Mb/s；STM-16：2488.320 Mb/s；STM-64：9953.280 Mb/s。

2. SDH 的特点

　　作为一种全新的传输体制，它必然会对 PDH 体制规范加以借鉴，使 SDH 同步数字体系具有如下特点。

　　(1) 具有全世界统一的网络节点接口。不同的网络节点接口(NNI)，具有不同的功能，其中简单节点仅具有复用功能，而复杂节点还具有终结、交叉连接、复用和交换等功能。

　　所谓网络节点接口，是指传输设备和网络节点的接口，其具体位置如图 6.29 所示。

　　为了使含 PDH 支路信息的 SDH 网元之间能互通，有必要就其各网络节点接口上，对信号的速率等级、帧结构、复接方式、线路接口、监控管理等都进行统一的规范，以使 SDH 实现多厂家环境下的操作，体现出其具有横向兼容性。

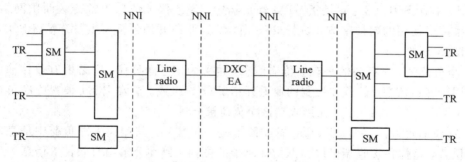

TR—支路信号；Line—线路系统；DXC—数字交叉连接设备；
SM—同步复用器；radio—无线系统；EA—外部接入设备

图 6.29 NNI 在 SDH 网络中的位置示意图

（2）全面的兼容能力。虽然，北美、日本和欧洲现存在相互独立的三大数字系列，但以 1.554 Mb/s 和 2.048 Mb/s 为基群的各大系列数字信号均可以装入相应的"容器"，然后被复接到 155.520 Mb/s SDH 的 STM－1 信息帧结构中的净负荷区内，从而顺利完成由 PDH 向 SDH 的过渡，使其具有后向兼容性，同时 155.520 Mb/s 和 622.080 Mb/s 信号又和异步转移模式（ATM）的用户环路信元的速率相一致，使其具有宽带业务的支撑能力，即具有前向兼容性。

（3）灵活的上、下话路技术和动态组网技术。SDH 的帧结构采用矩形块状结构，使低速的支路在帧中有规律地、均匀地分布，这样利用软件控制可从高速信号中一次直接分插出低速信号，而又不影响其他支路信号，同时也简化了操作，避免对高速复用信号进行解复用，省去了一系列背靠背（如 PDH 系列中的逐级复用/解复用过程）的复用设备，使上、下电路快速、准确地实现。图 6.30 给出了 SDH 与 PDH 复、分接过程比较。

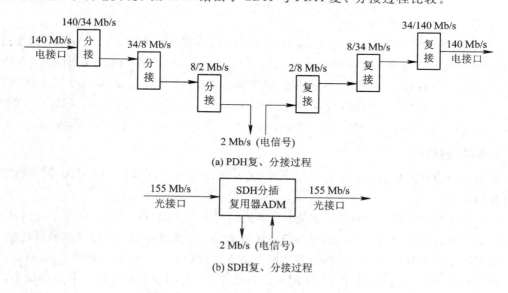

图 6.30 SDH 与 PDH 复、分接过程比较

SDH 同步和灵活的复用方式也大大地简化了数字交叉连接（DXC）功能的实现过程。DXC 的引入增强了网络的自愈功能，可以根据用户的需求进行动态组网，便于新业务的引入。

（4）充分的开销比特。SDH 帧结构拥有丰富的开销比特，可以用来传输大量的网管信息，使得网络的操作管理与维护能力大大加强。此外，由于 SDH 中的 DXC 和 ADM 等是一类智能化网元，以实现分布式管理，便于新特性和新功能的开发。

（5）网络同步。当各网络单元工作在高精度基准时钟时，可以减少调整频率，同时改善网络性能，因而在 SDH 网络中，采用主从同步方式。

尽管 SDH 具有上述优势，但也存在不足，其一就是完成 1.544 Mb/s 和 2.048 Mb/s 数字系列在 155.520 Mb/s 速率上的统一的同时，使 SDH 的频带利用率有所下降；其二，SDH 网络中采用指针技术来完成不同 SDH 网络之间的同步，这样一方面增加了电路的复杂程度，同时字节调整所带来的输出信号抖动也大于 PDH，因而必须保持网络的高度同步状态；其三，大量的集中化软件控制以及在个别高速链路和交叉连接点上，业务过分集中，几乎使软件支配和控制了网络中的交叉连接设备和复用设备，这样，一旦出现人为的软件操作错误或计算病毒的侵入，便会造成全面故障。

3. SDH 复用结构

同步复用、映射和定位是 SDH 中的三大关键技术，正是这些技术的使用，使得数字复接技术在软件的支持下，得以灵活的实现。这部分的内容已在前面作了详细的介绍，在此仅就 SDH 的复用单元和复用结构进行说明。

1）SDH 复用结构及复用单元

根据前面的讨论可知，SDH 的帧周期是以 125 μs 为基础的，在此周期中，既可以装入相互同步的 STM 信号，也可以装入 PDH 体系支持的各低速支路信号，同时为达到上述的目的，ITU－T（原 CCITT）在 G.707 建议中给出了 SDH 的复用结构与过程。由于我国选用 PCM 30/32 系列 PDH 信号，因而根据实际情况，对 ITU－T 的复用结构进行简化，使之成为适用于我国的 SDH 复用结构，如图 6.31 所示。

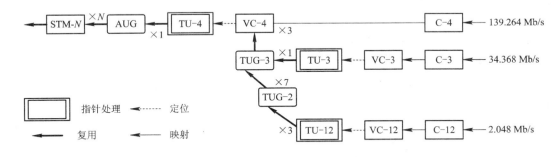

图 6.31　我国的 SDH 复用结构

我国目前采用的复用结构是以 2 Mb/s 系列 PDH 信号为基础，通常应采用 2 Mb/s 和 140 Mb/s 支路接口，当然如有需要时，也可采用 34 Mb/s 支路接口，但由于一个 STM－1 只能容纳 3 个 34 Mb/s 的支路信号，因而相对而言不经济，故尽可能不使用该接口。

SDH 的复用结构是由一系列的基本单元组成的，而复用单元实际上是一种信息结构，不同的复用单元，其信息结构不同，因而在复用过程中所起的作用各不相同。常用的复用单元有容器（C）、虚容器（VC）、管理单元（AU）、支路单元（TU）等。下面逐一地进行介绍：

（1）容器（C）。所谓的容器，实际上是一种用来装载各种速率业务信号的信息结构，主要完成 PDH 信号与 VC 之间的适配功能（如码速调整等）。针对不同的 PDH 信号，

ITU - T 规定了 5 种标准容器。我国的 SDH 复用结构中，仅用了装载 2.048 Mb/s、34 Mb/s 和 139.264 Mb/s 信号的 3 种容器，即 C-12、C-3 和 C-4。其中 C-4 为高阶 C，而 C-12 和 C-3 则属于低阶 C。

（2）虚容器（VC）。VC 是用来支持 SDH 通道层连接的信息结构的，由标准容器（C）的信号再加上用以对信号进行维护与管理的通道开销（POH）构成。虚容器又分为高阶 VC 和低阶 VC，能够容纳高阶容器的 VC 为高阶虚容器，容纳低阶容器的 VC 为低阶虚容器。

虚容器是 SDH 中最为重要的一种信息结构，它仅在 PDH/SDH 网络边界处才进行分接，在 SDH 网络中始终保持完整不变，独立地在通道的任意一点进行分出、插入或交叉连接。无论是高阶虚容器，还是低阶虚容器，它们在 SDH 网络中始终保持独立的、相互同步的传输状态，即其帧速率与网络保持同步，并且同一网络中的不同 VC 的帧速率都是相互同步的，因而在 VC 级别上可以实现交叉连接操作，从而在不同 VC 中装载不同速率的 PDH 信号。

（3）支路单元（TU）。TU 是为低阶通道层与高阶通道层提供适配功能的一种信息结构，它是由一个低阶 VC 和指示其在高阶 VC 中初始字节位置的支路单元指针（AU - PTR）组成。可见，低阶 VC 在高阶 VC 中浮动，并且由一个或多个在高阶 VC 净负荷中占有固定位置的 TU 组成一个支路单元组（TUG）。

（4）管理单元（AU）。AU 是在高阶通道层与复用段层之间提供适配的一种信息结构。它是由高阶 VC 和指示 VC 在 STM - N 中的起始字节位置的管理单元指针（AU - PTR）构成的，同样高阶 VC 在 STM - N 中的位置也是浮动的，但 AU 指针在 STM - N 帧结构中位置是固定的。

一个或多个在 STM 帧中占有固定位置的 AU 组成了一个管理单元组（AUG）。

（5）同步转移模块 STM。在 N 个 AUG 的基础上，加上起到运行、维护和管理作用的段开销，便形成了 STM - N 信号，由前面的分析可知，不同的 STM - N，其信息等级不同，一般 N=1，4，16，64，…，与此对应，可以存在 STM - 1、STM - 4、STM - 16 和 STM - 64…若干等级的同步转移模块。

（6）指针。指针是 SDH 复用方式和 PDH 复用方式的重要差别之一，能克服 PDH 中需要逐级分接的缺点。在 SDH 中有两种级别的指针，第一种是管理单元（AU）指针，第二种是支路单元（TU）指针，它们都是由多个字节组成。

指针的作用是定位，也就是以附加于虚容器（VC）上的 TU 指针（或 AU）指示和确定低阶 VC 帧的起点在 TU 净负荷中（或高阶 VC 帧的起点在 TU 净负荷中）的位置。当发生相对帧相位偏差使 VC 帧起点"浮动"时，指针值也随之调整，从而始终保持指针值准确指示 VC 帧起点位置。通过定位使接收端能正确地从 STM - N 中拆离出相应的 VC，进而拆除虚容器和容器的包封，分离出 PDH 低速信号，也就是实现从 STM - N 信号中直接下低速支路信号的功能。因此，TU 指针或 AU 指针为 VC 在 TU 帧或 AU 帧内的定位提供了一种灵活、动态的方法。

2）复用过程举例

例 6.1 4 次群（139.264 Mb/s）信号的复用方法。

如图 6.32 所示，首先，标称速率为 139.264 Mb/s 的准同步信号进入 C-4，经码速调整后，C-4 输出速率为 149.760 Mb/s，加上每帧 9 个字节的 POH（相当于 576 kb/s）后，便构成了 VC-4(150.336 Mb/s)。它与 AU-4 的净负荷容量一样，但速率可能不一致，需要进行调整。AU-PTR 的作用就是指出 VC-4 在 AU-4 中的位置，它占用 9 个字节，相当于容量为 576 kb/s。这样，AU-4 的速率为 150.912 Mb/s，得到的单个 AU-4 直接置入 AUG。当 $N=1$ 时，一个 AUG 加上容量为 4608 kb/s 的段开销后就构成了 STM-1 的标称速率 155.520 Mb/s；当 $N\neq1$ 时，由 N 个 AUG 经字节间插并加上段开销便构成了 STM-N 信号。

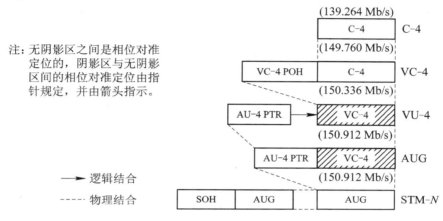

图 6.32　4 次群(139.264 Mb/s)信号的复用方法

例 6.2　基群信号(2.048 Mb/s)复用方法。

如图 6.33 所示，标称速率为 2.048 Mb/s 的信号先进入 C-12 进行码速调整，再加上 VC-12 的通道开销(低阶 POH)便构成了 VC-12(2.240 Mb/s)，TU-PTR 用来指出

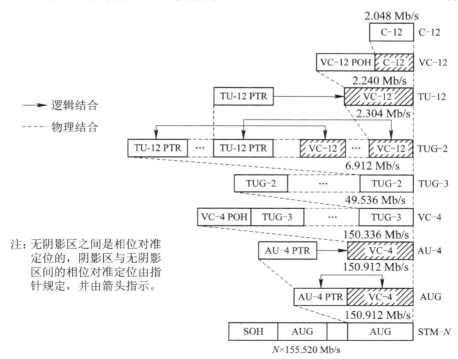

图 6.33　基群信号(2.048 Mb/s)的复用方法

VC-12 相对于 TU-12 相位，经速率调整和相位对准后的 TU-12 速率为 2.304 Mb/s，再经字节复用组成 TUG-2(3×2.304 Mb/s)。7 个 TUG-2 经同样的单字节复用组成 TUG-3(加上塞入字节后速率达 49.536 Mb/s)。然后，由 3 个 TUG-3 经单字节复用并加上高阶 POH 和塞入字节后构成 VC-4 净负荷，速率为 150.336 Mb/s，再加上 576 kb/s 的 AU-4 PTR 就组成了 AU-4，速率为 150.912 Mb/s。单个 AU-4 直接置入 AUG，当 $N=1$ 时，一个 AUG 加上容量为 4608 kb/s 的段开销后就构成了 STM-1 的标称速率 155.520 Mb/s；当 $N \neq 1$ 时，由 N 个 AUG 经字节间插并加上段开销便构成了 STM-N 信号。

3）关于通道、复用段、再生段的说明

SDH 传输系统中，通道、复用段、再生段之间的关系可参看图 6.34。

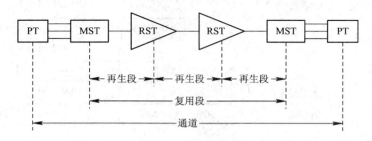

图 6.34　SDH 传输系统中通道、复用段、再生段间的关系

在图 6.34 中，PT 指通道终端，是虚容器的组合分解点，完成对净负荷的复用和解复用，并完成通道开销的处理。

MST 指复用段终端，完成复用段的功能，其中如产生和终结复用段开销(MSOH)。相应设备有光缆线路终端、高阶复用器、宽带交叉连接器等。

RST 指再生段终端，它的功能块在构成 SDH 帧结构过程中产生再生段开销(RSOH)，在相反方向则终结再生段开销(RSOH)。

由图 6.34 还可以看出，通道、复用段、再生段的定义和分界。

为了便于理解，将上述关于通道、复用段、再生段的划分与相应的设备联系起来，如图 6.35 所示。

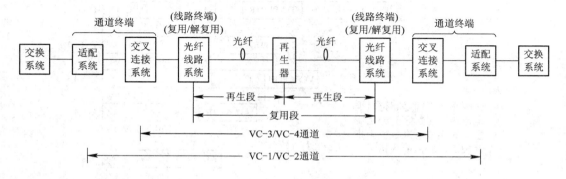

图 6.35　SDH 传输系统与通道、复用段、再生段间的对应关系

小　结

定时和同步是数字通信能够可靠进行的基础。在传输过程中，收、发送端必须能稳定而准确地形成各种需求的定时脉冲，使得电路能按规定的节拍工作，这是"定时"的概念。同步是指收、发两端的定时脉冲在通信过程中步调一致，准确无误地工作。在各种同步系统中，位同步是数字通信中特有的，且为最基本、最重要的同步，也称码元同步，可以采用插入导频法和直接提取法来提取同步信号，即

$$
码元同步
\begin{cases}
插入导频法
\begin{cases}
插入位定时 \\
双重调制导频
\end{cases} \\[2ex]
直接提取法
\begin{cases}
滤波法 \\
脉冲锁相法 \\
数字锁相法
\end{cases}
\end{cases}
$$

采用数字复接技术的目的是为了扩大数字通信网的传输容量和提高传输效率。根据 ITU－T 建议和我国实际情况，我国采用以 2048 kb/s 为基群的数字系列。复接形式为逐级复接与隔级复接（即跳群）并存。

数字复接的实质是时分复用。数字复接系统包括数字复接和数字分接两大部分。前者由码速调整、复接和定时单元构成，后者由同步、分接、码速恢复和定时单元构成。

数字复接系统可分为同步复接和异步复接。目前应用较多的准同步复接也归于异步复接范畴。

码速调整是异步复接系统中的关键技术，常采用正码速调整，其具体实现方法是人为地在各支路信号中插入塞入脉冲，以实现各支路数码率都统一到复接后的标称数码率上。

相位抖动是数字通信系统的一个重要质量指标。它指的是数字信号的有效瞬间相对于理想位置的偏离。码速调整是造成相位抖动的主要原因，有 3 种类型：由帧结构格式引起的抖动；由脉冲塞入引起的基本抖动；由脉冲塞入等候时间引起的抖动。通常在接收端用锁相环来消除抖动；在发送端则根据抖动产生的机理来抑制抖动。

SDH 是针对准同步体系（PDH）存在一系列缺点而提出的一种新的技术体制，有很多突出优点，如标准速率等级和接口；块状帧结构；丰富的开销比特；结合指针技术有效实现同步复接与分接等。SDH 概念的核心是从统一的国家信息网和国际互通的高度来组建数字通信网，并构成 BIP－ISDN 的传送网络。

SDH 的主要设备有再生器、复用设备和数字交叉连接器。

习题与思考题

6.1　时钟与同步的概念分别是什么？其重要性何在？

6.2　在数字通信中有几种同步类型？各种同步类型所起的作用分别是什么？

6.3　试比较插入导频法和直接提取法提取位同步信号的优、缺点。

6.4　简述数字锁相环法提取码元同步信号的原理。

6.5　如何克服数字锁相环法的相位误差对提取码元同步信号的影响？

6.6　准同步方式有哪两种方法？

6.7　简述我国数字复接系列的构成方式。

6.8　数字复接系统由哪几部分构成？各部分的作用是什么？

6.9　数字复接有几种复接方式？各种方式的优、缺点有哪些？

6.10　说明同步复接和异步复接的基本工作原理。

6.11　正码速调整是如何实现的？

6.12　抖动的概念是什么？导致抖动产生的主要因素有哪些？

6.13　如何消除相位抖动的影响？

6.14　SDH 与 PDH 相比有哪些优越性？

6.15　SDH 网的基本特点是什么？SDH 帧中的传送顺序是什么？它的不足之处是什么？

6.16　不同等级的 STM - N 的速率是多少？

6.17　SDH 帧的开销是指什么意思？其中段开销在什么位置上？

6.18　试计算 STM - 1 段开销比特数及 STM - 16 的码速率。

第 7 章 纠 错 编 码

☞ 本章提要

- ARQ、FEC 及 HEC 的一般工作原理
- 汉明距离及最小码距与纠检错码的关系
- 几种常用的奇偶校验码(简单的线性码)
- 卷积码的概念和维特比译码与解码法

　　在实际信道上传输数字信号时,由于信道传输特性不理想及加性噪声(该种噪声对信号为叠加效应,属于非线性)的影响,所收到的数字信号不可避免地会发生错误。为了在已知信噪比的情况下达到一定的误比特率指标,首先应合理设计基带信号,选择调制、解调方式,采用频域均衡或时域均衡,使误比特率尽可能降低。但若误比特率仍不能满足要求,则必须采用信道编码,即差错控制编码,将误比特率进一步降低,以满足指标要求。随着差错控制编码理论的完善和数字电路技术的发展,信道编码已成功地应用于各种通信系统中,而且在计算机、磁记录与存储中也得到了日益广泛的应用。

　　差错编码的基本做法:在发送端被传的信息序列上附加一些监督码元,这些多余的码元与信息码元之间以某种确定的规则相互关联(约束)。接收端按照既定的规则检验信息码元之间的关系,一旦传输过程中发生差错,则信息码元与监督码元之间的关系将受到破坏,从而可以发现错误,乃至纠正错误,研究各种编码和译码方法正是差错控制编码所要解决的问题。

7.1　差错控制方式

　　常用的差错控制方式主要有三种:检错重发(Automatic Repeat reQuest,简称 ARQ)、前向纠错(Forword Error Control,简称 FEC)和混合纠错(Hybrid Error Correction,简称 HEC),它们的系统构成如图 7.1 所示。

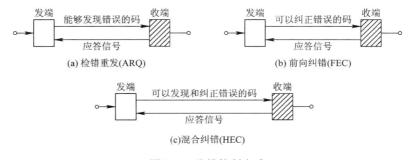

图 7.1　差错控制方式

7.1.1　检错重发

在检错重发方式中，发送端经编码后发出能够发现错误的码，接收端收到后经检验如果发现传输中有错误，则通过反向信道把这一判断结果反馈给发送端。然后，发送端把前面发出的信息重新传送一次，直到接收端认为已正确收到信息为止。

常用的检错重发系统有 3 种，即停发等候重发、返回重发和选择重发。图 7.2 中画出这 3 种系统的工作原理图。图 7.2(a)表示停发等候重发系统的发送端、接收端的信号传递过程。发送端在 T_W 时间内送出一个码组给接收端，接收端收到后经检测若未发现错误，则发回一个认可信号(ACK)给发送端，发送端收到 ACK 信号后再发出下一个码组。如果接收端检测出错误，则发回一个否认信号(NAK)，发送端收到 NAK 信号后重发前一个码组，并再次等候 ACK 或 NAK 信号。这种工作方式在两个码组之间有停顿时间(T_I)，使传输效率受到影响，但由于工作原理简单，在计算机数据通信中仍得以应用。

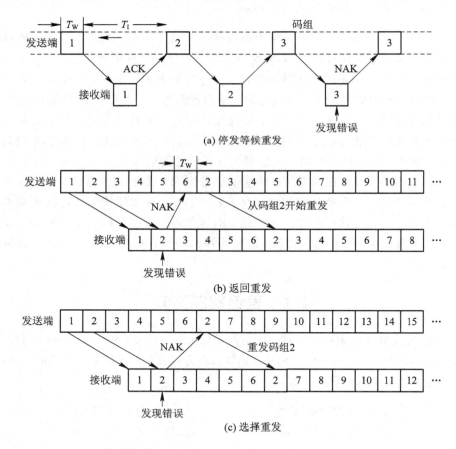

图 7.2　ARQ 差错控制系统工作原理

返回重发系统如图 7.2(b)所示。在这种系统中，发送端无停顿地送出一个又一个码组，不再等候 ACK 信号，但一旦接收端发现错误并发回 NAK 信号，则发送端从下一个码组开始重发前一段 N 组信号，N 的大小取决于信号传递及处理所带来的延时，图中 $N=5$。这种返回重发系统比停发等候重发系统有很大改进，在很多数据传输系统中得到了应用。

选择重发系统示于图 7.2(c)中。这种重发系统也是连续不断地发送信号,接收端检测到错误后发回 NAK 信号。与返回重发系统不同的是,发送端不是重发前面的所有码组,而是只重发有错误的那一组。显然,这种选择重发系统传输效率最高,但另一方面它的价格也最贵,因为它的控制较为复杂,在发送、接收端都要求有数据缓存器。此外,选择重发系统和返回重发系统需要全双工的链路,而停发等候系统只要求半双工的链路。

7.1.2　前向纠错

在前向纠错系统中,发送端经编码发出能够纠正错误的码,接收端收到这些码组后,通过译码能自动发现并纠正传输中的错误。前向纠错方式不需要反馈信道,特别适合于只能提供单向信道的场合。由于能自动纠错,不要求检错重发,因而延时小、实时性好。为了使纠错后获得低误比特率,纠错码应具有较强的纠错能力。但纠错能力越强,则译码设备越复杂。前向纠错系统的主要缺点就是设备较复杂。

7.1.3　混合纠错

混合纠错方式是前向纠错方式和检错重发方式的结合。在这种系统重发送端不但有纠正错误的能力,而且对超出纠错能力的错误有检测能力。遇到后一种情况时,通过反馈信道要求发送端重发一遍。混合纠错方式在实时性和译码复杂性方面是前向纠错和检错重发方式的折中。

7.2　纠错编码的基本原理

现在讨论纠错编码的基本原理,为了便于理解,先通过一个例子来说明。一个由 3 位二进制数字构成的码组,共有 8 种不同的可能组合。若利用其来表示天气,则可以表示 8 种不同的天气,譬如:000(晴),001(云),010(雨),011(阴),100(雪),101(霜),110(雾),111(雹)。其中任意码组在传输中若发生一个或多个错码,则将变成另一信息码组。这时接收端将无法发现错误。

若在上述 8 种码组中只准许使用 4 种来传送信息,譬如:

$$
\left.
\begin{array}{l}
000 = 晴 \\
011 = 云 \\
101 = 阴 \\
110 = 雨
\end{array}
\right\}
\tag{7.1}
$$

这时,虽然只能传送 4 种不同的天气,但是接收端却有可能发现码组中的一个错码。例如,若 000(晴)中错了一位,则接收码组将变成 100 或 010 或 001,这 3 种码组都是不准许使用的,称为禁用码组,故接收端在收到禁用码组时,就认为发现了错码。当发生 3 个错码时,000 变成 111,它也是禁用码组,故这种编码方式也能检测 3 个错码。但是这种编码方式不能发现 2 个错码,因为发生 2 个错码后产生的是许用码组。

上述这种码只能检测错误不能纠正错误。例如,当收到的码组为禁用码组 100 时,在接收端无法判断是哪一位码发生了错误,因为晴、阴、雨三者错了 1 位都可以变成 100。要想能纠正错误,还要增加多余度(冗余码)。例如,若规定许用码组只有 2 个:000(晴),111

（雨），其余都是禁用码组。这时，接收端能检测 2 个以下错误，或能纠正 1 个错码。例如，当收到禁用码组 100 时，如果认为该码组中有 1 个错码，则可判断此错码发生在"1"位，从而纠正为 000（晴）。因为"雨"（111）发生任何 1 位错码都不会变成这种形式。若上述接收码组中的错码数认为不超过 2 个，则存在两种可能性：000 错 1 位和 111 错 2 位都可能变成 100，因而只能检测出存在错码而无法纠正。

从上面的例子中可以得到关于"分组码"的一般概念。如果不要求检（纠）错，为了传输 4 种不同的信息，用两位码组就够了，它们是 00、01、10、11。代表所传信息的这些 2 位码，称为信息位。在式（7.1）中使用了 3 位码，多增加的那位称为监督位。表 7.1 示出了这种情况。把这种将信息码分组，为每个信息码附加若干监督码（冗余码）的编码，称为分组码。在分组码中，监督码仅监督本码组中的信息码元。后面将讨论的卷积码的监督位就不具备这一特点。

分组码一般用符号 (n, k) 表示，其中 k 是每组二进制信息码元的数目，n 是编码组的总位数，又称为码组长度（码长），$n - k = r$ 为每码组中的监督码元数目，或称监督位数目。通常，将分组码规定为具有如图 7.3 所示的结构。图中前面 k 位（$a_{n-1} \cdots a_r$）为信息位，后面附加 r 个监督位（$a_{r-1} \cdots a_0$）。在式（7.1）的分组码中 $n = 3$，$k = 2$，$r = 1$。

表 7.1　信息码与监督码的编排

天气	信息位	监督位
晴	00	0
云	01	1
阴	10	1
雨	11	0

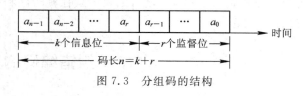

图 7.3　分组码的结构

在分组码中，"1"的数目称为码组的重量，而把两个码组对应位上数字不同的位数称为码组的距离，简称码距，又称汉明（Haming）距离。式（7.1）中 4 个码组之间，任何两个的距离均为 2。某种编码中各个码组间距离的最小值称为最小码距（d_0），例如，按式（7.1）编码的最小码距 $d_0 = 2$。

对于 $n = 3$ 的编码组，可以在 3 维空间中说明码距的几何意义。如前所述，3 位的码共有 8 种不同的可能码组。因此，在 3 维空间中它们分别位于单位立方体的各顶点上，如图 7.4 所示。每一个码组的三个码元的值（a_2，a_1，a_0）就是此立方体各顶点之间沿立方体各边行走的几何距离。由此图可以直观看出，式（7.1）中 4 个许用码组之间的距离均为 2。

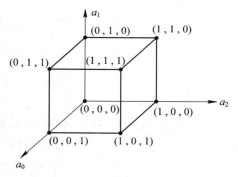

图 7.4　码距的几何意义

从上面的举例分析中可以看出，冗余码数增加后，编码的抗干扰能力增强。这主要是因为冗余码位数增加后，发送端使用的码组中，码字之间最小码距 d_0 增大。由于 d_0 反映了码组中每两个码字之间的差别程度，如果 d_0 越大，从一个编码错成另一个编码的可能性就越小，则其检错、纠错能力也就越强。因此最小码距是衡量差错控制编码纠、检错能力大小的标志。一般情况下，差错编码的纠错能力及检错能力与最小码距之间的关系如下：

（1）若编码组中编码之间最小码距满足：

$$d_0 \geqslant e+1 \tag{7.2}$$

则该码组中的编码具有检测 e 位差错的能力。因为当编码之间最小码距为 d_0，比错码位数大于 1 时，只要编码中出现的错码位数不超过 e，则都不可能变成另一个允许使用的编码，因此接收端能发现这样的差错。

（2）若编码组中编码之间最小码距满足：

$$d_0 \geqslant 2t+1 \tag{7.3}$$

则该码组中的编码具有纠正 t 位差错的能力。因为当码组中允许使用的编码发生 t 位差错时，形成的错误编码与另一个允许使用的编码错 t 位码后形成的编码之间还有至少 1 位的码距，则这两个编码就不会被混淆，就可纠正为原来的正确编码；否则就可能被错误地纠正为另一个允许使用的编码，而使差错更大。

（3）若编码组中编码之间最小码距满足：

$$d_0 \geqslant e+t+1 \qquad (e>t) \tag{7.4}$$

则该码组中的编码具有纠正 t 位差错并检测 e 位差错的能力。需要注意的是：若接收到的编码与某一允许使用的编码之间的距离在纠错范围 t 位内，则对其进行纠错；若接收到的编码与某一允许的编码之间的距离超过 t，则只能对其进行检错，检错能力范围为 e。当某一允许使用的编码出现 e 位差错后与另一个允许使用的编码间距离至少为 $t-1$，否则会进入另一个允许使用的编码的纠错范围而被错纠为另一编码。

式(7.2)~式(7.4)这三个关系式是编码理论中十分重要的基本关系，使用于任何一类编码。因此，提高信号抗干扰能力的方法是在信息码的基础上增加监督冗余码，即增加码距。

在简要讨论编码的纠、检错能力之后，现在转过来分析采用差错控制编码的效用。

假设在随机信道中发送"0"时的错误概率和发送"1"时的相等，都等于 p，且 $p \ll 1$，则容易证明，在码长为 n 的码组中恰好发生 r 个错码的概率为

$$P_n(r) = C_n^r p^r (1-p)^{n-r} \approx \frac{n!}{r!(n-r)!} p^r \tag{7.5}$$

例如，当码长 $n=7$，$p=10^{-3}$ 时，则有

$$P_7(1) \approx 7p = 7 \times 10^{-3}$$

$$P_7(2) \approx 21p^2 = 2.1 \times 10^{-5}$$

$$P_7(3) \approx 35p^3 = 3.5 \times 10^{-8}$$

可见，采用差错控制编码，即使仅能纠正（或检测）这种码组中 1~2 个错误，也可以使误码率下降几个数量级。这就表明，即使是较简单的差错控制编码也具有较大的使用价值。

7.3 常用的简单编码

这里介绍的几种简单编码都属于分组码，而且是行之有效的。

7.3.1 奇偶监督码

这是一种最简单的检错码，又称奇偶校验码，在计算机数据传输中得到了广泛应用。

在 ISO 和 ITU-T 提出的七单位国际 5 层字母表、美国信息交换码 ASCII 字母表及我国的七单位字符编码标准中都采用 7 比特码组表示 128 种字符,如字符 A 的编码表示为 1000001。为了检查字符传输过程中是否有错误,常在 7 比特码组后加一位作为奇偶检验位使得 8 位码组(一个字节)中"1"(或"0")的个数为偶数或奇数。"1"的个数为偶数时,称为偶校验码;为奇数时,称为奇校验码。采用偶校验码时,字符 A 的编码表示为 1000010。由于原来的码组中有 2 个"1",已为偶数,因此附加的监督位取为"0"。如果传输过程中 8 位码组中任何一位发生了错误,则收到的码组必定不再符合偶校验的条件,因而就能发现错误。

一般情况下,其编码规则是:首先将要传输的信息分成组,然后将各位二元信息及附加监督位用模 2 和相加。选择正确的监督位,保证模 2 和结果为 0(偶校验)或 1(奇校验)。这种监督关系可以用公式表示,设码组长度为 n,表示为 $(a_{n-1}a_{n-2}a_{n-3}\cdots a_0)$,其中前 $n-1$ 位为信息,第 n 位为校验位,则偶校验时有

$$a_0 \oplus a_1 \oplus a_2 \oplus \cdots a_{n-1} = 0 \tag{7.6a}$$

监督码元 a_0 可由下式产生:

$$a_0 = a_1 \oplus a_2 \oplus \cdots \oplus a_{n-1} \tag{7.6b}$$

奇校验时有

$$a_0 \oplus a_1 \oplus \cdots \oplus a_{n-1} = 1 \tag{7.6c}$$

监督码元 a_0 可由下式产生:

$$a_0 = a_1 \oplus a_2 \oplus \cdots \oplus a_{n-1} \oplus 1 \tag{7.6d}$$

可以看出,这种奇偶校验只能发现单个或奇数个错误而不能检测出偶数个错误,因此它的检错能力不高。不难验证,奇偶校验码的最小码距为 $d_0 = 2$。

7.3.2　水平奇偶监督码

针对上述奇偶监督码检错能力不高,特别是不能检测突发错误的缺点,可以将经过奇偶监督编码的码元序列按行排列成方阵,每行为一组奇偶监督码(见表 7.2),但发送时则按列的顺序传输:00010011101…1001011,接收端仍然将码元排成发送时的方阵形式,然后按行进行奇偶校验。由于按横行进行奇偶校验,因此称为水平奇偶监督码,或行奇偶监督码。

表 7.2　水平奇偶监督码

信　息　码　元										监督码元
0	1	0	1	1	0	1	1	0	0	1
0	1	0	0	1	0	1	0	0	1	0
0	0	1	1	0	0	0	0	1	1	0
1	1	0	0	0	1	0	1	1	0	1
0	0	1	1	1	1	1	1	1	1	0
0	1	1	0	0	1	1	1	1	1	1
1	1	1	0	1	1	0	0	0	0	1

不难看出,采取这种编码方法可以发现某一行上的所有奇数个错误及所有长度不大于方阵中行数(表 7.2 例中为 7)的突发错误。与简单奇偶监督码相比,附加监督码元的数目

并没有增加，即信息冗余度没有增加，只是整个方阵码的码长增加了而已。这种编码的代价是信息的延时也随码长的增加而增加了。

7.3.3 水平垂直奇偶监督码

在水平奇偶监督码基础上，对表 7.2 方阵中每一列也进行奇偶校验，则称水平垂直奇偶监督码，又称行列奇偶检验码。发送时按列序顺次传输：000100101101…10010110。

显然，这种码比水平奇偶监督码有更强的检错能力，它能发现某一行或某一列上的所有奇（偶）个错误及长度不大于行数（或列数）的突发错误。

7.3.4 群计数码

在群计数码中，信息码元分组后计算其"1"的个数，然后将这个数目的二进制表示作为监督码元附加在信息码元之后送往信道。例如一组信息码元为 11100101，其中有 5 个"1"，用二进制数字表示为"101"，传输的码组即为 11100101 101，这里用"101"的下划线表示所插入的纠错码，即为了纠错所增加的监督码元的二进制数字，而不是原信息码，为区别与信息码特此在 101 加下划线。

这种码的检错能力很强，除了发生 1 变 0 和 0 变 1 成对的错误之外，它能检测出所有形式的错误。

有时为了减少附加监督码元，即降低发送码元中的冗余度，不传送所有计数码元，而只传送其中的最后几位。如上例中只传送后两位，即 01，则传送的码序列变为 11100101 01。这样处理的代价是检错能力有所下降。

为了提高检测突发错误的能力，也可以仿照水平奇偶监督的方法，将信息码排成方阵，然后利用群计数法来进行水平监督。

7.4 线 性 分 组 码

7.4.1 线性分组码的概念

在前面介绍的奇偶监督码，其编码原理利用了代数关系式，我们把这类建立在代数学基础上的编码称为代数码。在代数码中，常见的是线性码。线性码中信息位和监督位是由一些线性代数方程联系着的，或者说，线性码是按一组线性方程构成的。这里将以汉明（Hamming）码为例引入线性分组码的一般原理。

按式（7.6a）条件构成的偶数监督码。由于使用了一位监督位 a_0，故它就能和信息位 $a_{n-1}\cdots a_1$ 一起构成一个代数式，如式（7.6a）所示。在接收端解码时，实际上就是计算：

$$S = a_{n-1} \oplus a_{n-2} \oplus \cdots \oplus a_0 \tag{7.7}$$

若 $S=0$，就认为无错；若 $S=1$，就认为有错。上式称为监督关系式，S 称为校正子。由于校正子 S 的取值只有这两种，它就只能代表有错和无错这两种信息，而不能指出错码的位置。不难推想，如果监督位增加一位，即变成两位，则能增加一个类似于式（7.7）的监督关系式。由于两个校正子的可能值有 4 种组合：00、01、10、11，故能表示 4 种不同位置。显

然 r 个监督关系式能指示一位错码的 (2^r-1) 个可能位置。

一般说来，若码长为 n，信息位数为 k，则监督位数 $r=n-k$。如果希望用 r 个监督位构造出 r 个监督关系式来指示一位错码的 n 种可能位置，则要求

$$2^r-1 \geqslant n \quad \text{或} \quad 2^r \geqslant k+r+1 \tag{7.8}$$

下面通过一个例子来说明如何构成这些监督关系式。

设分组码 (n, k) 中 $k=4$。为了纠正 1 位错码，由式 (7.8) 可知，要求监督位数 $r \geqslant 3$。若取 $r=3$，则 $n=k+r=7$。用 $a_6 a_5 \cdots a_0$ 表示这 7 个码元，用 S_1、S_2、S_3 表示三个监督关系式中的校正子，则 $S_1 S_2 S_3$ 的值与错码位置的对应关系可规定如表 7.3（自然，也可规定成另一种对应关系，这不影响讨论的一般性）所示。

表 7.3 (7，4) 码校正子与误码位置

$S_1 S_2 S_3$	错码位置	$S_1 S_2 S_3$	错码位置
001	a_0	101	a_4
010	a_1	110	a_5
100	a_2	111	a_6
011	a_3	000	无错

由表中规定可见，仅当一错码位置在 a_2、a_4、a_5 或 a_6 时，校正子 S_1 为 1；否则 S_1 为 0。这就意味着 a_2、a_4、a_5 和 a_6 这 4 个码元构成的偶数监督关系：

$$S_1 = a_6 \oplus a_5 \oplus a_4 \oplus a_2 \tag{7.9}$$

同理，a_1、a_3、a_5 和 a_6 构成的偶数监督关系：

$$S_2 = a_6 \oplus a_5 \oplus a_3 \oplus a_1 \tag{7.10}$$

以及 a_0、a_3、a_4 和 a_6 构成的偶数监督关系：

$$S_3 = a_6 \oplus a_4 \oplus a_3 \oplus a_0 \tag{7.11}$$

在发送端编码时，信息位 a_6、a_5、a_4 和 a_3 的值决定于输入信号，因此它们是随机的。监督位 a_2、a_1 和 a_0 应根据信息位的取值按监督关系来确定，即监督位应使上式中 S_1、S_2 和 S_3 的值为零（表示编成的码组中应无错码）：

$$\left. \begin{aligned} a_6 \oplus a_5 \oplus a_4 \oplus a_2 &= 0 \\ a_6 \oplus a_5 \oplus a_3 \oplus a_1 &= 0 \\ a_6 \oplus a_4 \oplus a_3 \oplus a_0 &= 0 \end{aligned} \right\} \tag{7.12}$$

由上式经移项运算，解出监督位为

$$\left. \begin{aligned} a_2 &= a_6 \oplus a_5 \oplus a_4 \\ a_1 &= a_6 \oplus a_5 \oplus a_3 \\ a_0 &= a_6 \oplus a_4 \oplus a_3 \end{aligned} \right\} \tag{7.13}$$

由式 (7.13) 可得到表 7.4 所示的 16 个许用码组。接收端收到每个码组后，先按式 (7.9)～式 (7.11) 计算出 S_1、S_2 和 S_3，再按表 7.3 判断错误情况，并予以纠正。例如，若接收码组为 0000011，按式 (7.9)～式 (7.11) 计算可得 $S_1=0$，$S_2=1$，$S_3=1$。由于 $S_1 S_2 S_3$ 等于 011，故根据表 7.3 可知在 a_3 位有一错码。

表 7.4 　 (7，4)码许用码组

信息位	监督位	信息位	监督位
$a_6 a_5 a_4 a_3$	$a_2 a_1 a_0$	$a_6 a_5 a_4 a_3$	$a_2 a_1 a_0$
0000	000	1000	111
0001	011	1001	100
0010	101	1010	010
0011	110	1011	001
0100	110	1100	001
0101	101	1101	010
0110	011	1110	100
0111	000	1111	111

按上述方法构造的码称为汉明码。如$(n, k)=(7，4)$汉明码的最小码距 $d_0=3$，因此，根据式(7.3)和式(7.4)可知，这种码能纠正 1 个错码或检测 2 个错码。如超出纠错能力，则反而会因"乱纠"而增加新的误码。由式(7.8)可知，汉明码的编码效率

$$R_c = k/n = (2^r - 1 - r)/(2^r - 1) = 1 - r/(2^r - 1) = 1 - r/n$$

当 n 很大时，则编码速率接近 1。可见，汉明码是一种高效码。

7.4.2 　线性分组码的矩阵描述

现在再来讨论线性分组码的一般原理。上面已经提到，线性码是指信息位和监督位满足一组线性方程的码。式(7.12)就是这样一组线性方程的例子。现在将它改写成

$$\left. \begin{aligned} 1\times a_6 + 1\times a_5 + 1\times a_4 + 0\times a_3 + 1\times a_2 + 0\times a_1 + 0\times a_0 = 0 \\ 1\times a_6 + 1\times a_5 + 0\times a_4 + 1\times a_3 + 0\times a_2 + 1\times a_1 + 0\times a_0 = 0 \\ 1\times a_6 + 0\times a_5 + 1\times a_4 + 1\times a_3 + 0\times a_2 + 0\times a_1 + 1\times a_0 = 0 \end{aligned} \right\} \tag{7.14}$$

上式中将"$\oplus$"简写为"$+$"。在本章后面，除非另加说明，这类式中的"$+$"都指模 2 加。式(7.14)可以表示成如下矩阵形式：

$$\begin{bmatrix} 1110100 \\ 1101010 \\ 1011001 \end{bmatrix} \begin{bmatrix} a_6 \\ a_5 \\ a_4 \\ a_3 \\ a_2 \\ a_1 \\ a_0 \end{bmatrix} = \begin{bmatrix} 0 \\ 0 \\ 0 \end{bmatrix} \quad (模\ 2) \tag{7.15}$$

式(7.15)还可以简记为

$$\boldsymbol{H} \cdot \boldsymbol{A}^T = \boldsymbol{0}^T \quad 或 \quad \boldsymbol{A} \cdot \boldsymbol{H}^T = \boldsymbol{0} \tag{7.16}$$

其中

$$\boldsymbol{H} = \begin{bmatrix} 1110100 \\ 1101010 \\ 1011001 \end{bmatrix}$$

$$A = [a_6 a_5 a_4 a_3 a_2 a_1 a_0]$$

$$0 = [000]$$

右上标"T"表示将矩阵转置。例如，H^T 是 H 的转置，即 H^T 的第一行为 H 的第一列，H^T 的第二行为 H 的第二列等。

我们将 H 称为监督矩阵。只要给定监督矩阵 H，编码时，监督位和信息位的关系就完全确定了。由式(7.14)、式(7.15)可以看出，H 的行数就是监督关系式的数目，它等于监督位的数目 r。H 的每行中"1"的位置表示相应码元之间存在的监督关系。例如 H 的第一行1110100表示监督位 a_2 是由信息位 $a_6 a_5 a_4$ 之和决定的。式(7.15)中的 H 矩阵可以分成两部分：

$$H = \begin{bmatrix} 1110 & \vdots & 100 \\ 1101 & \vdots & 010 \\ 1011 & \vdots & 001 \end{bmatrix} = [PI_r] \tag{7.17}$$

式中，P 为 $r \times k$ 阶矩阵，I_r 为 $r \times r$ 阶单位方阵。我们将具有 $[PI_r]$ 形式的 H 矩阵称为典型形式的监督矩阵。由典型形式的监督矩阵及信息码元很容易算出各监督码元位。

由代数理论可知，H 矩阵的各行应该是线性无关的，否则将得不到 r 个线性无关的监督关系式，从而也得不到 r 个独立的监督位。若一矩阵能写成典型阵形式 $[PI_r]$，则其各行一定是线性无关的。

类似于式(7.12)改变成式(7.15)中矩阵形式那样，式(7.13)也可以改写成以下形式：

$$\begin{bmatrix} a_2 \\ a_1 \\ a_0 \end{bmatrix} = \begin{bmatrix} 1110 \\ 1101 \\ 1011 \end{bmatrix} \begin{bmatrix} a_6 \\ a_5 \\ a_4 \\ a_3 \end{bmatrix} \tag{7.18}$$

或者

$$[a_2 a_1 a_0] = [a_6 a_5 a_4 a_3] \begin{bmatrix} 111 \\ 110 \\ 101 \\ 011 \end{bmatrix} = [a_6 a_5 a_4 a_3] \cdot Q \tag{7.19}$$

式中，Q 为 $k \times r$ 阶矩阵，它为 P 的转置，即

$$Q = P^T \tag{7.20}$$

式(7.19)表明，信息位给定后，用信息位的行矩阵乘矩阵 Q 就生成监督位。

我们将 Q 的左边加上一个 $k \times k$ 阶单位方阵就构成一矩阵 G：

$$G = [I_k \cdot Q] = \begin{bmatrix} 1000111 \\ 0100110 \\ 0010101 \\ 0001011 \end{bmatrix} \tag{7.21}$$

G 称为生成矩阵，因为由它可以产生整个码组，即有

$$[a_6 a_5 a_4 a_3 a_2 a_1 a_0] = [a_6 a_5 a_4 a_3] \cdot G \tag{7.22}$$

或者

$$A = [a_6 a_5 a_4 a_3] \cdot G \tag{7.23}$$

因此，如果找到了码的生成矩阵 G，则编码的方法就完全确定了。具有 $[I_k Q]$ 形式的生成矩阵称为典型生成矩阵。由典型生成矩阵得出的码组 A 中，信息位不变，监督位附加于其后，这种码称为系统码。

比较式(7.17)和式(7.21)可见，典型监督矩阵 H 和典型生成矩阵 G 之间由式(7.20)相联系。

与 H 矩阵相似，我们也要求 G 矩阵的各行是线性无关的。因为由式(7.23)可以看出，任意码组 A 都是 G 的各行的线性组合。G 共有 k 行，若它们线性无关，则可组合出 2^k 种不同的码组 A，它恰是有 k 位信息位的全部码组；若 G 的各行有线性相关的，则不可能由 G 生成 2^k 种不同码组了。实际上，G 的各行本身就是一个码组。因此，如果已有 k 个线性无关的码组，则可以用其作为生成矩阵 G，并由它生成其余的码组。

例 7.1 已知 $(7,3)$ 码的生成矩阵为

$$G = \begin{bmatrix} 1001110 \\ 0100111 \\ 0011101 \end{bmatrix}$$

列出所有许用码组，并求监督矩阵。

解 本题所给出的生成矩阵 G 为典型阵，由式(7.21)有

$$G = \begin{bmatrix} 100 & \vdots & 1110 \\ 010 & \vdots & 0111 \\ 001 & \vdots & 1101 \end{bmatrix} = [I_k Q]$$

显然，其中

$$Q = \begin{bmatrix} 1110 \\ 0111 \\ 1101 \end{bmatrix}$$

根据式(7.23)，通过生成矩阵 G 可以生成许用码组 $A = [a_6 a_5 a_4] \cdot G$，若信息码为 $[a_6 a_5 a_4] = [001]$，可得码组为

$$[001] \begin{bmatrix} 1001110 \\ 0100111 \\ 0011101 \end{bmatrix} = [0011101]$$

同理，可得到所有的许用码组，即

$$\begin{bmatrix} 0000000 \\ 0011101 \\ 0100111 \\ 0111010 \end{bmatrix} \quad \begin{bmatrix} 1001110 \\ 1010011 \\ 1101001 \\ 1110100 \end{bmatrix}$$

又根据式(7.20)可得到

$$P = Q^T = \begin{bmatrix} 101 \\ 111 \\ 110 \\ 011 \end{bmatrix}$$

再根据式(7.17)可求得监督矩阵为

$$H = [PI_k] = \begin{bmatrix} 1011000 \\ 1110100 \\ 1100010 \\ 0110001 \end{bmatrix}$$

7.4.3　线性分组码的纠错检错

一般来说，式(7.23)中 A 为 n 列的行矩阵。此矩阵的 n 个元素就是码组中的 n 个码元，所以发送的码组就是 A。此码组在传输中可能由于干扰引入差错，故接收码组一般来说与 A 不一定相同。若设接收码组为一个 n 列的行矩阵 B，即

$$B = [b_{n-1}b_{n-2}\cdots b_0] \tag{7.24}$$

则发送码组和接收码组之差为

$$B - A = E \quad (模 2) \tag{7.25}$$

它就是传输中产生的错码行矩阵：

$$E = [e_{n-1}e_{n-2}\cdots e_0] \tag{7.26}$$

其中

$$e_i = \begin{cases} 0, & b_i = a_i \\ 1, & b_i \neq a_i \end{cases}$$

因此，若 $e_i = 0$，表示该位接收码元无错；若 $e_i = 1$，则表示该位接收码元有错。式(7.25)也可以改写成

$$B = A + E \tag{7.27}$$

例如，若发送码组 $A = [1000111]$，错码矩阵 $E = [0000100]$，则接收码组 $B = [1000011]$。错码矩阵有时也称为错误图样。

接收端译码时，可将接收码组 B 代入式(7.16)中计算。若接收码组中无错码，即 $E = 0$，则 $B = A + E = A$，把它代入式(7.16)后，该式仍成立，即有

$$B \cdot H^{\mathrm{T}} = 0 \tag{7.28}$$

当接收码组有错时，$E \neq 0$，将 B 代入式(7.16)后，该式不一定成立。在错码较多，已超过这种编码的检错能力时，B 变为另一许用码组，则式(7.28)仍能成立。这样的错码是不可检测的。反之，在未超过检错能力时，式(7.28)不成立，即其右端不等于零。假设这时式(7.28)的右端为 S，即

$$B \cdot H^{\mathrm{T}} = S \tag{7.29}$$

将 $B = A + E$ 代入式(7.29)，可得

$$S = (A + E)H^{\mathrm{T}} = A \cdot H^{\mathrm{T}} + EH^{\mathrm{T}}$$

由式(7.16)知 $A \cdot H^{\mathrm{T}} = 0$，所以

$$S = EH^{\mathrm{T}} \tag{7.30}$$

式中，S 称为校正子，它与式(7.7)中的 S 相似，可利用它来指示错码位置。这一点可以直接从式(7.30)中看出，式中 S 只与 E 有关，而与 A 无关，这就意味着 S 与错码 E 之间有确定的线性变换关系。若 S 和 E 之间一一对应，则 S 将能代表错码的位置。

线性码有一个重要性质，就是它具有封闭性。所谓封闭性，是指一种线性码中的任意两个码组之和仍为这种码中的一个码组，这就是说，若 A_1 和 A_2 是一种线性码中的两个许

用码组，则($A_1 + A_2$)仍为其中的一码组。

7.5　卷　积　码

如前所述，分组码是把 k 个信息比特的序列编成 n 个比特（在非二进制分组码中则为 n 个非二进制符号）的码组，每个码组的($n-k$)个校验位仅与本码组的 k 个信息位有关，而与其他码组无关。为了达到一定的纠错能力和编码效率（$R_c = k/n$），分组码的码组长度通常都比较大。编、译码时，必须把整个信息码组存储起来，由此产生的延时随着 n 的增加而线性增加。

而这里将讨论的卷积码则是另一类编码，它也是把 k 个信息比特编成 n 个比特，但 k 和 n 通常很小，特别适宜于以串行形式传输信息，延时小。与分组码不同，卷积码中编码后的 n 个码元不但与当前段的 k 个信息有关，而且与前面($N-1$)段的信息有关，编码过程中相互关联的码元为 nN 个，也就是说，这时监督位监督着这 N 段时间内的信息，这 N 段时间内监督的码元数目为 nN。卷积码的纠错能力随着 N 的增加而增加，而差错率随着 N 的增加而按指数下降。在编码器复杂性相同的情况下，卷积码的性能优于分组码。另一点不同的是：分组码有严格的代数结构，但卷积码至今尚未找到如此严密的数学手段把纠错性能与码的构成十分有规律地联系起来，目前大都采用计算机来搜索好码。

7.5.1　卷积码的结构及描述

卷积码编码器的一般形式如图 7.5 所示，它包括一个由 N 段组成的输入移位寄存器，每段有 k 级，共 kN 位寄存器；一组 n 个模 2 和相加器；一个由 n 级组成的输出移位寄存器。

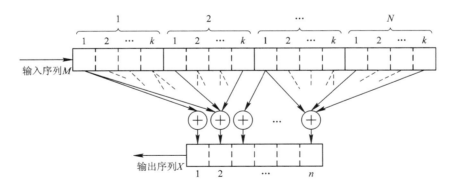

图 7.5　卷积码编码器的一般形式

对应于每段 k 个比特的输入序列，输出 n 比特。由图可知，n 个输出比特不但与当前的 k 个输入比特有关，而且与以前的($N-1$)k 个输入信息比特有关。整个编码过程可以看成是输入信息序列与由移位寄存器与模 2 和连接方式所决定的另一个序列的卷积，卷积码即由此得名。通常把 N 称为约束长度（注意：约束长度的定义并无同一标准，在有的书和文献中把 nN 或($N-1$)称为约束长度）。常把卷积码记作(n, k, N)，它的编码效率为 $R_c = k/n$。

描述卷积码的方法有两类：图解表示和解析表示。这里以图 7.6 所示的($2, 1, 3$)卷积码为例介绍图解法。

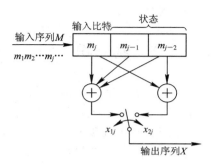

图 7.6 (2,1,3)卷积码编码器

7.5.2 卷积码的图解表示

由图 7.6 可得

$$x_{1j} = m_j \oplus m_{j-1} \oplus m_{j-2} \Big\}$$
$$x_{2j} = m_j \oplus m_{j-2} \qquad\qquad (7.31)$$

$$X = [x_{11}x_{21} \quad x_{12}x_{22} \quad x_{13}x_{23} \quad \cdots \quad x_{1j}x_{2j} \quad \cdots] \qquad (7.32)$$

现若按(2,1,3)卷积码编码器进行编码,当 $M=[11010]$ 时,由式(7.31)可知

$$x_{1j} = [10001100] \Big\}$$
$$x_{2j} = [11100100] \Big\}$$

由式(7.32),则输出序列为

$$X = [11\ 01\ 01\ 00\ 10\ 11\ 00\ 00]$$

1. 树状图

图 7.6 所示(2,1,3)卷积码编码器中,输出移位寄存器用转换开关代替,每输入 1 个信息比特经编码产生 2 个输出比特。假设移位寄存器的起始状态为全 0,当第一个输入比特为 0 时,输出比特为 00;若输入比特为 1,则输出比特为 11。随着第二个比特输入,第一个比特右移一位,此时输出比特同时受当前输入比特和前一个输入比特的影响。第三个比特输入时,第一、二比特分别右移一位,同时输出两个由这三位移位寄存器存储内容所共同决定的比特。当第四个比特输入时,第一个比特移出移位寄存器而消失。移位过程可能产生的各种序列可以用图 7.7 所示的树状图来表示。树状图从节点 a 开始画,此时移位寄存器状态(即存储内容)为 00。当第一个输入比特 $m_1=0$ 时,输出比特 $x_{11}x_{21}=00$;若 $m_1=1$,则 $x_{11}x_{21}=11$。因此从 a 点出发有两条支路(树杈)可供选择,$m_1=0$ 时取上面一条支路,$m_1=1$ 时则取下面一条支路。输入第二个比特时,移位寄存器右移一位后,上支路情况下移位寄存器的状态仍为 00,下支路的状态则为 01,01 状态记作 b。新的一位输入比特到来时,随着移位寄存器状态和输入比特的不同,树状图继续分叉成 4 条支路,2 条向上,2 条向下。上支路对应于输入比特为 0,下支路对应于输入比特为 1。如此继续下去,即可得到图7.7 所示的二叉树图形。树状图中,每条树杈上所标注的码元为输出比特,每个节点上标注的 a、b、c、d 为移位寄存器的状态,简称状态;a 表示 $m_{j-2}m_{j-1}=00$,b 表示 $m_{j-2}m_{j-1}=01$,c 表示 $m_{j-2}m_{j-1}=10$,d 表示 $m_{j-2}m_{j-1}=11$。显然,对于第 j 个输入信息比特,有 2^j 条支路,但在 $j=N \geqslant 3$ 时,树状图的节点自上而下开始重复出现 4 种状态。

例如，信息码 $M = [00000]$，按式(7.31)和式(7.32)分别有

$$x_{1j} = [00000000]$$

$$x_{2j} = [00000000]$$

$$X = [00\ 00\ 00\ 00\ 00\ 00\ 00\ 00]$$

卷积码编码器输出的码对应码树中的每个分支的上支，见图7.7中上支的虚线表示。

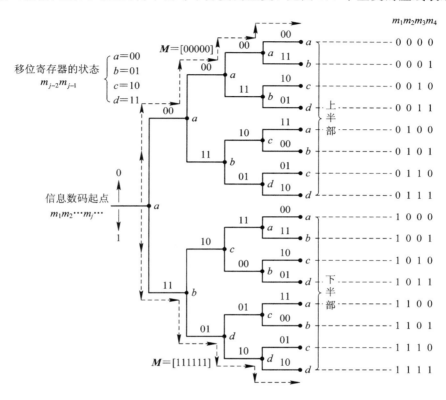

图 7.7 (2，1，3)卷积码的树状图表示

若 $M = [11111]$，则有

$$x_{1j} = [10111010]$$

$$x_{2j} = [11000110]$$

$$X = [11\ 01\ 10\ 10\ 10\ 01\ 11\ 00]$$

卷积码对应码树每个分支的下支，见图7.7中下支的虚线表示。

若 $M = [0101]$，则有

$$x_{1j} = [0110110]$$

$$x_{2j} = [0100010]$$

$$X = [00\ 11\ 10\ 00\ 10\ 11\ 00]$$

由此证实了前面已叙述过的规则：数据 $m_j = 0$ 时，走码树的上半分支；数据 $m_j = 1$ 时，走码树的下半分支。又如，$M = [11010]$，按在码树中轨迹走向可知 $X = [11\ 01\ 01\ 00\ 10\ 11\ 00\ 00]$，这与一开始的举例的结果完全相同。

例 7.2 设 $M=[101101]$，用 $(2,1,3)$ 编码器求其输出值 X。

解 为使最后一位信息码被充分利用，应在信息码流尾上添加三个"0"，即

$$M = [101101000]$$

具体编码步骤如下：

来 1	走下支	始点状态 a	路径值 11	终点状态 b
来 0	走上支	始点状态 b	路径值 10	终点状态 c
来 1	走下支	始点状态 c	路径值 00	终点状态 b
来 1	走下支	始点状态 b	路径值 01	终点状态 d
来 0	走上支	始点状态 d	路径值 01	终点状态 c
来 1	走下支	始点状态 c	路径值 00	终点状态 b
来 0	走上支	始点状态 b	路径值 10	终点状态 c
来 0	走上支	始点状态 c	路径值 11	终点状态 a
来 0	走上支	始点状态 a	路径值 00	终点状态 a

卷积码编码结果 X 就是把路径按先后次序写出，即得

$$X = [11\ 10\ 00\ 01\ 01\ 00\ 10\ 11\ 00]$$

2. 网格图

按照码树中观察到的重复性，得到一种更为紧凑的图形表示，即网格图，如图 7.8 所示。

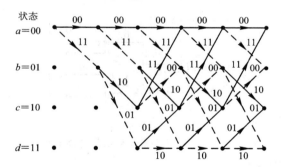

图 7.8 $(2,1,3)$ 卷积码的网格图表示

在网格图中，把码树中具有相同状态的节点合并在一起。码树中的上支路（对应于输入比特 0）用实线表示，下支路（对应于输入比特 1）用虚线表示。网格图中支路上标注的码元为输出比特，自上而下 4 行节点分别表示 a、b、c、d 四种状态。一般情况下应有 2^{N-1} 种状态，从第 N 节（从左向右计数）开始，网格图图形开始重复而完全相同。

3. 状态图

取出已达到稳定状态的一节网格，便得到图 7.9(a) 所式的状态图。再把目前状态与下行状态重叠起来，即可得到图 7.9(b) 所示的反映状态转移图。图中两个自闭合圆环分别表示 $a \rightarrow a$ 和 $d \rightarrow d$ 状态转移。

当给定输入信息序列和起始状态时，可以用上述三种图解表示法的任何一种，找到输出序列和状态变化路径。

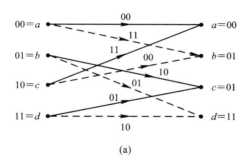 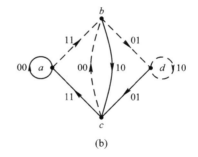

(a)　　　　　　　　　　　　　　　　(b)

图 7.9　(2，1，3)卷积码的状态图

例 7.3　设 $M=[111001010111]$，试分别用码树图、理论公式直接计算和码状态图三种方法进行卷积编码，再对结果进行比较。

解　(1) 用码树求解：

$$M=[1\ \ 1\ \ 1\ \ 0\ \ 0\ \ 1\ \ 0\ \ 1\ \ 0\ \ 1\ \ 1\ \ 1\ \ 0\ \ 0\ \ 0]$$

$$X=[11\ \ 01\ \ 10\ \ 01\ \ 11\ \ 11\ \ 10\ \ 00\ \ 10\ \ 00\ \ 01\ \ 10\ \ 01\ \ 11\ \ 00]$$

(2) 用理论公式直接计算：

$$x_{1j}=m_j\oplus m_{j-1}\oplus m_{j-2}$$
$$x_{2j}=m_j\oplus m_{j-2}$$

$$M=[1\quad 1\quad 1\quad 0\quad 0\quad 1\quad 0\quad 1\quad 0\quad 1\quad 1\quad 1\quad 0\quad 0\quad 0]$$
$$x_{1j}=[1\quad 0\quad 1\quad 0\quad 1\quad 1\quad 1\quad 0\quad 1\quad 0\quad 0\quad 1\quad 0\quad 1\quad 0]$$
$$x_{2j}=[1\quad 1\quad 0\quad 1\quad 1\quad 1\quad 0\quad 0\quad 0\quad 0\quad 1\quad 0\quad 1\quad 1\quad 0]$$
$$X=x_{1j}\ x_{2j}=[11\quad 01\quad 10\quad 01\quad 11\quad 11\quad 10\quad 00\quad 10\quad 00\quad 01\quad 10\quad 01\quad 11\quad 00]$$

(3) 用码状态图求解：

$$M=\ [1\ \ 1\ \ 1\ \ 0\ \ 0\ \ 1\ \ 0\ \ 1\ \ 0\ \ 1\ \ 1\ \ 1\ \ 0\ \ 0\ \ 0]$$

$m_{j-2}m_{j-1}$：　00　01　11　11　10　00　01　10　01　10　01　11　11　10　00

状　态：　a　b　d　d　c　a　b　c　b　c　b　d　d　c　a

输出码：　$[\ 11\ \ 01\ \ 10\ \ 01\ \ 11\ \ 11\ \ 10\ \ 00\ \ 10\ \ 00\ \ 01\ \ 10\ \ 01\ \ 11\ \ 00\ ]$

三种方法所得结果完全相符。

例 7.4　图 7.6 所示为卷积码编码器，若起始状态为 a，输入序列为 110111001000，求输出序列和状态变化路径。

解　由卷积码的网格图表示，找出编码时网格图中的路径，如图 7.10 所示，由此可得到输出序列和状态变化路径，示于同一图中。

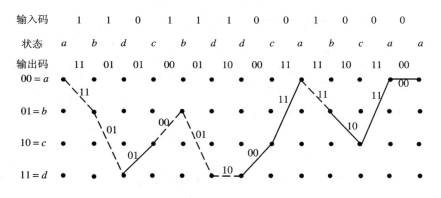

图 7.10　(2，1，3)卷积码的编码过程及路径

7.5.3　卷积码的维特比译码方法

卷积码的译码方式有三种：维特比译码、序列译码和门限译码。其中维特比译码和序列译码都是以最大似然译码的原理为基础的，由于篇幅的限制，这里只初步介绍一下维特比译码原理和方法。

1. 最大似然译码原理

在一个卷积码编、译码系统中，输入信息序列 M 被编码为序列 X，此 X 序列可以用树状或网格图中某一特定的路径来表示，假设 X 序列经过有噪声的无记忆信道传送给译码器，如图 7.11 所示。

信息序列M → 卷积编码 → 发送 序列X → 离散 无记忆信道 → 接收 序列Y → 卷积译码 → 接收序列M'

图 7.11　编、译码系统模型

离散无记忆信道是一种具有数字输入和数字输出(或称为量化输出)的噪声信道的理想化模型，其输入 X 是一个二进制符号序列，而输出 Y 则是具有 J 种符号的序列。译码器对信道输出序列进行考察，以判定长度为 L 的 2^L 个能发送的序列中究竟是哪一个进入了编码器。当某一特定的信息 M 进入编码器时，发送序列为 $X(M)$，接收到的序列为 Y，若译码器输出为 $M' \neq M$，说明译码出现差错。

假设所有信息序列是等概率出现的，译码器在收到 Y 序列情况下，若

$$P[Y/X(M')] \geqslant P[Y/X(M)]，对于 M' \neq M \qquad (7.33)$$

则判定输出为 M'，可以证明：这将使序列差错率最小。这种译码器是最佳的，称为最大似然序列译码器，条件概率 $P[Y/X(\ )]$ 称为似然函数。所以，最大似然译码器判定的输出信息是使似然函数为最大时的消息，也就是说，似然函数是衡量从信道输出码序中译出可能最接近正确的接收码序(即让 $M' \to M$)的几率性。

通常用对数似然函数比较方便，一则因对数是非降函数，取对数前后的所得结果的大小趋势不变；二则对数似然函数对所收到的符号来说具有相加性。因此，卷积码的最大似然译码便可看成是对给定的接收序列求其对数似然函数的累加值为最大的路径。

对二进制对称信道来说，若 $P(1/0)=P(0/1)=P$，假设发送序列 X 的长度为 L，并在传输过程中发生了 e 个符号错误，即 X 与 Y 有 e 个位置上符号不同，它们的汉明距为 e。对数似然函数为

$$\lg\left(\frac{Y}{X}\right)=\lg\left[P^e(1-P)^{L-e}\right]=L\lg(1-P)-e\lg\left(\frac{1-P}{P}\right)=-A-Be \qquad (7.34)$$

式中，$P<0.5$，A 和 B 均为正常数。因此，汉明距 e 最小就相当于对数似然函数最大。这说明求最大对数似然函数就相当于求 X 和 Y 两个序列的最小汉明距离。由此可知，最大似然译码的任务是在树状图或网格图中选择一条路径，使相应的译码序列与接收到的序列之间的汉明距最小。卷积码译码中，通常把可能的译码序列与接收序列之间的汉明距称为度量。

用网格图描述时，由于路径的汇聚消除了树状图中的多余度，译码过程中只需考虑整个路径集合中那些能使似然函数最大的路径。如果在某一节点上发现某条路径已不可能获得最大对数似然函数，那么就放弃这条路。然后在剩下的"幸存"路径中重新选择译码路径，这样一直进行到最后一级。由于这种方法较早地丢弃了那些不可能的路径，从而减轻了译码的工作量，维特比译码是基于这种想法。

2. 维特比译码

前面已经谈到，卷积码网格图中共有 $2^{k(N-1)}$ 种状态，每个节点（即每个状态）有 2^k 条支路引入也有 2^k 条支路引出。为简便起见，讨论 $k=1$ 的情形，从全 0 状态起始点开始讨论。由网格图的前 $N-1$ 条连续支路构成的路径互不相交，即最初的 2^{N-1} 条路径各不相同，当接收到第 N 条支路时，每条路径都有 2 条支路延伸到第 N 级上，而第 N 级上的每两条支路又都汇聚在一个节点上。在维特比译码算法中，把汇聚在每个节点上的两条路径的对数似然函数累加值进行比较，然后把具有较大对数似然函数累加值的路径保存下来而丢弃另一条路径，经挑选后第 N 级只留下 2^{N-1} 条幸存路径，选出的路径连同它们的对数似然函数累加值一起被存储起来。由于每个节点引出两条支路，因此以后各级中路径的延伸都增大一倍，但比较它们的似然函数累加值后，丢弃一半，留存下来的路径总数保持常数。由此可见，上述译码过程中的基本操作是"加—比—选"，即每级求出对数似然函数累加值，然后两两比较并作出选择。有时会出现两条路径的对数似然函数累加值相等的情形，在这种情况下可以任意选择其中一条作为"幸存"路径。

既然在每一级中都有 2^{N-1} 条幸存路径，那么当序列发送完毕后，如何判断其最后结果呢？这就要在网格图的终结处加上 $N-1$ 个已知信息（即 $N-1$ 条已知支路）作为结束信息。在结束信息到来时，由于每一状态中只有与已知发送信息相符的那条支路被延伸，因而在每级比较后，幸存路径减少一半。因此，在接收到 $N-1$ 个已知信息后，在整个网格图中就有唯一的一条幸存路径保留下来，这就是译码所得的路径。也就是说，在已知接收到的序列情况下，这条译码路径和发送序列是最相似的。

由上述可见，维特比译码过程并不复杂，译码器的运行是前向的、无反馈的。由于每级中每个状态上要进行"加—比—选"运算，因此译码器的复杂性与状态数成正比，因而也是随约束长度 N 的增加而指数增长的。因此，目前只限于应用在较短约束长度（$N\leqslant10$）的卷积码中。

需要指出的是，上述作为结束信息的已知信息实际上就是不发生错误的一段信息。因

此，只要差错模式不超出卷积码的纠错能力，从一个节点开始分叉产生的各条幸存路径经过一段间隔后总能正确地又合并成一条路径。但需经过多长间隔，在何处合并，都是不能肯定的，这与差错模式有关。显然，在实施中，不可能建立随机的译码深度，而只能建立一个固定的译码深度。显然，译码深度 M 和状态数 2^{N-1} 决定了需要存储的内容，因为在路径合并成一条之前长度为 M 的 2^{N-1} 条路径必须全部保存起来。只有当具有最大似然函数累加值（即最小量度）的路径判别后才能将存储器内容刷新。因此存储容量至少为 $M \cdot 2^{N-1}$ 个量度和支路。译码深度 M 通常是用计算机模拟来确定，在性能和设备量之间取一个折中。译码深度 M 实际上是译码器的约束长度，它也是译码器所产生的延时。

3. 维特比解码法

根据前面的原理叙述，维特比解码法的基本思路：在接收端码字序列中先取前面组数等于编码约束度 N 的接收码字序列，与码网格图中 N 级的节点 a、b、c、d 的可能路径进行比较，然后按码距较小原则，每个节点选一条路径。以后逐次升高级别，逐次筛选路径，最后保留下来一条路径，则该路径的值就是编码输出。如果信息码字有 8 位，最大似然解码需要 $2^8 = 256$ 个存储单元。对维特比解码法，若 $N = 3$，则 $2^3 = 8$，只需要 8 个存储单元，这并不意味着只比较 8 次，而是每个存储器被多次重复利用。

为了更具体地阐明维特比解码的过程，仍以图 7.6 所示的 $(2, 1, 3)$ 编码器所编的卷积码为例来说明维特比解码法。

当发送数据为 $M = [11010]$ 时，为使全部数据通过编码器，在后面再加三个"0"，此时数据变为 $M = [11010000]$，编码的码字 X 为

$$[11 \quad 01 \quad 01 \quad 00 \quad 10 \quad 11 \quad 00 \quad 00]$$

若通过信道传输后有差错，接收端的码字 Y 序列要变，假若变为

$$[\underline{0}1 \quad 01 \quad 01 \quad 1\underline{0} \quad \underline{1}0 \quad \underline{0}1 \quad 00 \quad 1\underline{0}]$$

16 个码元中有 4 个出错（错码下面画有横杠）。

维特比解码法的解码过程如下：

第一步，确定至 3 级节点 a、b、c、d 的路径。由于该卷积码的编码约束度为 3，因此先选接收码字序列的前 3 组，即 010101，并用下标表示节点的级别，如 a_3 表示第 3 级节点 a，依次类推。起点至第 3 级节点的路径有 8 条，可算出 8 条可能路径的码距（写在括号内）为

$a_0 \rightarrow a_3$：000000   111011 $a_0 \rightarrow b_3$：000011   111000

             010101(3)   010101(4)   010101(3)   010101(4)

$a_0 \rightarrow c_3$：001110   110101 $a_0 \rightarrow d_3$：001101   110110

             010101(4)   010101(1)   010101(2)   010101(3)

每个节点保留一条码距较小者的路径，若至同一节点的两条路径码距相等，则任选一条。经过第一步筛选，保留的路径分别为

$$a_0 \rightarrow a_3: 000000; \quad a_0 \rightarrow b_3: 000011;$$
$$a_0 \rightarrow c_3: 110101; \quad a_0 \rightarrow d_3: 001101$$

第二步，将级别由第 3 级增至第 4 级，每个节点有两条路径，又有 8 条路径，接收码用做比较的部分增加一组，变为 01010110，则 8 条路径的码距为

$a_0 \rightarrow a_3 \rightarrow a_4$：00000000 $a_0 \rightarrow c_3 \rightarrow a_4$：11010111

             01010110(4)   01010110(2)

$a_0 \rightarrow a_3 \rightarrow b_4$：00000011　　　　$a_0 \rightarrow c_3 \rightarrow b_4$：11010100

　　　　　　　　01010110（4）　　　　　　　　　　01010110（2）

$a_0 \rightarrow b_3 \rightarrow c_4$：00001110　　　　$a_0 \rightarrow d_3 \rightarrow c_4$：00110101

　　　　　　　　01010110（3）　　　　　　　　　　01010110（4）

$a_0 \rightarrow b_3 \rightarrow d_4$：00001101　　　　$a_0 \rightarrow d_3 \rightarrow d_4$：00110110

　　　　　　　　01010110（5）　　　　　　　　　　01010110（2）

第二步筛选出的路径为

$$a_0 \rightarrow a_4：11010111；\quad a_0 \rightarrow b_4：11010100；$$
$$a_0 \rightarrow c_4：00001110；\quad a_0 \rightarrow d_4：00110110$$

第三步，把级数增加至第 5 级，路径还有 4 条主干，8 条分支，如图 7.12 所示。用于比较的接收码字序列再增加一组，相应的码距为

$a_0 \rightarrow a_4 \rightarrow a_5$：1101011100（3）　　　　$a_0 \rightarrow c_4 \rightarrow a_5$：0000111011（4）

　　　　　　　　0101011010　　　　　　　　　　　　0101011010

$a_0 \rightarrow a_4 \rightarrow b_5$：1101011111（3）　　　　$a_0 \rightarrow c_4 \rightarrow b_5$：0000111000（4）

　　　　　　　　0101011010　　　　　　　　　　　　0101011010

$a_0 \rightarrow b_4 \rightarrow c_5$：1101010010（2）　　　　$a_0 \rightarrow d_4 \rightarrow c_5$：0011011001（4）

　　　　　　　　0101011010　　　　　　　　　　　　0101011010

$a_0 \rightarrow b_4 \rightarrow d_5$：1101010001（4）　　　　$a_0 \rightarrow d_4 \rightarrow d_5$：0011011010（2）

　　　　　　　　0101011010　　　　　　　　　　　　0101011010

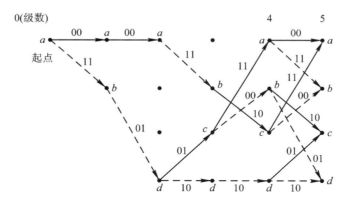

图 7.12　维特比解码过程

第三步筛选出的路径为

$$a_0 \rightarrow a_5：1101011100；\quad a_0 \rightarrow b_5：1101011111；$$
$$a_0 \rightarrow c_5：1101010010；\quad a_0 \rightarrow d_5：0011011010$$

第四步，将级数增至第 6 级，又有 8 个分支，相应的码距为

$a_0 \rightarrow a_5 \rightarrow a_6$：110101110000（4）　　　　$a_0 \rightarrow c_5 \rightarrow a_6$：110101001011（3）

　　　　　　　　010101101001　　　　　　　　　　　　010101101001

$a_0 \rightarrow a_5 \rightarrow b_6$：110101110011（4）　　　　$a_0 \rightarrow c_5 \rightarrow b_6$：110101001000（3）

　　　　　　　　010101101001　　　　　　　　　　　　010101101001

$a_0 \rightarrow b_5 \rightarrow c_6$: 110101111110(5) $a_0 \rightarrow d_5 \rightarrow c_6$: 001101101001(2)

           010101101001   010101101001

$a_0 \rightarrow b_5 \rightarrow d_6$: 110101111101(3) $a_0 \rightarrow d_5 \rightarrow d_6$: 001101101010(4)

           010101101001   010101101001

第四步筛选出的路径为

        $a_0 \rightarrow a_6$: 110101001011; $a_0 \rightarrow b_6$: 110101001000

        $a_0 \rightarrow c_6$: 001101101001; $a_0 \rightarrow d_6$: 110101111101

第五步,将级数增至第 7 级,又有 8 个分支,相应的码距为

$a_0 \rightarrow a_6 \rightarrow a_7$: 11010100101100(3) $a_0 \rightarrow c_6 \rightarrow a_7$: 00110110100111(4)

           01010110100100   01010110100100

$a_0 \rightarrow a_6 \rightarrow b_7$: 11010100101111(5) $a_0 \rightarrow c_6 \rightarrow b_7$: 00110110100100(2)

           01010110100100   01010110100100

$a_0 \rightarrow b_6 \rightarrow c_7$: 11010100100010(4) $a_0 \rightarrow d_6 \rightarrow c_7$: 11010111110101(4)

           01010110100100   01010110100100

$a_0 \rightarrow b_6 \rightarrow d_7$: 11010100100001(4) $a_0 \rightarrow d_6 \rightarrow d_7$: 11010111110110(4)

           01010110100100   01010110100100

因为已知发送数据为 5 位,加 3 位 0,共 8 位,所以到第 8 级汇聚于 a 状态。但第 7 级只有 a_7、c_7 可达 a_8,所以,只挑选两条路径:

$a_0 \rightarrow a_7$: 11010100101100; $a_0 \rightarrow c_7$: 11010111110101 或 11010100100010

第六步,将级数增至第 8 级,只有两条支路到达 a_8,它们相应的码距为

$a_0 \rightarrow a_7 \rightarrow a_8$: 1101010010110000(4) $a_0 \rightarrow c_7 \rightarrow a_8$: 1101011111010111(5)

           0101011010010010   0101011010010010

最后确定的路径为 $a_0 \rightarrow a_8$,如图 7.13 所示。这条路径的解码输出为

$$[1101010010110000]$$

译出的信息码 M' 为

$$[11010000]$$

该结果 M' 与发端数据 M 完全相符。在本例中,接收的 16 个码元有 4 个出错,但在维特比解码过程中被查出并予以纠正,说明卷积码有很强的抗干扰能力。

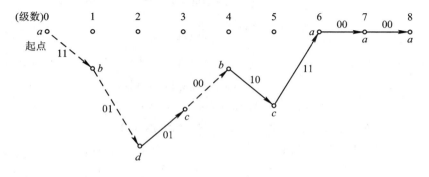

图 7.13 维特比解码法筛选出来的路径

解码过程是数字信号处理的过程，其基础是各种编码和解码算法。相应的算法用数字集成电路实现，其处理速度是非常之快的。由于大规模集成电路的迅速发展，使原来认为难以实现的复杂的编码、解码算法能够付诸实用。本章所介绍的仅是差错控制编码的基本概念，深入地讨论可参阅有关专著。

小　结

为了降低误码率，提高信噪比，采用差错控制技术。差错控制的能力包括检错能力和纠错能力，它们与编码规则、解码方法、差错控制方式和信道类型等均有关系。控制方式有检错重发、前向差错控制和自动回询重传信混合纠错。信道有随机信道、突发信道及混合信道，差错控制方式的选择与信道特点有密切的关系。

线性分组码是最有实用价值的一类。奇偶校验是最简单的二进制线性分组码，矩阵码不仅可作行校验，还能作列校验。满足一定条件的线性分组码称为系统码，有确定的校验元生成规则和伴随矩阵，它只与差错样式有关，与码字无关，可纠任何单错。汉明码是一种纠单错的分组码。

卷积码的编码器具有记忆功能，在任何给定时间单元内编码器的 n 个输出不仅与本输入时间单元的 k 个输入有关，还与先前 N 个输入单元有关。一个 (n, k, N) 卷积码的编码可通过输入能存储 N 级的 k 个输入端 n 个输出端的线性时序电路来实现。N 越大误码率越低，但 N 受限。维特比解码法是简化的最大似然解码，用逐次筛选的方法使每一个存储器被多次重复使用，很有实用价值。

习题与思考题

7.1　在通信系统中，采用差错控制的目的是什么？

7.2　常用的差错控制方法有哪些？

7.3　ARQ 系统的组成框图如何？该系统的主要优、缺点是什么？

7.4　一种编码的最小码距与其检、纠错能力有何关系？

7.5　已知 8 个码组为 [000000]、[001110]、[010101]、[011011]、[100011]、[101101]、[110110]、[111000]，求该码组的最小码距。码组若用于检错，能检出几位错码？若用于纠错，能纠正几位错码？若同时用于检错与纠错，问纠错、检错的性能如何？

7.6　一码长 $n=15$ 的汉明码，监督位 r 应为多少？编码效率为多少？试写出监督码元与信息码元之间的关系。

7.7　已知某线性码监督矩阵为

$$\boldsymbol{H} = \begin{bmatrix} 1110100 \\ 1101010 \\ 1011001 \end{bmatrix}$$

求解并列出所有许用码。

7.8　有码字 $a=[00110101]$，$b=[10110010]$，$c=[01010011]$，$d=[11100101]$，试写出任意两组码字之间的汉明距离。

7.9 已知(7,3)码的生成矩阵为

$$G = \begin{bmatrix} 1001110 \\ 0100111 \\ 0011101 \end{bmatrix}$$

列出所有许用码组并求监督矩阵。

7.10 已知(7,4)码的生成矩阵为

$$G = \begin{bmatrix} 1000111 \\ 0100101 \\ 0010011 \\ 0001110 \end{bmatrix}$$

求出所有许用码组,并求监督矩阵。若接收码组为 $B = [1101101]$,计算校正子 S。

7.11 已知(2,1,3)卷积码编码器的输出与 m_1,m_2 和 m_3 的关系为

$$x_1 = m_1 \oplus m_2$$
$$x_2 = m_2 \oplus m_3$$

试确定卷积码的码树、状态图及网格图。

7.12 发送数据为 $M = [10111]$,使全部数据通过(2,1,3)卷积码编码器,且编码关系满足式(7.31)。试求:

(1) 写出编码器的码字输出;

(2) 若接收端将该码流显示为[11 10 10 00 10 01 10 10],试用维特比解码法加以纠正,并列出解码过程。

第 8 章　数字通信实验项目

☞ **本章提要**

- 抽样(PAM)与 PCM 编、译码实验
- 数字基带传输性能(眼图)实验
- AMI/HDB$_3$ 信道编、译码实验
- FSK、BPSK 调制与解调实验

8.1　实验系统概述

　　本实验项目采用南京捷辉科技有限公司开发的 JH50001(Ⅱ)通信系统实验箱,如图 8.1 所示。

图 8.1　JH50001(Ⅱ)通信系统实验箱

JH50001(Ⅱ)通信系统实验箱具有以下特点:

　　(1) 基础性:与当今通信原理课程和教学大纲结合紧密;

　　(2) 全面性:通过众多的测试接口,对每一个电路模块都能有一个全面的了解;

　　(3) 实用性:便于老师对实验内容进行组织和实施;

　　(4) 概念清晰:通过大量的基础实验内容保证课程教学的需要;

　　(5) 重点突出:通过基础实验内容的操作和测试,为通信专业的学生后续学习奠定良好的基础。

8.1.1　电路组成概述

JH50001(Ⅱ)通信原理实验箱模块布局如图 8.1 所示,该实验系统主要包括下列基本模块:

① 汉明编码模块;② 汉明译码模块;③ 信号模块;④ PAM 模块;⑤ AM 调制模块;⑥ AM 解调模块;⑦ 数字调制模块;⑧ 基带成形模块;⑨ D/A 模块;⑩ 中频调制模块;⑪ 中频解调模块;⑫ A/D 模块;⑬ 数字解调模块;⑭ FSK 调制/解调模块;⑮ HDB$_3$/AMI 模块;⑯ 模拟锁相模块;⑰ 电源模块。

该实验箱采用模块化、积木化的设计思想,减少了老师开设实验时课前的准备及维护设备的工作量。在该硬件平台中,模块功能加强。对于每一个模块,在 PCB 每个测试模块都能独立开设实验,便于教学与学习。使用该实验箱总共可以开设 13 个实验项目(即每个模块都可以独立开设一个实验),基于学时和篇幅的限制,本书只选择编入了 8 个最具代表性和实用性的实验。

在 JH50001(Ⅱ)通信原理实验箱中,电源插座与电源开关在机箱的后面,电源模块在该实验箱电路板的下面,它主要完成交流～220 V 到＋5 V、＋12 V、－12 V 的直流变换,给整个硬件平台供电。

8.1.2　DS－5000 数字示波器初识

1. DS－5000 的前面板和用户界面

DS－5000 向用户提供简单而功能明晰的前面板,以进行基本的操作。面板上包括旋钮和功能按钮。旋钮的功能与其他示波器类似。显示屏右侧的一列 5 个灰色按钮为菜单操作键(自上而下定义为 1～5 号),通过它们,可以设置当前菜单的不同选项。其他按钮(包括彩色按钮)为功能键,通过它们,可以进入不同的功能菜单或直接获得特定的功能应用,详细功能说明如图 8.2 所示。

2. 探头补偿和自动设置

(1) 探头补偿。在首次将探头与任一输入通道连接时,进行此项调节,使探头与输入通道相配。未经补偿或补偿偏差的探头会导致测量误差或错误。若调整探头补偿,如图 8.3 所示,请按如下步骤:

① 将探头菜单衰减系数设定为 10X,并将示波器探头与通道 1 连接。将探头端部与探头补偿器的信号输出连接器相连,基准导线夹与探头补偿器的地线连接器相连,打开通道 1,然后按 AUTO。

② 检查所显示波形的形状。

③ 如必要,用非金属质地的改锥调整探头上的可变电容,直到屏幕显示的波形如图 8.3(b)"补偿正确"。

④ 必要时,重复步骤。

(2) 自动设置。DS－5000 系列数字存储示波器具有自动设置的功能,根据输入的信号,可自动调整电压倍率、时基以及触发方式至最好形态显示。应用自动设置要求被测信号的频率大于或等于 50 Hz,占空比大于 1%。具体操作是按界面右上角 AOTU 按钮。

(a) DS-5000 系列示波器实物图

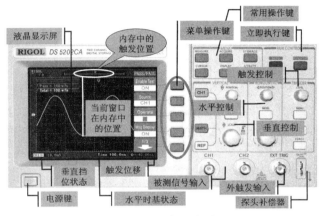

(b) DS-5000 面板操作说明图

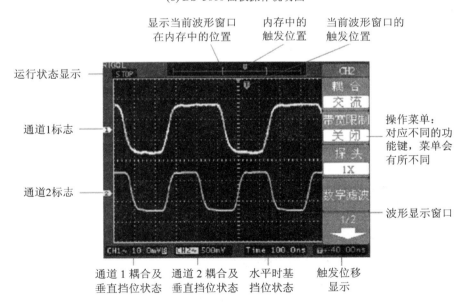

(c) 显示界面说明图

图 8.2　DS-5000 的面板和显示界面功能说明

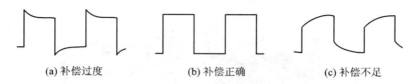

| (a) 补偿过度 | (b) 补偿正确 | (c) 补偿不足 |

图 8.3　补偿过度、正确、不足波形图

3．垂直系统

在垂直控制区（VERTICAL）有五个按钮和两个旋钮。垂直 POSITION 旋钮用于调整波形垂直方向上的移动，转动垂直 SCALE 旋钮改变 Volt/div（伏/格）垂直挡位。按钮 CH1、CH2 分别用于通道一、通道二的选择，MATH 为数学运算，REF 为参考波形，OFF 则用于关闭菜单或关闭当前选择通道。

4．水平系统

在水平控制区（HORIZONTAL）有一个按钮和两个旋钮。水平 SCALE 旋钮用于改变 S/div（秒/格）水平挡位设置，旋钮 POSITION 用于调整信号在波形窗口内的水平位置。按钮 MENU 用于显示 TIME 菜单。在这个菜单下可以开启/关闭延迟扫描或切换 Y－T、X－Y 显示模式，也可以设置水平 POSITION 旋钮的触发位移或触发释抑模式。

5．触发系统

在触发控制区（TRIGGER）有一个旋钮和三个按钮。使用 LEVEL 旋钮改变触发电平设置。在触发耦合为交流或低频抑制时，触发电平以百分比显示。MENU 按钮用于调出促发操作菜单，改变触发位置，50% 按钮用于设定触发电平在触发信号幅值的垂直中间；FORCE 按钮用于强制产生一触发信号，主要应用于触发方式中的普通和单次模式。

8.1.3　DS－5000 数字示波器用户指南

1．垂直系统

（1）通道 CH1 和 CH2 功能。CH1 和 CH2 各有自己独立的垂直菜单，可以进行单独的设置。按下 CH1 或 CH2 按钮，其操作菜单说明如表 8.1 及图 8.4 所示。

通道设置(以CH1为例)

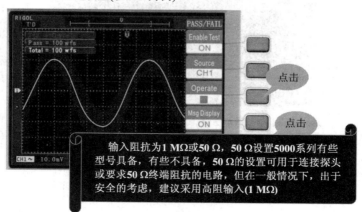

图 8.4　通道设置说明

表 8.1　通道设置说明

功能菜单	设定	说　明
耦合	交流 直流 接地	阻挡输入信号的直流成分 通过输入信号的交流和直流成分 断开输入信号
带宽限制	打开 关闭	限制带宽至 20 MHz,以减少显示噪声, 满带宽
探头	1X 10X 100X 1000X	根据探头衰减因数选取其中一个值,以保持垂直标尺读数准确
数字滤波		设置数字滤波
⬇ (下一页)	1/2	进入下一页菜单(以下均同,不再说明)
⬆ (上一页)	2/2	返回上一页菜单(以下均同,不再说明)
挡位调节	粗调 微调	粗调按 1-2-5 进制设定垂直灵敏度 微调则在粗调设置范围之间进一步细分,以改善分辨率
反相	打开 关闭	打开波形反向功能 波形正常显示
输入	1 MΩ 50 Ω	设置通道输入阻抗为 1 MΩ 设置通道输入阻抗为 50 Ω

对于表 8.1 中的数字滤波还有相应的功能菜单。旋转水平 POSITION 旋钮设置频率上限和下限,选择或滤除设定频率范围,如表 8.2 及图 8.5 所示。

表 8.2　通道设置中的数字滤波及频率设置

功能菜单	设定	说　明
数字滤波	关闭 打开	关闭数字滤波器 打开数字滤波器
滤波类型	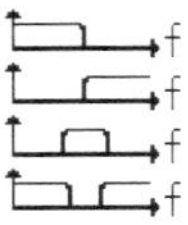 ⬜⎍⬜f ⎍⬜⎍f ⬜⎍⬜f ⎍⬜⎍f	设置滤波器为低通滤波 设置滤波器为高通滤波 设置滤波器为带通滤波 设置滤波器为带阻滤波
频率上限	◀✱▶ 〈上限频率〉	调节水平 POSITION 设置频率上限
频率下限	◀✱▶ 〈下限频率〉	调节水平 POSITION 设置频率下限

通道设置(以CH1为例)

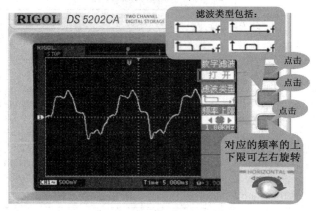

图 8.5 通道设置中的数字滤波及频率设置

（2）数学运算 MATH 功能。数学运算 MATH 功能是显示 CH1、CH2 通道波形相加、相减、相乘、相除以及 FFT 运算的结果。数学运算的结果同样可以通过栅格或游标进行测量。其功能菜单说明如表 8.3 所示。

表 8.3 数学运算 MATH 功能设置

功能菜单	设定	说　　明
操作	A＋B	信源 A 与信源 B 波形相加
	A－B	信源 A 波形减去信源 B 波形
	A×B	信源 A 与信源 B 波形相乘
	A÷B	信源 A 波形除以信源 B 波形
	FFT	FFT 数学运算
信源 A	CH1	设定信源 A 为 CH1 通道波形
	CH2	设定信源 A 为 CH2 通道波形
信源 B	CH1	设定信源 B 为 CH1 通道波形
	CH2	设定信源 B 为 CH2 通道波形
反相	打开	打开数学运算波形反相功能
	关闭	关闭反相功能

表 8.3 中的 FFT(快速傅里叶变换)数学运算又有其单独的功能菜单，说明如表 8.4 所示。

表 8.4 数学运算 MATH 功能菜单说明

功能菜单	设定	说　　明
操作	A＋B	信源 A 与信源 B 波形相加
	A－B	信源 A 波形减去信源 B 波形
	A×B	信源 A 与信源 B 波形相乘
	A÷B	信源 A 波形除以信源 B 波形
	FFT	FFT 数学运算
信源选择	CH1	设定 CH1 为运算波形
	CH2	设定 CH2 为运算波形

续表

功能菜单	设定	说　　明
窗函数	Rectangle	设定矩形函数窗
	Hanning	设定 Hanning 窗函数
	Hamming	设定 Hamming 窗函数
	Blackman	设定 Blackman 窗函数
显示	分屏	半屏显示 FFT 波形
	全屏	全屏显示 FFT 波形
垂直刻度	Vrms	设定以 Vrms 为垂直刻度单位
	dBVrms	设定以 dBVrms 为垂直刻度单位

（3）REF 功能。在实际测试过程中，用 DS – 5000 示波器测量、观察有关组件的波形，可以把波形和参考波形样板进行比较，从而判断故障原因。此法在具有详尽电路工作点参考波形条件下尤为适用。该按钮的功能菜单说明如表 8.5 所示。

表 8.5　REF 功能说明

功能菜单	设定	说　　明
信源选择	CH1	选择 CH1 作为参考通道
	CH2	选择 CH2 作为参考通道
保存		选择一个已保存的波形作为参考通道的数据源
反向	打开	设置参考波形反向状态
	关闭	关闭反向状态

若以 X – Y 方式存储波形，此存储不适用于参考波形。在参考波形状态下不能调整水平位置和挡位。

（4）选择和关闭通道。DS – 5000 的 CH1、CH2 为信号输入通道。此外，对于数学运算 MATH 和 REF 的显示和操作也是按通道的等同观念来处理。因此，在处理 MATH 和 REF 时，也可以理解为是在处理相对独立的通道。打开或选择某一通道时，只需按其对应的通道按钮。若关闭一个通道，首先，此通道必须在当前处于选中状态，然后按 OFF 按钮即可将其关闭，如图 8.6 所示。

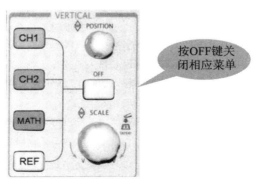

图 8.6　REF 功能说明示意图

2. 水平系统

水平 POSITION 和水平 SCALE 旋钮的用法与垂直旋钮的用法相似。水平系统菜单功能如表 8.6 所示。

表 8.6　水平系统菜单功能

功能菜单	设定	说　　明
延迟扫描	打开 关闭	进入 Delayed 波形延迟扫描 关闭延迟扫描
格式	X-T X-Y	X-T 方式显示垂直电压与水平时间的相对关系 X-Y 方式在水平轴上显示通道 1 幅值，在垂直轴上显示通道 2 幅值
◀❀▶	触发位移 触发释抑	调整触发位置在内存中的水平位移 设置可以接受另一触发事件之前的时间量
触发位移复位		调整触发位置到中心 0 点
触发释抑复位		设置触发释抑时间为 100 ns

表中，Y-T 方式下 Y 轴表示电压量，X 轴表示时间量，X-Y 方式下 X 轴表示通道 1 电压量，Y 轴表示通道 2 电压量。

3. 触发系统

触发决定了示波器何时开始采集数据和显示波形。一旦触发被正确设定，它可以将不稳定的显示转换成有意义的波形。

示波器在开始采集数据时，先收集足够的数据在触发点的左方画出波形。示波器在等待触发条件发生的同时连续地采集数据。当检测到触发后，示波器连续地采集足够的数据以在触发点的右方画出波形。

触发控制区包括触发电平调整旋钮 LEVEL（设定触发点对应的信号电压）；设定触发电平在信号垂直中点处，50% 处强制触发按键 FORCE；触发菜单按键 MENU，其功能如表 8.7 所示。

表 8.7　触发系统功能

功能菜单	设定	说　　明
信源选择	CH1	设置通道 1 作为信源触发信号
	CH2	设置通道 2 作为信源触发信号
	EXT	设置外触发输入通道作为信源触发信号
	EXT/5	设置外触发源除以 5，扩展外触发电平范围
	AC Line	设置市电触发
	EXT(50 Ω)	设置外触发源并联 50 Ω 作为触发信源
边沿类型	⌐(上升沿)	设置在信号上升边沿触发
	⌐(上升沿)	设置在信号下降边沿触发

续表

功能菜单	设定	说　　明
触发方式	自动	设置在没有检测到触发条件下也能采集波形
	普通	设置只有满足触发条件时才采集波形
	单次	设置当检测到一次触发时采样一个波形，然后停止
耦合	交流	设置阻止直流分量通过
	直流	设置允许所有分量通过
	低频抑制	阻止信号的低频部分通过，只允许高频分量通过
	高频抑制	阻止信号的高频部分通过，只允许低频分量通过

4. MANU 常用功能键

（1）采样系统功能。MENU 控制区的 ACQUIRE 为采样系统的功能按键，其功能说明如表 8.8 所示。

表 8.8　MANU 控制区采样系统功能说明

功能菜单	设定	说　　明
获取方式	普通	打开普通采样方式
	平均	设置平均采样方式
	模拟	设置模拟显示方式
	峰值检测	打开峰值检测方式
采样方式	实时采样	设置采样方式为实时采样
	等效采样	设置采样方式为等效采样
平均次数	2～256	以 2 的倍数步进，从 2～256 设置平均次数
亮度	◀❄▶ 〈i%〉	设置模拟显示采样点的亮度
混淆抑制	关闭	关闭混淆抑制功能
	打开	打开混淆抑制功能

（2）显示系统功能。MENU 控制区的 DISPLAY 为采样系统的功能按键，其功能说明如表 8.9 所示。

表 8.9　显示系统功能说明

功能菜单	设定	说　　明
显示类型	矢量点	采样点之间通过连线的方式显示直接显示采样点
屏幕网格	▦	打开背景网格及坐标
	⊞	关闭背景网络
	▭	关闭背景网格及坐标
☀ ➕		增强屏幕显示对比度
☀ ➖		减弱屏幕显示对比度

（3）存储和调出功能。MENU 控制区的 STORAGE 为存储系统的功能按键，其功能说明如表 8.10 所示。

表 8.10　存储和调出功能说明

功能菜单	设定	说　明
存储类型	波形存储 出厂设置 设置存储	设置保存、调出波形操作 设置调出出厂设置操作 设置保存、调出设置操作
波形	No. 1 No. 2 ⋮ No. 10	设置波形存储位置
调出		调出出厂设置或指定位置的存储文件
保存		保存波形数据到指定位置

（4）辅助系统功能。MENU 控制区的 UTILITY 为辅助系统功能按键，其功能说明如表 8.11 所示。

表 8.11　辅助系统功能说明

功能菜单	设定	说　明
接口设置		设置接口设置操作
声音	◁«（打开声音） ◁×（关闭声音）	设置按键声音
频率计	关闭 打开	关闭频率计功能 打开频率计功能
Language	简体中文 繁体中文 韩文 日文 English	设置系统显示语言为简体中文 设置系统显示语言为繁体中文 设置系统显示语言为韩文 设置系统显示语言为日本 设置系统显示语言为英文
通过测试		设置通过测试操作
波形录制		设置波形录制操作
自校正		执行自校正操作
自测试		执行自测试操作

接口设置用于设置主机连接的 RS-232 通信功能的扩展模块、GPIB 通信功能扩展模块、USB 等接口的设置。自校正程序可迅速地使示波器达到最佳状态，以取得最精确的测量值。通过测试功能判断输入信号是否在创建规则范围内，以输出通过或失败波形，用以检测信号变化状况。波形录制不仅可以录制 CH1 和 CH2 输入的波形，还可以录制通过或失败检测输出的波形。自测试下有系统信息、屏幕测试、键盘测试三个功能菜单。

（5）自动测量。MENU 控制区的 MEASURE 为自动测量功能按键，显示系统自动测量操作菜单。该示波器具有 20 种自动测量功能，包括峰-峰值、最大值、最小值、顶端值、底端值、幅值、平均值、均方根值、过冲、预冲、频率、周期、上升时间、下降时间、正占空比、负占空比、延迟 1—>2、正脉宽、负脉宽的测量，共 10 种电压测量和 10 种时间测量。

（6）光标测量。MENU 控制区的 CURSOR 为光标测量功能按键。光标模式允许用户通过移动光标进行测量。光标测量分为三种模式：手动方式、追踪方式、自动测量方式。

5. 执行按键

执行按键包括 AUTO（自动设置）和 RUN/STOP（运行/停止）。AUTO（自动设置）自动设定仪器各项控制值，以产生适宜观察的波形显示。按 AUTO（自动设置）键，可以快速设置和测量信号。

8.2　数字通信基础实验项目

8.2.1　PAM 实验

一、实验目的

（1）验证抽样定理。

（2）观察 PAM 信号的抽样过程。

（3）了解混叠效应产生的原因。

（4）学习抽样的基本方法。

二、实验仪器

（1）JH5001（Ⅱ）通信原理基础实验箱。

（2）20 MHz 双踪示波器。

（3）函数信号发生器。

三、实验原理

利用抽样脉冲把一个连续信号变为时间上离散的样值序列，这一过程称为抽样，抽样后的信号称为脉冲调幅（PAM）信号。

抽样定理指出，一个频率受限信号 $m(t)$，如果它的最高频率为 f_h，则可以唯一地由频率等于或大于 $2f_h$ 的样值序列所决定。在满足抽样定理的条件下，抽样信号保留了原信号的全部信息，并且，从抽样信号中可以无失真地恢复出原始信号。

在抽样定理实验中，采用标准的 8 kHz 抽样频率，并用函数信号发生器产生一个信号，通过改变函数信号发生器的频率，观察抽样序列和重建信号，检验抽样定理的正确性。抽样定理实验各点间波形如图 8.7 所示。

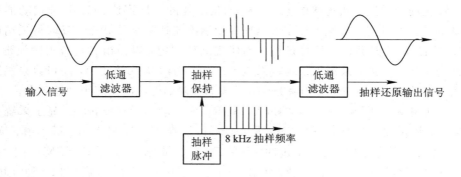

图 8.7　抽样定理实验原理框图

图 8.8 是通信原理实验箱所设计的抽样定理实验电路组成框图。将 K701 设置在测试位置时(右端),输入信号来自测试信号。测试信号可以选择外部测试信号或内部测试信号,当设置在信号模块内的跳线开关 K001 设置在 1-2 位置(左端)时,选择内部 1 kHz 测试信号;当设置在 2-3 位置(右端)时选择外部测试信号,测试信号从 J005 模拟测试端口输入 J005 也是该实验箱唯一的外部信号入口端,除了 J005 外,实验箱中的其他 U 形铜柱均为接地点。抽样定理实验采用外部测试信号输入。

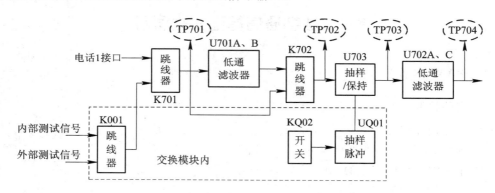

图 8.8　抽样定理实验电路组成框图

图 8.8 中运放 U701A、U701B(TL084)和周边阻容器件组成一个 3dB 带宽为 3400 Hz 的低通滤波器,用于限制最高的信号频率。信号经运放 U701C 缓冲输出,送到 U703(CD4006)模拟开关。

模拟开关 U703(CD4006)通过抽样时钟完成对信号的抽样,形成抽样序列信号。信号经运放 U702B(TL084)缓冲输出。

运放 U702A、U702C(TL084)和周边阻容器件组成一个 3 dB 带宽为 3400 Hz 的低通滤波器,用来恢复原始信号。

跳线开关 K702 用于选择输入滤波器。当 K702 设置在滤波位置时(左端),送入到抽样电路的信号经过 3400 Hz 的低通滤波器;当 K702 设置在直通位置时(右端),信号不经过抗混叠滤波器直接送到抽样电路,其目的是为了观测混叠现象。

设置在信号模块内的跳线开关 KQ02 为抽样脉冲选择开关:设置在左端为平顶抽样;设置在右端为自然抽样,为了便于恢复出的信号的观测,此抽样脉冲略宽,只是近似自然抽样。而平顶抽样有利于解调后提高输出信号的电平,但会引起孔径失真。

该电路模块各测试点安排如下：

TP701：输入模拟信号；

TP702：经滤波器输出的模拟信号；

TP703：抽样序列；

TP704：恢复模拟信号。

四、实验内容

1. 准备工作

跳线连接：K001 置"外部"（即"2-3"连接）；K701 置"测试"（即"2-3"连接）；KQ02 置"右端"（即"2-3"连接）；K702 置"滤波"。

调整函数信号发生器，选择正弦波输出，频率 $f=1\ \text{kHz}$，输出电平 $v_{\text{pp}}=2\ \text{V}$，并接入实验箱面板的 J005 端口上。

2. 自然抽样脉冲序列测量

（1）TP701 和 TP703 两个测试点的波形比较（输入模拟信号与抽样后信号比较）。建议数一数一个正弦波周期内有几个抽样点，从而辨识抽样频率 f_c 与信号频率 f 之间的关系是否满足抽样定理要求。

（2）TP701 和 TP704 两个测试点的波形比较（输入模拟信号与抽样后进行重建还原信号比较）。

3. 信号混叠观测

将跳线 K702 置"直通"（即无滤波器），仅仅改变函数信号发生器正弦波频率 $f=7.5\ \text{kHz}$ 左右，观察 TP701 和 TP704 两个测试点的波形。

4. 平顶抽样脉冲序列测量

除了将 KQ02 置"左端"（即"1-2"连接）外，其他步骤与上面 2-3 方法一样。

五、实验报告

（1）整理实验数据，画出测试波形。

（2）采集采用抗混叠滤波器（即 K702 置"滤波"）时输出波形的性能（见表 8.12），并解释为什么。

表 8.12　测　试　数　据　　　　（单位：Hz）

输入频率	300	500	100	1500	2000	2500	3000	3500	3700
输出频率 （TP704）									

（3）采集不采用抗混叠滤波器（即 K702 置"直通"）时输出波形的性能（见表 8.13），并解释为什么。

表 8.13　测　试　数　据　　　　（单位：Hz）

输入频率	1000	2500	3000	5000	6500	7500	8500	9000	11 000
输出频率 （TP704）									

（4）总结一般规律。

8.2.2　PCM 实验

一、实验目的

(1) 了解语音编码的工作原理,验证 PCM 编、译码原理。

(2) 熟悉 PCM 抽样时钟、编码数据和输入/输出时钟之间的关系。

(3) 了解 PCM 专用大规模集成电路的工作原理和应用。

(4) 熟悉语音数字化技术的主要指标及测量方法。

二、实验仪器

(1) JH5001(Ⅱ)通信原理基础实验箱。

(2) 20 MHz 双踪示波器。

(3) 函数信号发生器。

三、实验原理

图 8.9 为 PCM 实验模块电路组成框图,PCM 编、译码器模块由语音编译码集成电路 U502(MC145540)、运放 U501(TL082)、晶振 U503(2.048 MHz)组成,对模拟信号进行 PCM 编、译码。

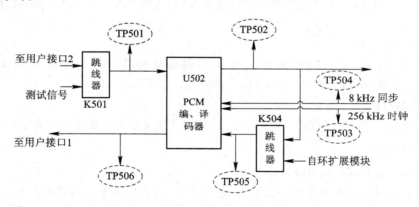

图 8.9　PCM 实验模块电路组成框图

在 PCM 编、译码模块中,发送信号经 U501A 运放放大后,送入 U502 的 2 脚进行 PCM 编码。编码输入时钟为 BCLK(256 kHz),编码数据从 U502 的 20 脚输出(DT_ADPCM),FSX 为编码抽样时钟(8 kHz)。译码之后的模拟信号经运放 U501B 放大缓冲输出。

PCM 编、译码模块中的各跳线功能如下:

跳线开关 K501 用于选择输入信号,当 K501 置于测试位置时(右端)选择测试信号。测试信号主要用于测试 ADPCM 的编、译码特性。测试信号可以选择外部测试信号或内部测试信号,当设置在信号模块内的跳线开关 K001 设置在 1 - 2 位置(左端)时,选择内部 1 kHz 测试信号;当设置在 2 - 3 位置(右端)时选择外部测试信号。测试信号从 J005 模拟测试端口输入。

跳线器 K504 用于设置 PCM 译码器的输入数据选择,当 K504 置于左端时译码器数据来自 MC145540 的编码模块。

图 8.9 模块中各测试点的定义如下:

TP501：发送输入模拟信号的测试点；

TP502：PCM 发送码字；

TP503：PCM 编码器输入/输出时钟；

TP504：PCM 编码抽样时钟；

TP505：PCM 接收码字；

TP506：接收模拟信号的测试点。

四、实验内容

1．准备工作

跳线连接：K001 置"测试"（左端）；KQ01 置"PCM"（左端）；K501 置"测试"（右端）；K504 置"正常"（左端）。

调整函数信号发生器，选择正弦波输出，频率 $f = 1\ \text{kHz}$，输出电平 $v_{\text{pp}} = 2\ \text{V}$，并接入实验箱面板的 J005 端口上。

2．PCM 编码及时钟观察及测试

（1）TP502 与 TP504 波形比较，并读出 12 个以上样值数的 PCM 编码，找出重复编码的周期。

（2）TP502 与 TP505 波形比较，发现其差异。

（3）比较 TP503 与 TP504 两个时钟信号的频率差异及特点，如：① 一个抽样脉冲（TP504）中可容纳几个位脉冲（TP503）；② 两个抽样脉冲（读取在 TP504 处两个以上周期波中）间可容纳几个（TP503 处）位脉冲。

3．观察 PCM 译码性能及测试

比较 TP501 与 TP505 波形，观察 PCM 译码恢复效果好坏，测试译码恢复信号的质量、电平、延时等性能。

4．PCM 频率响应测量

将测试信号电平固定在 $v_{\text{pp}} = 2\ \text{V}$，调整测试信号频率，定性地观测解码恢复出的模拟信号电平。观测输出信号电平相对变化随输入信号频率变化的相对关系。

五、实验报告

（1）整理实验数据，画出相应的曲线和波形，由此定性描述 PCM 编、译码的特性。

（2）描述 PCM 集成芯片的串接同步接口的时序关系，即 TP503 与 TP504 之间的关系。

（3）填写表 8.14 的测试数据，并画出 PCM 的频响特性。

表 8.14　测　试　数　据 （单位：Hz）

输入频率	200	500	800	1000	2000	3000	3400	3600	3700
输出频率 （TP506）									

8.2.3　基带传输系统实验（眼图）

一、实验目的

（1）了解奈奎斯特基带传输设计准则。

（2）熟悉升余弦基带传输信号的特点。

（3）掌握眼图信号的观察方法。

（4）学习评价眼图信号的基本方法。

二、实验仪器

（1）JH5001（Ⅱ）通信原理基础实验箱。

（2）20 MHz 双踪示波器。

三、实验原理

基带传输是调制传输（俗称频带传输）的基础，也是频带传输的等效低通信号表示。基带传输系统的框图如 8.10 所示。如果认为信道特性是理想的，其整个传输系统的传输函数 $H(f)$ 为

$$H(f) = H_T(f) \cdot H_R(f)$$

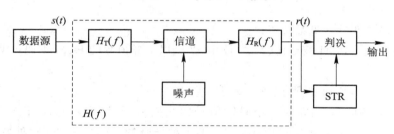

图 8.10　基带传输系统的框图

在实际信道传输过程中，如果信号的频率范围受限，则这些基带信号在时域内实际上是无穷延伸的，其是一个不可实现系统。如果直接采用矩形脉冲的基带信号作为传输码型，由于实际信道的频带都是有限的，则传输系统接收端所得到的信号频谱必定与发送端不同，这就会使接收端数字基带信号的波形失真。参见 4.1.2 节的阐述。如果对基带传输不进行严格的设计，则会产生码间串扰，详情参见 4.1.3 节。

可再详读 4.1.4 节，升余弦信号设计是成功利用奈奎斯特准则设计的一个例子，其频谱特性如图 8.11 所示。系统中 α 滚降因子的取值范围为 0～1，一般 $\alpha=0.25$～1 时，随着 α 的增加，相邻符号间隔内的时间旁瓣减小，这意味着增加 α 可以减小定时抖动的敏感度，但这时会增加占用的带宽。

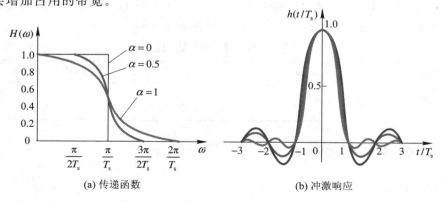

(a) 传递函数　　　　　　　(b) 冲激响应

图 8.11　不同 α 值的升余弦传输系统

升余弦滚降传递函数可以通过在发射机和接收机端使频响为开根号升余弦响应。根据最佳接收原理,这种响应特性的分配为系统提供了最佳接收方案。

目前,人们通过"眼图"来估计码间串扰的大小及噪声的影响,并借助眼图对电路进行调整。对眼图性能的判断主要依据图 8.12 中所示的主要测量指标,本实验就是对不同的基带传输性能进行测试。

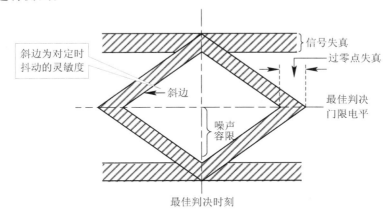

图 8.12　眼图主要的性能指标示意图

在 JH5001(Ⅱ)通信原理实验箱中,基带传输框图如图 8.13 所示。

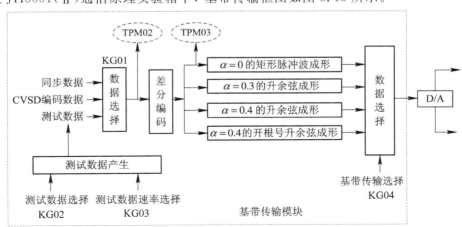

图 8.13　基带传输框图

基带传输模块中各测试点的定义如下:

TPM01:发送的时钟用做同步;

TPM02:实验箱内部产生的输入数字信号;

TPM03:经过差分后的输入数字信号;

TPi03:滤波器输出基带传输后的信号(眼图观测点);

TPi04:滤波器输出基带传输后的信号。

四、实验内容

1. 准备工作

跳线连接:K001 置"内部";KG01 置"下端";KP01 置"1 – 2"(右端);KG03 置"1 – 2"

（32 位置）；KG02 测试数据选择依据如表 8.15 所示。

表 8.15　KG02 测试数据选择依据

KG02状态	○ ○	●—●	○ ○	●—●	○ ○	●—●	○ ○	●—●
	○ ○	○ ○	●—●	●—●	○ ○	○ ○	●—●	●—●
	○ ○	○ ○	○ ○	○ ○	●—●	●—●	●—●	●—●
输出TPM02	全 1 码	全 0 码	0/1 码	111010110	3 级m 序列	4 级m 序列	9 级m 序列	更长m 序列

KG04 成形滤波选择依据如表 8.16 所示。

表 8.16　KG04 成形滤波选择依据

KG04状态	○ ○	●—●	○ ○	●—●
	○ ○	○ ○	●—●	●—●
滤波器性能	非归零码$\alpha = 0$	升余弦滤波$\alpha = 0.3$	升余弦滤波$\alpha = 0.4$	开根号升余弦滤波$\alpha = 0.4$

2. 眼图观察并测试内容

（1）当 KG04 选择 $\alpha = 0$（非归零码）时，分别观察 KG02 取"全 1 码""全 0 码""0/1 码""更长 m 序列"这 4 种情况下，观察 TPi03（或 TPi04）测试点的波形，并测量所观察到的波形眼图的各项指标，如上眼皮的电压值（信号失真）、下眼皮的电压值、左眼皮的电压值（过零点失真）、右眼皮的电压值、垂直最大张角的电压值（噪声容限）、水平最大张角的电压值（定时抖动灵敏度）。

（2）当 KG04 选择 $\alpha = 0.3$（升余弦滤波）时，重复上面的观察和测试。

（3）当 KG04 选择 $\alpha = 0.4$（升余弦滤波）时，重复上面的观察和测试。

（4）当 KG04 选择 $\alpha = 0.4$（开根号升余弦滤波）时，重复上面的观察和测试。

在上面 4 种情况下的 16 个波形中，凡是可看到眼图波形的请测试眼图指标，对于看不到眼图的波形请测量其他参数（如电压、频率等参数）。

特别提示：眼图是在动态情况下观测，所以在测试过程中切记不可用示波器中"STOP"键。

五、实验报告

（1）详细整理 4 种情况下的实验数据，并画出对应的波形和数据。

（2）根据比较 4 种情况下眼图的数据，指出其不同点。

（3）叙述奈奎斯特滤波作用，归纳升余弦滤波对基带传输的影响。

（4）画出 TPM02 和 TPi03（或 TPi04）测试点的工作波形。

8.2.4　AMI/HDB$_3$ 码型变换实验

一、实验目的

（1）了解二进制单极性码变换为 AMI/HDB$_3$ 码的编码规则。

（2）熟悉 HDB$_3$ 码的基本特点。

（3）熟悉 HDB₃ 码的编、译码器工作原理和实现方法。

（4）根据测量和分析结果，画出电路关键部位的波形。

二、实验仪器

（1）JH5001（Ⅱ）通信原理基础实验箱。

（2）20 MHz 双踪示波器。

三、实验原理

AMI 码的全称是传号极性反转码。其编码方法：“0”→零电平；“1”→正、负交替脉冲。一般在传输前需对信息序列进行“随机化”（伪随机化）处理，以避免长“0”串出现，如图 8.14 所示。

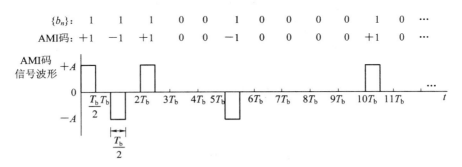

图 8.14　AMI 码的编码波形示意图

AMI 码具有编、译码电路简单及便于观察误码情况等优点，是一种基本的线路码，但是 AMI 码有一个重要的缺点，就是信号中出现连“0”时会造成提取定时信号困难。为了保持 AMI 码的优点而克服其缺点，提出了许多改进方法，其中 HDB₃ 码就是其中具有代表性的一种。

HDB₃ 码的全称为 3 阶高密度双极性码。它的编码原理是：先把消息代码变换成 AMI 码，然后去检查 AMI 码的连 0 串情况，当没有 4 个以上连 0 串时，则这时的 AMI 码就是 HDB₃；当出现连 0 状态数＞3，则对每 3＋1＝4 位连“0”，用特定的码组取代之，该码组称为取代节。其取代节的编码方式，每个取代节占 4 个脉冲的时间宽度，取代节的形式为“B00V”或“000V”，其中：B 脉冲符合极性交替的规律；V 脉冲破坏极性交替的规律（以便接收端识别），V 脉冲所在的位置称为“破坏点”。而译码方法是每遇到一个取代节，用 4 个连“0”替代之。图 8.15 所示为 HDB₃ 码的编码示意图。

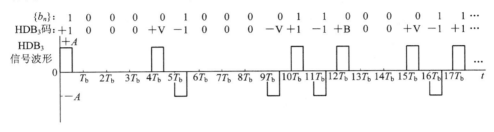

图 8.15　HDB₃ 码编码示意图

在 JH5001(Ⅱ)通信原理综合实验箱中,采用了 CD22103 专用芯片(UD01)实现 AMI/HDB₃的编、译码实验,在该电路中采用运算放大器(UD02)完成对 AMI/HDB₃输出进行电平变换,变换输出为双极性码或单极性码。由于 AMI/HDB₃为归零码,含有丰富的时钟分量,因此输出数据直接送到位同步提取锁相环(PLL)提取接收时钟。AMI/HDB₃编、译码系统组成框图如图 8.16 所示。

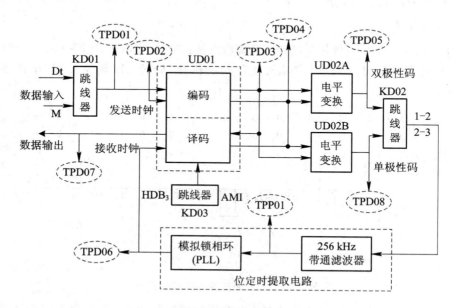

图 8.16 AMI/HDB₃ 编、译码模块组成框图

在图 8.16 中,输入的码流进入 UD01 的 1 脚,在 2 脚时钟信号的推动下输入 UD01 的编码单元,HDB₃ 与 AMI 由跳线开关 KD03 选择。编码之后的结果在 UD01 的 14(TPD03)、15(TPD04)脚输出。输出信号在电路上直接返回到 UD01 的 11、13 脚,由 UD01 内部译码单元进行译码。通常译码之后,TPD07 与 TPD01 的波形应一致,但由于当前的输出 HDB₃ 码字可能与前 4 个码字有关,因而 HDB₃ 的编、译码时延较大,运算放大器 UD02A 构成一个差分放大器,用来将线路输出的 HDB₃ 码变换为双极性码输出(TPD05)。运算放大器 UD02B 构成一个相加器,用来将线路输出的 HDB₃ 码变换为单极性码输出(TPD08)。各跳线开关分别实现不同功能的连接。该模块内各测试点的安排如下:

TPD01:编码输入数据(256 kb/s);

TPD02:编码输入时钟(256 kHz);

TPD03:HDB₃ 输出+;

TPD04:HDB₃ 输出-;

TPD05:HDB₃ 输出(双极性码);

TPD06:译码输入时钟(256 kHz);

TPD07:译码输出数据(256 kb/s);

TPD08:HDB₃ 输出(单极性码)。

四、实验内容

1. 准备工作

跳线连接：K001 置"内部"；KG01 置"下端"；KQ01 置"左端"；KD01 置"1－2"（左端）；KD02 置"1－2"（左端），KD03 置"1－2"为 HDB$_3$ 编、译码；置"2－3"为 AMI 编、译码。KQ03 开关的选择与"眼图"实验中"KG02"跳线含义一样。即 KQ03 跳线连接选择如表 8.17 所示。

表 8.17　KQ03 跳线连接选择

KQ03 状态	○　○	●━●	○　○	●━●	○　○	●━●	○　○	●━●
	○　○	○　○	●━●	●━●	○　○	○　○	●━●	●━●
	○　○	○　○	○　○	○　○	●━●	●━●	●━●	●━●
输出 TPM02	全 1 码	全 0 码	0/1 码	111010110	3 级 m 序列	4 级 m 序列	9 级 m 序列	更长 m 序列

2. 观察并验证 AMI 编、译码

观察和记录分别在输入"全 1 码""全 0 码"和"更长 m 序列"三种情况下的波形：

（1）TPD01 和 TPD05（编码波形）波形比较，观察 10 个以上的码元波形，并估计延时多少个码元值。

（2）对 TPD01 和 TPD07 波形（译码后的波形）进行比较，观察还原效果及延时情况。

3. 观察并验证 HDB$_3$ 码的编、译码

观察和记录分别在输入"全 1 码""全 0 码"和"更长 m 序列"三种情况下的波形：

（1）HDB$_3$ 观察 3 个以上的替代节，记录编码，找出替代节，并指出替代节的属性，即是"000V"还是"B00V"。

（2）对 TPD01 和 TPD07 波形（译码后的波形）进行比较，观察还原效果及延时情况。

五、实验报告

（1）详细整理实验数据，并画出对应的波形图和数据。

（2）根据测量结果，分析 AMI 码和 HDB$_3$ 码接收时钟提取电路受输入数据影响的关系。

（3）总结 HDB$_3$ 码的信号特征。

8.2.5　FSK 调制解调实验

一、实验目的

（1）了解 FSK 调制的基本工作原理。

（2）验证 FSK 解调还原信号过程。

二、实验仪器

（1）JH5001（Ⅱ）通信原理基础实验箱。

（2）20 MHz 双踪示波器。

三、实验原理

FSK 是通过改变载波信号的频率实现调制，即将信息信号（或基带信号）携带到载波信号的频率之中。在二进制频移键控中，FSK 的工作原理如图 8.17 所示。

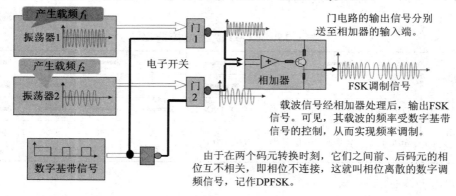

两个载频的频率分别由两个不同频率的独立振荡器提供，即：
载波信号的输出受电子开关，即门电路的控制。
电子开关的开启与关闭受数字基带信号的控制。
当数字基带信号为"1"时，门2关闭。门1打开，输出频率为 f_1 的信号。
当数字基带信号为"0"时，门1关闭。门2打开，输出频率为 f_2 的信号。

门电路的输出信号分别
送至相加器的输入端。

FSK调制信号

载波信号经相加器处理后，输出FSK
信号。可见，其载波的频率受数字基带
信号的控制，从而实现频率调制。

由于在两个码元转换时刻，它们之间前、后码元的相
位互不相关，即相位不连续，这就叫相位离散的数字调
频信号，记作DPFSK。

图 8.17　FSK 的工作原理示意图

由图 8.17 可以看到，FSK 调制就是载频 f_1 和载频 f_2 分别代表数字基带信号"1"和
"0"，这里假设 $f_1 \gg f_2$，其 FSK 的信号频谱及带宽如图 8.18 所示。由图可以看出，FSK 信
号的带宽与 $\Delta f(f_1 \gg f_2)$ 及基带信号带宽 f_s 关联，即

$$B_{\mathrm{FSK}} = \Delta f + 2f_s = \Delta f + 2B \tag{8.1}$$

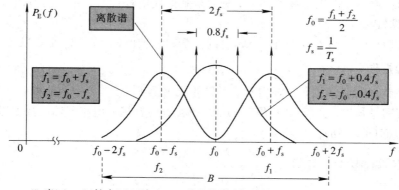

$f_0 = \dfrac{f_1 + f_2}{2}$

$f_s = \dfrac{1}{T_s}$

$f_1 = f_0 + f_s$
$f_2 = f_0 - f_s$

$f_1 = f_0 + 0.4f_s$
$f_2 = f_0 - 0.4f_s$

(1) 当 $|f_2 - f_1|$ 较小($<f_s$)时，$P_E(f)$ 的连续谱出现单峰。
(2) 当 $|f_2 - f_1|$ 较大时，$P_E(f)$ 的连续谱出现双峰。
(3) **2FSK信号带宽 $B = |f_2 - f_1| + 2f_s$**，f_s 为基带信号带宽。

图 8.18　FSK 的信号频谱及带宽示意图

在 JH5001(Ⅱ)通信原理综合实验箱中，FSK 调制框图如图 8.19 所示。在该板块中，
用数字基带信号的电平高低不同控制 UE01(CD4046)内部的压控振荡器的振荡频率。当输
入码元为 0 时，振荡频率为 6～9 kHz；当输入码元为 1 时，振荡频率为 20～24 kHz。这些
频率范围的调整是通过 WE01、WE02 来获取的。其中，WE01 调整输入 1、0 信号的幅度，

从而达到控制传号频率的间隔。WE02 是调整送入到 VOC 输入端信号的直流偏移，通过调整 WE02 达到控制 FSK 中心频率的作用。

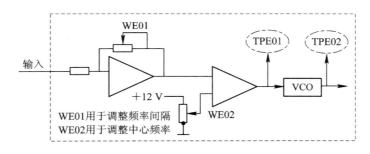

图 8.19　FSK 调制框图

注意：FSK 的数据输入信号来源于基带成形模块的测试序列，其通过 KG02 来选择不同的数据，数据速率受 KG03 控制，在 FSK 实验中，KG03 设置在 500 b/s（KG03 处于 2－3 状态）。

FSK 解调框图如图 8.20 所示。FSK 的解调工作原理是：用一个模拟锁相环 UE02（CD4046）对输入的 FSK 信号进行鉴频。在解调模块中采用一个 PLL 环，当输入的 FSK 频率出现变化时，锁相环也紧随之变化，它是通过控制环路的输入电压 TPE04 来达到的。这样当输入信号频率为 20～24 kHz 时，锁相环的 VCO 控制电压为高电平，输出码元为 1；反之，当输入信号频率为 6～9 kHz 时，锁相环的 VCO 控制电压为低电平，输出码元为 0。压控振荡器（VCO）的控制电压直接反映了 FSK 信号中的码元变化。将该 VCO 的输入控制电压送入比较器中之后就能得到 FSK 接收解调的数字信号。

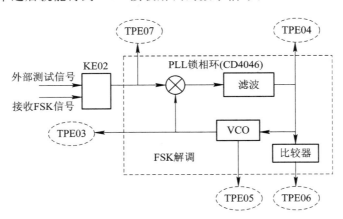

图 8.20　FSK 解调框图

FSK 模块中两个特别跳线 KE01 和 KE02 的功能分别为：KE01 用于选择 UE01 的鉴相输出，当 KE01 设置于 1－2 时（右端），选择异或门鉴相输出；当 KE01 设置于 2－3 时（右端），选择三态门鉴相输出。KE02 用于选择输入锁相信号，当 KE02 置于 2－3 时（右端），输入信号来自 FSK 调制端；当 KE02 置于 1－2 时（左端），选择外部的测试信号。模块内各测试点的安排如下：

TPE01：FSK 调制端的电平变换输出；

TPE02：调制之后的 FSK 调制输出；

TPE03：解调端的 PLL 压控振荡器输出；

TPE04：FSK 解调的鉴频输出；

TPE05：锁定指示（锁定时为高电平）；

TPE06：FSK 解调输出；

TPE07：FSK 解调输入信号。

四、实验内容

1. 准备工作

跳线连接：K001 置"内部"；KG01 置"下端"；KG03 置"右端"；KE01 和 KE02 置"右端"；KG02 测试数据选择依据如表 8.8 所示。

表 8.18　KG02 测试数据选择依据

KG02 状态								
输出 TPM02	全1码	全0码	0/1码	111010110	3级 m序列	4级 m序列	9级 m序列	更长 m序列

2. 测 f_{c1} 和 f_{c2} 的频率值

(1) KG02 选择"全 1"时，测得 TPE02 信号频率值为 f_{c1}；

(2) KG02 选择"全 0"时，测得 TPE02 信号频率值为 f_{c2}；

(3) 比较 f_{c1} 和 f_{c2} 的差值。

3. 观察 KG02 选"0/1"时，K 调制与解调波形

(1) 先通过 TPM02 检查输入模块信号是否为 0/1 波形；

(2) 观察 TPE02 端 FSK 调制输出；

(3) 观察 TPE06 端 FSK 解调输出和 TPM02 波形比较；

(4) 观察 TPE07 端 FSK 解调输入信号和 TPE02 波形比较。

五、实验报告

详细整理实验数据，并画出各测量点的工作波形。计算测试的 FSK 信号的带宽。

8.2.6　汉明码系统

一、实验目的

通过纠错编、译码实验，加深对纠错编、译码理论的理解。

二、实验仪器

(1) JH5001（Ⅱ）通信原理基础实验箱；

(2) 20 MHz 双踪示波器。

三、实验原理

差错控制编码的基本做法：在发送端被传输的信息序列上附加一些监督码元，这些多

余的码元与信息之间以某种确定的规则建立校验关系。接收端按照既定的规则检验信息码元与监督码元之间的关系，一旦传输过程中发生差错，则信息码元与监督码元之间的校验关系将受到破坏，从而可以发现错误，乃至纠正错误。

在 JH5001(Ⅱ)通信原理综合实验箱中的纠错码系统采用汉明码(7,4)。其汉明编码器和译码器的电原理图如图 8.21 所示。

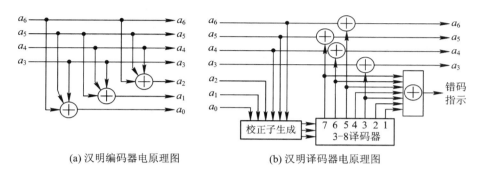

(a) 汉明编码器电原理图   (b) 汉明译码器电原理图

图 8.21 汉明编、译码器电原理图

(7,4)汉明编码的输入数据与监督码元生成关系取决于表 8.19。编码输出数据最先输出是 a_6 bit，其次是 a_5、a_4、a_3、…，最后输出 a_0 位。

表 8.19 (7,4)汉明编码的输入数据与监督码元生成关系表

4 位信息位 $a_6 a_5 a_4 a_3$	3 位信息位 $a_2 a_1 a_0$	4 位信息位 $a_6 a_5 a_4 a_3$	3 位信息位 $a_2 a_1 a_0$
0000	000	1000	101
0001	011	1001	110
0010	110	1010	011
0011	101	1011	000
0100	111	1100	010
0101	100	1101	001
0110	001	1110	100
0111	010	1111	111

汉明编、译码模块实验电路功能组成框图如图 8.22 所示。

汉明编译码模块中的各测试点定义如下：

TPC01：输入数据；

TPC02：输入时钟；

TPC03：错码指示(无加错时，该点位为低电平)；

TPC04：编码模块输出时钟(56 kHz/BPSK/DBPSK)；

TPC05：编码模块输出数据(56 kHz/BPSK/DBPSK)；

TPW06：检测错码指示；

TPW07：m 序列输出。

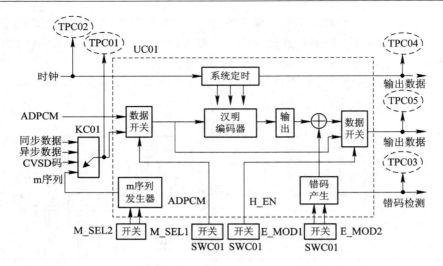

(a) 汉明编码模块电路功能组成

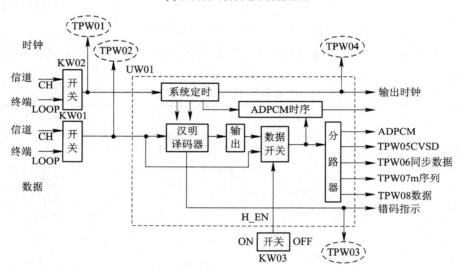

(b) 汉明译码模块电路功能组成

图 8.22　汉明编、译码模块实验电路功能组成框图

四、实验内容

1. 准备工作

跳线连接：K001 置"内部"；KG01 置"下端"；KG03 置"右端"；KQ01 置"ADPCM"；KC01 置"2 - 3"；KW03 置"2 - 3"；SWC01 中设置 H - EN 连接，如图 8.23 所示。

2. 观察编译码规则验证

(1) SWC01 中 M - SEL1 连接，m 序列为 1110 时；

(2) SWC01 中 M - SEL2 连接，M - SEL1 拔下，m 序列为 1010 时；

(3) SWC01 中 M - SEL1 和 M - SEL2 拔下，m 序列为

E_M0D0	○	○
E_M0D1	○	○
	○	○
H-EN	●━━●	
ADPCM	○	○
	○	○
M_SEL2	●━━●	
M_SEL1	○	○

图 8.23　SWC01 设置

0011 时。

观察上述三种情况下：

TPC01 和 TPC05 的关系；

TPC01 和 TPC07 的关系。

对照表 8－19，验证是否正确，一共 6 个波形。

3. 编码输入时钟和输出时钟

编码输入时钟 TPC02 和输出时钟 TPC04 比较。

4. 译码数据输出测量

（1）观测 TPC01 和 TPW07，以 TPC01 同步。

（2）设置不同的 m 序列方式，重复上述实验。

5. 译码同步过程观测

（1）插入 SWC01 中 H_EN、ADPCM。KW01、KW02 设置在 2－3 位置。

（2）检测 TPW03。断开 SWC01 中的 H_EN，观测 TPW03 变化；然后插入 H_EN，观测汉明译码的同步过程，记录测量结果。

（3）将 ADPCM 数据换为 m 序列，重复上述测量步骤。

五、实验报告

（1）画出输入为 0011 码、1010 码和 1110 m 序列码的汉明编码输出波形。

（2）分析整理测试数据。

（3）分析讨论汉明编码系统的性能及应用的局限性。

8.2.7 BPSK 传输系统实验

一、实验目的

（1）学习观察 BPSK 的调制信号。

（2）掌握 BPSK 调制原理。

（3）熟悉 BPSK 调制载波包络的变化。

（4）掌握 BPSK 解调的基本原理。

（5）观察 BPSK 解调数据反相的现象。

（6）掌握 BPSK 数据输入过程，且熟悉典型电路。

二、实验仪器

（1）JH5001（Ⅱ）通信原理基础实验箱。

（2）20 MHz 双踪示波器。

（3）频谱测量仪。

三、实验原理

理论上，二进制相移键控（BPSK）可以用幅度恒定，而其载波相位随着输入信号 $m(1$、0 码）而改变，通常这两个相位相差 180°。如果每比特能量为 E_b，则传输的 BPSK 信号为

$$S(t) = \sqrt{\frac{2E_b}{T_b}} \cos(2\pi f_c + \theta_c) \tag{8.2}$$

其中

$$\theta_c = \begin{cases} 0°, & m = 0 \\ 180°, & m = 1 \end{cases} \tag{8.3}$$

一个数据码流直接调制后的 BPSK 信号如图 8.24 所示。

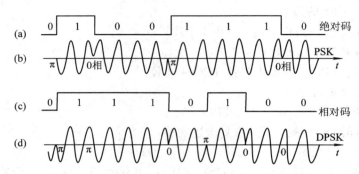

图 8.24　数据码流直接调制后的 BPSK 信号

在"JH5001(Ⅱ)通信原理综合实验系统"中，BPSK 的调制工作过程：首先输入数据进行奈奎斯特滤波，滤波后的结果分别送入 I、Q 两路支路。因为 I、Q 两路信号一样，本振频率是一样的，相位相差 180°，所以经调制合路之后仍为 BPSK 方式。

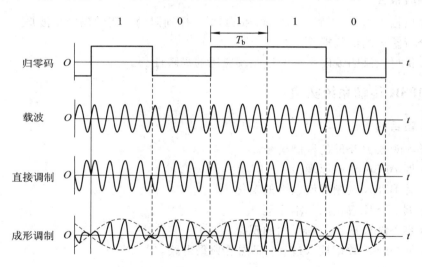

图 8.25　直接数据调制与成形信号调制的波形

采用直接数据(非归零码)调制与成形信号调制的波形如图 8.25 所示，在接收端采用相干解调时，恢复出来的载波与发送载波在频率上是一样的，但存在两种相位：0°、180°。如果是 0°，则解调出来的数据与发送数据一样，否则，解调出来的数据将与发送数据相反。BPSK 传输系统框图如图 8.26 所示。

四、实验内容

1. 跳线连接

K001 置"内部"；KG01 置"下端"(测试数据方式)；KG02 置"最长 m 序列"(即 KG02 的三个跳线器均插入)；KG03 置"1－2"(32K 位置)；KG04 置 $\alpha = 0.4$ 开根号升余弦响应(即和 8.2.3 节中 KG04 链接选择一样，两个跳线器均插入)；KP01 置"左边"(相干解调)。

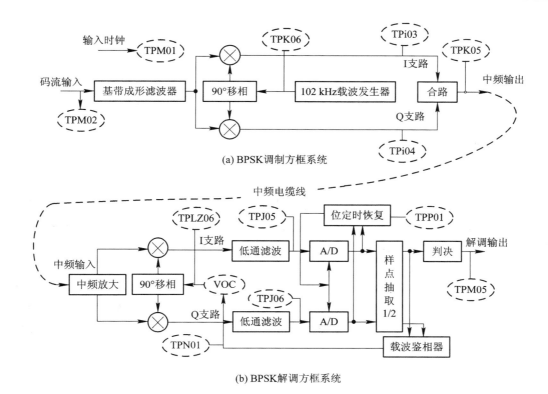

图 8.26　BPSK 传输系统框图

2. BPSK 调制基带信号眼图观测

以发送时钟(TPM01)作同步,观测发送信号眼图(TPi03)的波形。成形滤波器使用滚降系数为 $\alpha=0.4$ 开根号升余弦响应,判断信号观察的效果。思考:怎样的系统才是最佳的?匹配滤波器最佳接收机性能如何如何从系统指标中反映出来?

3. BPSK 调制信号 0/π 相位测量

KG02 置成测试序列为 1,使输入调制数据为 0/1 码。用示波器的一路观察调制输出波形(TPK03),并选用该信号作为示波器的同步信号;示波器的一路连接到调制输出波形(TPK03,并选用该信号作为示波器的同步信号;示波器的一路连接到调制参考载波上(TPK06/或 TPK07),以此信号作为观测的参考信号。仔细调整示波器同步,观察和验证调制载波在数据变化点发生相位 0/π 翻转。

4. I 路和 Q 路调制信号的相平面(矢量图)信号观察

测量 I 支路(TPi03)和 Q 支路信号(TPi04)李沙育 $(x-y)$ 波形时,应将示波器设置在 $(x-y)$ 方式,可从相平面上观察 TPi03 和 TPi04 的合成矢量图,其相位矢量图应为 0、π 两种相位。通过菜单选择在不同的输入码型下进行测量;结合 BPSK 调制器原理分析测试结果。

5. BPSK 调制信号包络观察

(1) KG02 置成输出测试序列为 1,使输入调制数据为 0/1 码。观测调制载波输出测试点 TPK03 的信号波形。调整示波器同步,注意观测调制载波的包络变化与基带信号(TPi03)的相互关系,画出测量波形。

（2）用 m 序列其他码型重复上一步实验，观测载波的包络变化。

6. BPSK 调制信号频谱测量

（1）准备：通过 KG02 使输入调制数据为最长 m 序列，观测 BPSK 信号频谱。

（2）测量时，用一条中频电缆将频谱仪连接到调制器的 KO02 端口。调整频谱仪中心频率为 1.024 MHz，扫描频率为 10 kHz/DIV，分辨率带宽为 1～10 kHz，调整频率仪输入信号衰减器和扫描时间为合适位置。测量调制频谱占用带宽、电平等，记录实际测量结果，画出测量波形。

7. 接收端解调器眼图信号观测

（1）准备：同步骤 1，并用中频电缆连接 KO02 和 JL02，建立中频自环（自发自收）。

（2）测量解调器 Q 支路眼图信号测试点 TPJ06（在 A/D 模块内）波形，观测时，用发送时钟 TPM01 作同步。将接收端与发射端眼图信号 TPi03 进行比较，观测接收眼图信号有何变化（有噪声）。

8. 解调器失锁时的眼图信号观测

将解调器相关载波锁相环（PLL）环路跳线开关 KL01 置于 2-3 位置（开环），使环路失锁。观测失锁时的解调器眼图信号 TPJ05，熟悉 BPSK 调制器失锁时的眼图信号（未张开）。观测失锁时，正交支路解调器眼图信号 TPJ06 波形（注意：将示波器时基从正常位置调整 2～5 ms/DIV 对比观测）。

9. 解调器相干载波相位模糊度观测

（1）准备：同步骤 6。

（2）通过 KG02 选择输入测试数据为较短的"特殊码序列"。

（3）同双踪示波器同时测量发送端调制载波（TPK06）和接收端恢复相干载波（TPLZ06），并以 TPK06 作为示波器的同步信号。反复的断开和接回中频自环电缆，观测两载波失步后再同步时之间的相位关系。

10. 解调器位定时信号相位抖动观测

示波器以发送时钟 TPM01 信号为同步，在不同的测试码型下观测接收时钟 TPP01 的相位抖动情况。将各项测试结果作比较分析是否符合理论？

五、实验报告

（1）写出眼图正确的观测方法。

（2）画出主要测量点的工作波形。

（3）说明 BPSK 的解调工作过程。

8.2.8　DBPSK 传输系统实验

一、实验目的

（1）学习差分编码和译码方法。

（2）掌握 DBPSK 调制和解调的基本原理。

（3）掌握 DBPSK 数据传输过程，熟悉典型电路。

（4）掌握差分编译码在 BPSK 通信系统中的应用。

二、实验仪器

（1）JH5001（Ⅱ）通信原理基础实验箱。

（2）20 MHz 双踪示波器。

三、实验原理

由于 BPSK 会出现相位模糊现象，为了解决这一技术问题，通过在发送端码字上采用差分编码，经相干解调后再进行差分译码。将差分编译码技术与 BPSK 技术相结合产生了 DBPSK 调制、解调方式。该实验中 DBPSK 的实现框图如图 8.27 所示。

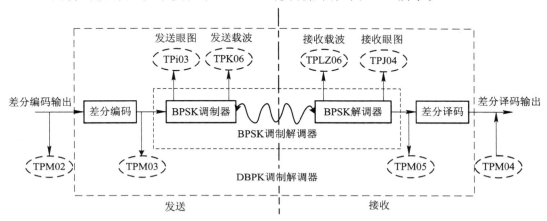

图 8.27　DBPSK 的实现框图

四、实验步骤

1. BPSK 解调器反相现象观察

（1）跳线连接：K001 置"内部"；KG01 置"下端"（测试数据方式）；KG02 置"4 阶 m 序列"（即跳线器状态为 101）；KG03 置"1 - 2"（32K 位置）；KG04 置 $\alpha = 0.4$ 开根号升余弦响应（即和 8.2.3 节中 KG04 链接选择一样，两个跳线器均插入）；KP01 置"左边"（相干解调）。

（2）不断插入、断开中频电缆，同时观察 TPi03、TPLZ06 的收、发载波相位，并记录所观察的现象；

（3）不断插入、断开中频电缆，同时观察 TPi03、TPLZ06 的收、发眼图，并记录所观察的现象；

（4）不断插入、断开中频电缆，同时观察 TPM03、TPM05 的收、发数据，并记录所观察的现象；

总结：BPSK 解调器的解调特点，并说明原因。

2. 差分编码观察

同时测量 TPM02、TPM03，观察它们之间的对应关系，并与差分编码的结果进行比较。

3. 差分译码观察

同时测量 TPM04、TPM05，观察它们之间的对应关系，并与差分译码的结果进行比较。

4．差分编、译码系统性能观察

用两台示波器，一台同时测量 TPM03、TPM05；另一台同时测量 TPM02、TPM04。不断插入、断开中频电缆，观察它们之间的对应关系。

思考：这一实验解决了什么问题？

五、实验报告

（1）画出差分编码和差分译码的框图。

（2）叙述差分编、译码的作用。

（3）画出主要测量点的工作波形。

（4）说明 DBPSK 的系统工作过程。

附录 1　部分习题的答案

第　1　章

1.5　$R_b = R_B = 2.048 \times 10^6 \, (\text{b/s})$；$P_e = 0.732 \times 10^{-6}$

1.6　四进制时：$R_b = 2400 \, (\text{b/s})$；二进制时：$R_b = R_B = 1200 \, (\text{b/s})$

1.7　$\eta = 2 \, \text{b/(s} \cdot \text{Hz)}$

1.8　四进制时：$R_B = 1200 \, (\text{B})$；二进制时：$R_B = 2400 \, (\text{B})$

第　2　章

2.4　$f(t) = \sum\limits_{n=1}^{\infty} \dfrac{2}{n\pi} \sin n\Omega t = \sum\limits_{n=1}^{\infty} \dfrac{2}{n\pi} \sin nt \quad \left(\Omega = \dfrac{2\pi}{T} = 1, \ T = 2\pi \right)$

2.5　$f(t) = \dfrac{4}{\pi} \left(\dfrac{1}{2} + \dfrac{1}{1 \times 3} \cos 2t - \dfrac{1}{3 \times 5} \cos 4t + \dfrac{1}{5 \times 7} \cos 6t + \cdots \right)$

2.6　$\cos[\omega_0(t - \tau)]$ 的频谱如附图 1.1 所示。

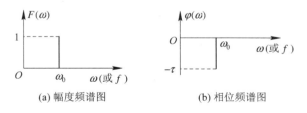

(a) 幅度频谱图　　　　(b) 相位频谱图

附图 1.1

2.7　$f(t) = 2\cos 2\pi t + \cos 6\pi t$

2.8　$F_n = \dfrac{1}{3} \dfrac{\sin(n\pi/3)}{n\pi/3} \quad (n = 0, \pm 1, \pm 2, \cdots)$

2.9　(1) $H(\omega) = \dfrac{\tau}{2} \text{Sa}^2 \left(\dfrac{\omega\tau}{4} \right) \text{e}^{-\text{j}\omega\tau/2}$

　　(2) -2τ

2.10 （1）变量 y 与 x 的关系为　　　　　　　　变量 y 的概率密度分布为

x	−4	−1	2	3	4
y	48	3	12	27	48

y	3	12	27	48
P	1/5	1/5	1/5	2/5

（2）$E[y]=25.4$

（3）$D[y]=637.2$；$\sigma=27.6$

2.11　$E[\theta]=\pi/4$；$E[\theta^2]=(3\pi^2)/4$；$E_T[\theta]=\pi/16$；$E_T[\theta^2]=\pi^2/48$

　　　（提示：变量的概率密度函数为 $f(\theta)=2/\pi$）

2.12　$I_E=3b$；$I_X=9b$

2.13　$H=1.75(b/符号)$

2.14　（1）$I_点=2b$；$I_划=0.412b$

　　　（2）$H(x)=0.809(b/符号)$

第 3 章

3.2　$f_s=112\ kHz$

3.12　按 A 律 13 折线逐次反馈法编出的 8 位码为 01100010

3.15　（1）$l=6$；（2）37.8 dB

3.16　译码器输出 $I_q=-304\ mV$

3.17　（1）因为题意 $N_0=40$，所以 $\Delta=\dfrac{2U}{N_0}=\dfrac{11}{40}=0.275$

　　　　又因为 $2^5=32<40<2^6=64$，故令 $N=64$，故 $l=6$

　　　（2）$I_{qmax}(11)=(32+8)\Delta=40\times0.275=11$（对应二进制均匀编码为 10100）

　　　　$I_{qmin}(9)=(32+2)\Delta=34\times0.275=9.35$（对应二进制均匀编码为 10010）

3.18　（1）PCM=11100011；编码量化误差 $e(u)=17\Delta<\Delta_7(=32\Delta)$

　　　（2）$7/11=1100011/10011100000$

　　　（3）接收端译码输出信号 $I_q=634\Delta$；$e(u)=\Delta$

3.19　发送端本地译码输出信号 $I_w=104\Delta$；接收端译码输出信号 $I_q=108\Delta$

第 4 章

4.8　（1）因为 $h(t)=\dfrac{R_b\mathrm{Sa}(\pi t)\cos(\alpha\pi t)}{1-4\alpha^2t^2R_b}$，其中 $R_b=\dfrac{1}{T_B}$

　　　　所以 $h(t)=\dfrac{64\times10^3\mathrm{Sa}(\pi t)\cos(0.4\pi t)}{1-4\times0.16t^2\times64\times10^3}$；其中 $\mathrm{Sa}(\pi t)=\dfrac{\sin\pi t}{\pi t}$

　　　（2）$H(\omega)\leftrightarrow h(t)$　（提示：二者是傅氏变换对）

4.14　其 m 序列的本原多项式为 $f(x)=x^{10}+x^3+1$

4.15　(1) 扰码器输入与输出的关系为 $G=\dfrac{S}{1\oplus D^3\oplus D^5}$；

解码器输入与输出的关系为 $R=G(1\oplus D^3\oplus D^5)$

(2) 扰码器输出序列

$$G=[11100100010101111011010\,\underline{0\,111010}\,\underline{111010}\,\underline{111010}\,\cdots]$$

第 5 章

5.7　差分码 CD 为 1001111011

5.9　(1) $B_{2FSK}=200+600$ Hz；　(2) $P_{eFSK}\approx 0.007\,15$

第 6 章

6.20　576 b；2488.32 Mb/s$\approx$2.5 Gb/s

第 7 章

7.5　$e_{max}=3$；能检出 2 位错码；能纠正 1 位错码

7.6　$r=4$；$\dfrac{k}{n}=\dfrac{11}{15}$；$r=n-k$；$[a_3 a_2 a_1 a_0]=[a_{14} a_{13} a_{12}\cdots a_5 a_4]\cdot Q$

其中

$$Q=\begin{bmatrix}1111\\1110\\1101\\1100\\1011\\1010\\1001\\0111\\0110\\0101\\0011\end{bmatrix}$$

7.7　$G=\begin{bmatrix}1000111\\0100110\\0010101\\0001011\end{bmatrix}$；许用码组 A 为 $\begin{bmatrix}0000000\\0001011\\0010101\\0011110\end{bmatrix}\begin{bmatrix}0100110\\0101101\\0110011\\0111000\end{bmatrix}\begin{bmatrix}1000111\\1001100\\1010010\\1011001\end{bmatrix}\begin{bmatrix}1100001\\1101010\\1110100\\1111111\end{bmatrix}$

7.9 $\quad G=\begin{bmatrix} 1011000 \\ 1110100 \\ 1100010 \\ 0110001 \end{bmatrix}$; 许用码组 A 为 $\begin{bmatrix} 0000000 \\ 0011101 \\ 0100111 \\ 0111010 \end{bmatrix}$ $\begin{bmatrix} 1001110 \\ 1010011 \\ 1101001 \\ 1110100 \end{bmatrix}$

7.10 $\quad H=\begin{bmatrix} 1101100 \\ 1011010 \\ 1110001 \end{bmatrix}$; $S=B \cdot H^{\mathrm{T}}=[001]$

7.11 (1) 编码器码字输出 $X=[11\ 10\ 00\ 01\ 10\ 01\ 11\ 00]$

(2) 最后确定路径为 $a_0 \to b_1 \to c_2 \to b_3 \to d_4 \to d_5 \to c_6 \to a_7 \to a_8$,

其译码输出为 $[11\ 10\ 00\ 01\ 10\ 01\ 11\ 00]$;译出信息码 $M'=[10111000]$

附录 2　高等教育自学考试卷模板

数字通信原理　试卷 1

一、单项选择题（本大题共 **20** 小题，每小题 **1** 分，共 **20** 分）

在每小题列出的四个备选项中只有一个是符合题目要求的，请将其选出并将"答题卡"的相应代码涂黑。错涂、多涂或未涂均无分。

1. 真正客观地反映数字通信系统有效性的指标是（　　　）。

    A. 数据传信速率 R　　　　　　　　B. 符号速率 N

    C. 频带利用率 η　　　　　　　　　D. 误码率 P_e

2. ITU – T（原 CCITT）规定，数字通信中语音信号的抽样频率是（　　　）。

    A. 4 kHz　　　　B. 8 kHz　　　　C. 12 kHz　　　　D. 16 kHz

3. A 律 13 折线实际采用量化数为（　　　）。

    A. 64　　　　　B. 128　　　　　C. 256　　　　　D. 512

4. 编码码位数 l 越大，则（　　　）。

    A. 量化误差越小，信道利用率越低　　B. 量化误差越大，信道利用率越低

    C. 量化误差越小，信道利用率越高　　D. 量化误差越大，信道利用率越高

5. 根据奈奎斯特第一准则，传输速率为 8.448 Mb/s 的数字信号，在理想情况下要求最小传输信道的带宽为（　　　）。

    A. 2.816 MHz　　　　　　　　　　　B. 4.224 MHz

    C. 8.448 MHz　　　　　　　　　　　D. 16.896 MHz

6. PCM 30/32 帧结构中，子帧 F_{13} 的 TS_{16} 时隙放的两路的信令码是（　　　）。

    A. Ch_2、Ch_{17}　　　　　　　　　　B. Ch_{13}、Ch_{23}

    C. Ch_{13}、Ch_{28}　　　　　　　　　　D. Ch_{14}、Ch_{29}

7. PAM 信号为（　　　）。

    A. 模拟信号　　　B. 数字信号　　　C. 调相信号　　　D. 调频信号

8. 若某 A 律 13 折线编码器输出码字为 11110000，则其对应的 PAM 样值取值范围为（　　　）。

A. 1012Δ～1024Δ   B. 1024Δ～1088Δ

C. −512Δ～−1024Δ   D. −1024Δ～1094Δ

9. 具有检测误码能力的基带传输码型是(   )。

A. 单极性归零码   B. 差分码

C. HDB$_3$码   D. 双极性归零码

10. 数字信号调制传输时，下列四种方式中，性能最优的是(   )。

A. ASK   B. 2PSK   C. 2FSK   D. 2DPSK

11. PCM 30/32 路系统的同步帧的周期为(   )。

A. 125 μs B. 250 μs C. 500 μs D. 2000 μs

12. 属于频带传输系统的有(   )。

A. 数字微波   B. 数字卫星   C. 微波和卫星   D. DPCM

13. SDH 中继网适合采用的拓扑结构为(   )。

A. 环形   B. 线形   C. 星形   D. 环形和线形

14. 环形网采用的保护倒换方式是(   )。

A. 自愈环和 DXC 保护   B. 自愈环

C. XC 保护   D. 线路保护倒换

15. PDH 采用的数字复接方法一般为(   )。

A. 按位同步复接   B. 按位异步复接

C. 按字同步复接   D. 按字异步复接

16. PCM 一次群的接口码型为(   )。

A. RZ 码   B. AMI 码   C. CMI 码   D. HDB$_3$码

17. 再生中继系统中实际常采用的均衡波形为(   )。

A. 有理函数均衡   B. 升余弦波

C. 正弦波   D. 余弦波

18. 在保证同步情况下数字传输过程中，不能通过眼图观察到的现象是(   )。

A. 误码率的优劣   B. 码间干扰的情况

C. 时钟同步情况   D. 量化信噪比的大小

19. 有关 PDH 体制和 SDH 体制，正确的说法是(   )。

A. SDH 和 PDH 有相同的线路码型

B. PDH 比 SDH 上、下 2M 灵活方便

C. 传送同数目的 2M 时 SDH 占用的频带要宽

D. SDH 不能用来传送 PDH 业务

20. 不是 STM − N 帧结构的组成部分的是(   )。

A. 通道开销　　　　　　　　　　　B. 段开销

C. 净负荷　　　　　　　　　　　　D. 管理单元指针

二、多项选择题（本大题共 5 小题，每小题 2 分，共 10 分）

在每小题列出的五个备选项中至少有两个是符合题目要求的，请将其选出并将"答题卡"的相应代码涂黑。全选对的，得 2 分；未选全的，得 1 分；错选或未选的，不得分。

21. 下列说法中正确的有（　　　）。

A. 1∶N 线路保护方式中 N 最大为 14

B. 1∶N 线路保护工作在双端倒换的方式下，必须使用自动倒换 APS 协议

C. 单端倒换不需要协议，双端倒换才需要协议

D. 1＋1 线性保护一般配为单端非恢复式的

E. 恢复时间大于 50 ms 小于 100 ms

22. 下列组网形式中，保护通道可以传额外业务的有（　　　）。

A. 两纤单向通道环　　　　B. 两纤双向复用段环　　　　C. 两纤双向通道环

D. 两纤单向复用段环　　　E. 四纤双向复用段环

23. 再生判决系统中，影响数字信号恢复正确判决的取决于因数（　　　）。

A. 判决门限的合理设置　　B. $\Delta(S/N)$ 的大小　　C. 收、发定时时钟的同步提取

D. 外同步定时法　　　　　E. 自同步定时法

24. 数字传输信道中产生误码的原因有（　　　）。

A. 码型结构　　　　　　　B. 信源特征　　　　　　　C. 码间干扰

D. 噪声　　　　　　　　　E. 串音

25. PCM 系统中引起抖动的描述中，正确的是（　　　）。

A. 2M 信号映射过程不会产生抖动　　　B. 复接中因调整码速插入码元

C. 分接中为扣除复接时插入的码元　　　D. 码元恢复判决过程

E. 抖动与系统的定时特性有关

三、填空题（本大题共 5 小题，每小题 2 分，共 10 分）

请将下列每小题的答案填写在答题卡上非选择题答题区域的相应位置上。错填、不填均无分。

26. 某一数字信号的符号传输速率为 1200 波特，若采用四进制传输，则信息传输速率为_____。

27. PCM 30/32 路系统路时隙 t_c 的值为_____。

28. 时分制的多路复用是利用各路信号在信道上占有不同_____的特征来分开各路信号的。

29. SDH 网有一套标准化的信息结构等级，称为_____。

30. 码速调整技术可分为_____、正/负码速调整和正/零/负码速调整三种。

四、简答题（本大题共 5 小题，每小题 5 分，共 25 分）

31. 为什么语音编码要采用非均匀量化？

32. 集中编码方式 PCM 30/32 路系统方框图中，发送端的抽样门之前、接收端的分路门之后都接有一个低通滤波器，各自的作用是什么？

33. 什么是帧同步？如何实现？

34. PCM 一到四次群的接口码型分别是什么？

35. 为什么说异步复接二次群一帧中最多有 28 个插入码？

五、画图题（本大题共 3 小题，每小题 5 分，共 15 分）

36. 画出数字通信系统构成模型。

37. 已知一个模拟信号的频谱如附图 2.1 所示，试画出抽样频率 $f_s = 8$ kHz 时的抽样序列（PAM 信号）的频谱图。

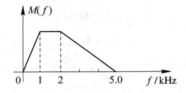

附图 2.1

38. 二纤单向复用段倒换环如附图 2.2 所示，以 AC、CA 通信为例，若 AD 节点间光缆被切断时，为保证正常通信，相关节点应如何动作，画图说明此时 AC、CA 通信所走的路径。

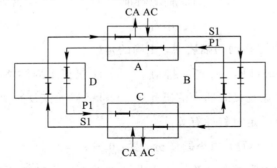

附图 2.2

六、计算题（本大题共 2 小题，每小题 10 分，共 20 分）

39. A 律 13 折线编码器，$l=8$，一个样值为 $i_s = 98\Delta$，试将其编成相应的码字，并求其编码误差与解码误差。

40. 设数字信号序列为 101101011101，试将其编成下列码型，并画出相应的波形。

（1）单极性归零码；

（2）AMI 码；

（3）HDB$_3$ 码。

数字通信原理　试卷 2

一、单项选择题（本大题共 20 小题，每小题 1 分，共 20 分）

1. 设在 125 毫秒内传输了 1024 个二进制码元，若在 5 秒内有 3 个码元发生了误码，则误码率为（　　）。

　　A. 0.29%　　　　　B. 60%　　　　　C. 0.0073%　　　　　D. 0.037%

2. 根据抽样定理，如果要对频带限制在 f_m 以下的连续信号进行抽样，则抽样频率 f_s 必须满足条件（　　）。

　　A. $f_s \geq f_m$　　　B. $f_s \geq 2f_m$　　　C. $f_s \leq 3f_m$　　　D. $f_s \leq 4f_m$

3. A 律 13 折线压缩特性中的第 7 段线的斜率是（　　）。

　　A. 0.5　　　　　B. 1　　　　　C. 4　　　　　D. 16

4. 样值为 444Δ，它位于 A 律 13 折线的 $(l=8)$ 量化段落是（　　）。

　　A. 第 4 段　　　　B. 第 5 段　　　　C. 第 6 段　　　　D. 第 7 段

5. 根据奈奎斯特第一准则，传输速率为 64 kb/s 的数字信号，在理想情况下要求最小传输信道的带宽是（　　）。

　　A. 8 kHz　　　　B. 16 kHz　　　　C. 32 kHz　　　　D. 64 kHz

6. PCM 30/32 帧结构中，子帧 F7 的 TS_{16} 时隙放的两路的信令码为（　　）。

　　A. CH7、CH21　　　　　　　　　　B. CH7、CH22

　　C. CH7、CH23　　　　　　　　　　D. CH1、CH16

7. 在实际传输系统中，如果采用的是滚降系数 $\alpha=100\%$ 的滚降特性，则系统的传输效率是（　　）。

　　A. 2 bit/(s·Hz)　　　　　　　　　B. 1.5 bit/(s·Hz)

　　C. 1 bit/(s·Hz)　　　　　　　　　D. 1.33 bit/(s·Hz)

8. 若某 A 律 13 折线编码器输出码字为 11010001，则其对应的 PAM 样值取值范围为（　　）。

　　A. $256\Delta \sim 272\Delta$　　　　　　　B. $128\Delta \sim 256\Delta$

　　C. $-128\Delta \sim -256\Delta$　　　　　D. $-256\Delta \sim -272\Delta$

9. 以下四种传输码型中含有直流分量的传输码型是（　　）。

　　A. 双极性归零码　　B. HDB_3 码　　C. AMI 码　　D. CMI 码

10. 数字信号调制传输时，下列四种方式中，占用频带最宽的是（　　）。

　　A. 2ASK　　　　B. 2PSK　　　　C. 2DPSK　　　　D. 2FSK

11. PCM 30/32 路系统的时钟频率为（　　）。

　　A. 64 kHz　　　　B. 2048 kHz　　　　C. 4224 kHz　　　　D. 8448 kHz

12. SDH 的复用采用（　　　）。

    A. 同步复用、按比特间插　　　　　　　　B. 同步复用、按字节间插

    C. 异步复用、按比特间插　　　　　　　　D. 异步复用、按字节间插

13. 位脉冲发生器是一个（　　　）。

    A. 32 分频器　　　　　B. 16 分频器　　　　　C. 8 分频器　　　　　D. 4 分频器

14. 四个网元组成 STM - 4 单向通道保护环，网上最大业务容量为（　　　）。

    A. 1008 个 2M　　　　B. 504 个 2M　　　　C. 252 个 2M　　　　D. 63 个 2M

15. 异步复接二次群时各一次群码速调整后 100.38 μs 内的比特数为（　　　）。

    A. 212　　　　　　　　B. 208　　　　　　　　C. 206　　　　　　　　D. 205

16. PCM 四次群的接口码型为（　　　）。

    A. RZ 码　　　　　　　B. AMI 码　　　　　　C. CMI 码　　　　　　D. HDB$_3$ 码

17. 再生中继系统中实际常采用的均衡波形为（　　　）。

    A. 正弦波　　　　　　　B. 升余弦波　　　　　C. 三角波　　　　　　D. 脉冲方波

18. 基带传输眼图主要用于观察的现象是（　　　）。

    A. 码间干扰　　　　　　B. 量化信噪比　　　　C. 时钟信号　　　　　D. 误码率

19. TU - 12 装进 VC - 4 的过程属于（　　　）。

    A. 映射　　　　　　　　B. 定位　　　　　　　C. 复用　　　　　　　D. 映射和复用

20. SDH 模块的最小单元是（　　　）。

    A. STM - 1 帧　　　　　B. STM - 4 帧　　　　C. VC4　　　　　　　D. VC12

二、多项选择题（本大题共 5 小题，每小题 2 分，共 10 分）

    在每小题列出的五个备选项中至少有两个是符合题目要求的，请将其选出并将"答题卡"的相应代码涂黑。全选对的，得 2 分；未选全的，得 1 分；错选或未选的，不得分。

21. 数字通信系统的主要特点有（　　　）。

    A. 占用信道频道窄　　　　B. 抗干扰能力强　　　　C. 安全性好，便于加密

    D. 易于集成微型化　　　　E. 便于综合业务实施

22. PCM 30/32 路系统对接收端时钟的要求为（　　　）。

    A. 收发时钟与接收信码同频同相

    B. 标称值与发送端时钟相同的本地定时钟

    C. 接收端时钟与发送端时钟频率完全相同

    D. 直接从接收信码中提取时钟成分

    E. 接收端时钟频率精确为 2048 kHz

23. PCM 复用就是为了实现多路数字信号数字复接，从而扩大数字通信容量，具体实现的方法有（　　　）。

    A. 按比特同步复用　　　　B. 按字节同步复用　　　　C. 按比特异步复用

    D. 按字节异步复用　　　　E. 按帧同步复用

24. ITU-T 建议，对于两纤双向复用段共享保护环，保护倒换时间应小于 50 ms 的必要条件有

    A. 无额外业务　　　　B. 环长 1200 千米以内　　　　C. 不超过 16 个节点

    D. 不超过 20 个节点　　　　E. 无其他倒换请求（无抢占）

25. 再生判决系统中，影响数字信号恢复正确判决的因素有（　　　）。

    A. 判决门限的合理设置　　B. $\Delta(S/N)$ 的大小　　　　C. 自同步定时法

    D. 外同步定时法　　　　E. 收、发、定时时钟的同步提取

三、填空题（本大题共 5 小题，每小题 2 分，共 10 分）

    请将下列每小题的答案填写在答题卡上非选择题答题区域的相应位置上。错填、不填均无分。

26. 数字通信系统的主要性能指标是有效性和_____两个方面。

27. 时分多路复用是利用各路信号在_____上占有不同时间间隔的特征来分开各路信号的。

28. PCM 30/32 路系统中，如果帧同步系统连续_____个同步帧未收到帧同步码，则判系统已失，此时帧同步系统立即进入捕捉状态。

29. 如果低次群的数码率不同，则在数字复接时一定会产生重叠和_____。

30. SDH 有全世界统一的数字信号速率和_____标准。

四、简答题（本大题共 5 小题，每小题 5 分，共 25 分）

31. 什么是多进制数字信号？其信息传输速率 R 如何换算？

32. PCM 30/32 路系统各路信令码能否编为 0000，为什么？

33. PCM 零次群至四次群所采用的信道编码码型分别是什么？

34. 同步复接的概念是什么？

35. SDH 中终端复用器的主要任务是什么？

五、画图题（本大题共 3 小题，每小题 5 分，共 15 分）

36. 一模拟信号频谱如附图 2.3 所示，求其抽样频率，并画出抽样信号的频谱。

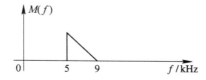

附图 2.3

37. 画出 PCM 二次群同步复接系统方框图。

38. 二纤单向复用段倒换环如附图 2.4 所示，以 AC、CA 通信为例，若 DC 节点间光缆被切断时，为保证正常通信，相关节点应如何动作，画图说明此时 AC、CA 通信所走的路径。

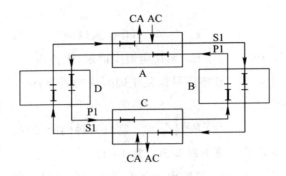

附图 2.4

六、计算题（本大题共 2 小题，每小题 10 分，共 20 分）

39. 某 A 律 13 折线编码器，$l=8$，过载电压 $U=4096$ mV，一个样值为 $u_s=796$ mV，试将其编成相应的码字，并求其编码电平与解码电平。

40. 设发送数字信息为 110010101100，如附图 2.5 所示，试分别画出 ASK、2FSK、2PSK 及 2DPSK 信号的波形示意图（对于 2FSK 信号，"0"对应 $T_s=2T_c$、"1"对应 $T_s=T_c$；对于其余信号，$T_s=T_c$，其中 T_s 为码元周期，T_c 为载波周期；对于 2DPSK 信号，$\Delta\varphi=0$ 代表"0"、$\Delta\varphi=180°$ 代表"1"，参考相位为 0；对于 2PSK 信号，$\varphi=0$ 代表"0"、$\varphi=180°$ 代表"1"。）

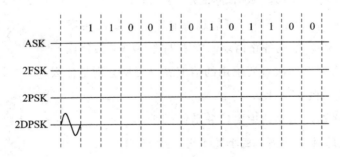

附图 2.5

附录3　高等教育自学考试答案

试卷 1　答案及评分参考

一、单项选择题（本大题共 20 小题，每小题 1 分，共 20 分）

1. C	2. B	3. B	4. A	5. B
6. C	7. A	8. B	9. C	10. D
11. B	12. C	13. D	14. A	15. C
16. D	17. A	18. D	19. C	20. A

二、多项选择题（本大题共 5 小题，每小题 2 分，共 10 分）

21. ABD	22. BDE	23. ABC	24. ACDE	25. BCE

三、填空题（本大题共 5 小题，每小题 2 分，共 10 分）

26. 2400　　　　27. 3.91 μs　　　　28. 时间间隔

29. 同步传递模块　　30. 正码速调整

四、简答题（本大题共 5 小题，每小题 5 分，共 25 分）

31. 答：由于语音均匀量化使得编码复杂、信道利用率下降，为此引出了非均匀量化——在不增大量化级数 N 的前提下，利用降低大信号的量化信噪比来提高小信号的量化信噪比。

32. 答：发送端的抽样门之前接有一个低通滤波器，用于有效地选取语音通信带宽（300～3400 Hz）；接收端的分路门之后接有一个低通滤波器，用于滤掉通信带外噪声。

33. 答：帧同步是保证收、发两端相应各话路要对准。

对于 PCM 30/32 路系统，由于发送端偶帧 TS_0 发帧同步码（奇帧 TS_0 时隙发帧失步告警码），接收端一旦识别出帧同步码，便可知随后的 8 位码为一个码字且是第一话路的，依次类推，便可正确接收每一路信号，即实现帧同步。

34. 答：分别为 HDB_3、HDB_3、HDB_3、CMI。

35. 答：异步复接二次群是由四个一次群分别进行码速调整后，即插入一些附加码以后按拉复接得到的，帧长为 848 bit。经计算得出，每一次群（支路）码速调整之前（速率 2048 kb/s 左右），100.38 μs 内有约 205～206 个码元，码速调整之后（速率为 2112 kb/s），

100.38 μs 内应有 212 个码元(bit),即应插入 6～7 个码元。所以,异步复接二次群一帧中最多有 28 个插入码。

五、画图题(本大题共 3 小题,每小题 5 分,共 15 分)

36. 如附图 3.1 所示。

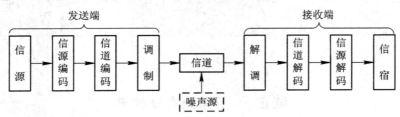

附图 3.1

37. 如附图 3.2 所示。

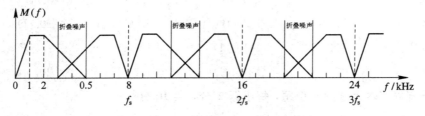

附图 3.2

38. 如附图 3.3 所示。

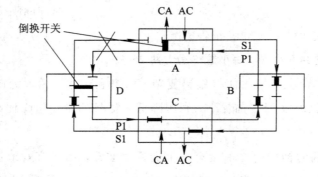

附图 3.3

六、计算题(本大题共 2 小题,每小题 10 分,共 20 分)

39. 答:因为 $i_S = 98\Delta > 0$,所以 $a_1 = 1$

$$I_S = |i_S| = 98\Delta$$

因为 $I_S < I_{R2} = 128\Delta$,所以 $a_2 = 0$

因为 $I_S > I_{R3} = 32\Delta$,所以 $a_3 = 1$

因为 $I_S > I_{R4} = 64\Delta$,所以 $a_4 = 1$

段落码为 011,样值在第 4 量化段

$$I_{B4} = 64\Delta, \quad \Delta_4 = 4\Delta, \quad I_{R5} = I_{B4} + 8\Delta_4 = 64\Delta + 8 \times 4\Delta = 96\Delta$$

因为 $I_S > I_{R5}$，所以 $a_5 = 1$

$$I_{R6} = I_{B4} + 8\Delta_4 + 4\Delta_4 = 64\Delta + 8 \times 4\Delta + 4 \times 4\Delta = 112\Delta$$

因为 $I_S < I_{R6}$，所以 $a_6 = 0$

$$I_{R7} = I_{B4} + 8\Delta_4 + 2\Delta_4 = 64\Delta + 8 \times 4\Delta + 2 \times 4\Delta = 104\Delta$$

因为 $I_S < I_{R7}$，所以 $a_7 = 0$

$$I_{R8} = I_{B4} + 8\Delta_4 + \Delta_4 = 64\Delta + 8 \times 4\Delta + 4\Delta = 100\Delta$$

因为 $I_S < I_{R8}$，所以 $a_8 = 0$

码字为 10111000

编码电平：

$$I_C = I_{B4} + (2^3 \times a_5 + 2^2 \times a_6 + 2^1 \times a_7 + 2^0 \times a_8) \times \Delta_4$$
$$= 64\Delta + (8 \times 1 + 4 \times 0 + 2 \times 0 + 1 \times 0) \times 4\Delta$$
$$= 96\Delta$$

编码误差：

$$e_C = |I_C - I_S| = |96\Delta - 98\Delta| = 2\Delta$$

解码电平：

$$I_D = I_C + \frac{\Delta_4}{2} = 96\Delta + \frac{4\Delta}{2} = 98\Delta$$

解码误差：

$$e_D = |I_D - I_S| = |98\Delta - 98\Delta| = 0$$

40. 答：(1) 单极性归零码 101101011101，波形如附图 3.4 所示。

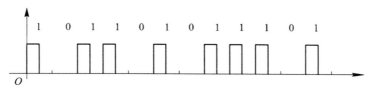

附图 3.4

(2) 二进码 1 0 1 1 0 1 0 1 1 1 0 1

　　AMI 码 +1 0 −1 +1 0 −1 0 +1 −1 +1 0 −1

　　波形如附图 3.5 所示。

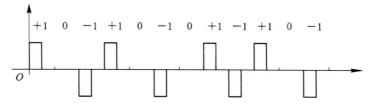

附图 3.5

（3）二进码　　1 0 1 1 0 1 0 1 1 1 0 1

HDB$_3$ 码　　$V-$ $+1\,0\,-1\,+1\,0\,-1\,0\,+1\,-1\,+1\,0\,-1$

（已知的二进码中无 4 个以上的连 0，所以此题 HDB$_3$ 码与 AMI 码一样）

波形如附图 3.6 所示。

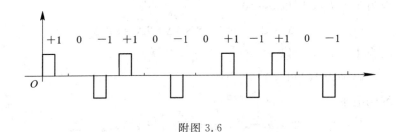

附图 3.6

试卷 2　答案及评分参考

一、单项选择题（本大题共 20 小题，每小题 1 分，共 20 分）

1. C	2. B	3. A	4. C	5. C
6. B	7. C	8. A	9. D	10. D
11. B	12. B	13. C	14. C	15. A
16. D	17. B	18. A	19. C	20. A

二、多项选择题（本大题共 5 小题，每小题 2 分，共 10 分）

　　21. BCDE　　22. ACD　　23. BCE　　24. ABD　　25. ABCE

三、填空题（本大题共 5 小题，每小题 2 分，共 10 分）

　　26. 可靠性

　　27. 信道

　　28. 3～4

　　29. 错位

　　30. 帧结构

四、简答题（本大题共 5 小题，每小题 5 分，共 25 分）

　　31. 若信号幅度取值可能有多种（例如 4 或 8 种），这种数字信号叫多进制数字信号，$R=N\ \mathrm{lb}M$。

　　32. 不能。

　　因为复帧同步码为 0000，若信令码编为 0000，将无法与复帧同步码区分开，影响复帧同步。

　　33. 分别为 RZ、HDB$_3$、HDB$_3$、HDB$_3$、CMI。

34. 用一个高稳定的主时钟来控制被复接的几个低次群；使这几个低次群的数码率（简称码速）统一在主时钟的频率上（这样就使几个低次群系统达到同步的目的）；可直接复接。

35. 将低速支路信号纳入 STM-1 帧结构，并经电/光转换成为 STM-1 光线路信号，其逆过程正好相反。

五、画图题（本大题共 3 小题，每小题 5 分，共 15 分）

36. 第 1～3 个下边带和第 1 个上边带及频率标示，抽样频率 f_c 标示，如附图 3.7 所示。

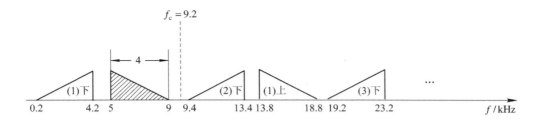

附图 3.7

37. 4 个基群，4 个缓存，2 时钟系统，同步和业务码，复接合成系统，如附图 3.8 所示。

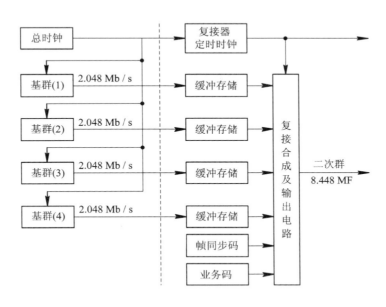

附图 3.8

38. C、D 两个节点的倒换开关的连接，CA、AC 两个环路的循环路径标示，断点标示，如附图 3.9 所示。

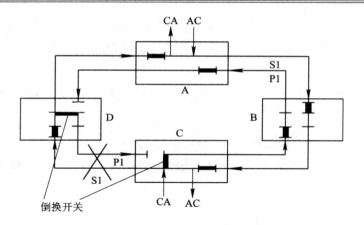

六、计算题（本大题共 2 小题，每小题 10 分，共 20 分）

39. $U=2048\Delta=4096\ \text{mV}$，$\Delta=\dfrac{4096\ \text{mV}}{2048}=2\ \text{mV}$

$$u_\text{S}=\frac{796\ \text{mV}}{2\ \text{mV}}=398\Delta$$

因为 $u_\text{S}=398\Delta>0$，所以 $a_1=1$

$\qquad U_\text{S}=|u_\text{S}|=398\Delta$

因为 $U_\text{S}>U_{R2}=128\Delta$，所以 $a_2=1$

因为 $U_\text{S}<U_{R3}=512\Delta$，所以 $a_3=0$

因为 $U_\text{S}>U_{R4}=256\Delta$，所以 $a_4=1$

段落码为 101，样值在第 6 量化段，$U_{B6}=256\Delta$，$\Delta_6=16\Delta$

$\qquad U_{R5}=U_{B6}+8\Delta_6=256\Delta+8\times16\Delta=384\Delta$

因为 $U_\text{S}>U_{R5}$，所以 $a_5=1$

$\qquad U_{R6}=U_{B6}+8\Delta_6+4\Delta_6=256\Delta+8\times16\Delta+4\times16\Delta=448\Delta$

因为 $U_\text{S}<U_{R6}$，所以 $a_6=0$

$\qquad U_{R7}=U_{B6}+8\Delta_6+2\Delta_6=256\Delta+8\times16\Delta+2\times16\Delta=416\Delta$

因为 $U_\text{S}<U_{R7}$，所以 $a_7=0$

$\qquad U_{R8}=U_{B6}+8\Delta_6+\Delta_6=256\Delta+8\times16\Delta+16\Delta=400\Delta$

因为 $U_\text{S}<U_{R8}$，所以 $a_8=0$

$\qquad$码字为 11011000

编码电平为

$$U_\text{C}=U_{B6}+(8\times a_5+4\times a_6+2\times a_7+1\times a_8)\times\Delta_6$$

$$=256\Delta+(8\times1+4\times0+2\times0+1\times0)\times16\Delta$$

$$=384\Delta$$

解码电平为

$$U_D = U_C + \Delta_6/2 = 384\Delta + 16\Delta/2 = 392\Delta$$

40. ASK、2FSK、2PSK 及 2DPSK 波形如附图 3.10 所示。

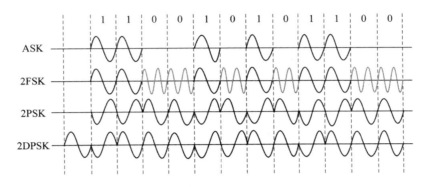

附图 3.10 ASK、2FSK、2PSK、2DPSK 的波形

参 考 文 献

［1］ 王钦笙. 数字通信. 2 版. 北京：人民邮电出版社，1999.

［2］ 曹志刚、钱亚生. 现代通信原理. 北京：清华大学出版社，1992.

［3］ 樊昌信，等. 通信原理. 4 版. 北京：国防工业出版社，1999.

［4］ 易波，等. 现代通信导论. 长沙：国防科技大学出版社，1998.

［5］ 张政. 数字微波. 北京：人民邮电出版社，1993.

［6］ 曹庆源. 数字通信原理及应用. 武汉：武汉测绘科技大学出版社，1993.

［7］ 宋祖顺，等. 现代通信原理. 北京：电子工业出版社，2001.

［8］ 孙学康，等. 光纤通信技术. 北京：北京邮电大学出版社，2001.

［9］ 姜建国，等. 信号与系统分析基础. 北京：清华大学出版社，1994.

［10］ ［日］雨宫好文. 信号处理入门. 北京：科技出版社，2000.

［11］ 张辉，等. 现代通信技原理与技术. 西安：西安电子科技大学出版社，2003.

［12］ 姚冬平，等. 数字微波通信. 北京：清华大学出版社，2004.

［13］ 程轳，等. 现代通信原理与技术概论. 北京：清华大学出版社，2005.

［14］ 孙学康，等. 光纤通信技术. 北京：北京邮电大学出版社，2001.

［15］ 中山大学数学力学系. 概率论及数理统计. 北京：高等教育出版社，1980.

［16］ 强世锦. 数字通信系统. 西安：西安电子科技大学出版社，2004.

［17］ 王学伟. 通信原理讲演稿. 北京：北京化工大学信息学院，2014.

［18］ JH5001（Ⅱ）通信原理实验系统指导书. 南京：南京捷辉科技有限公司，2004.